AF470445

PARIS. — IMP. SIMON RAÇON ET COMP., RUE D'ERFURTH, 1.

PRÉCIS

DE

MÉCANIQUE

PAR

E. BURAT

PROFESSEUR AU LYCÉE SAINT-LOUIS

Rédigé conformément aux nouveaux Programmes

TROISIÈME ÉDITION

ENTIÈREMENT REVUE

PARIS

G. MASSON, ÉDITEUR

LIBRAIRE DE L'ACADÉMIE DE MÉDECINE

PLACE DE L'ÉCOLE-DE-MÉDECINE

MDCCCLXXXV

PRÉCIS

DE

MÉCANIQUE

NOTIONS PRÉLIMINAIRES

Lorsqu'un corps occupe successivement diverses positions, on dit qu'il est en *mouvement*. Comme il ne peut se déplacer ainsi sans une cause étrangère que l'on appelle *force*, on doit considérer dans le mouvement d'un corps :

1° La ligne que décrit un de ses points, c'est-à-dire la *trajectoire* de ce point ;

2° Le temps qu'il met pour passer ainsi d'une position à une autre ;

3° La force qui produit le mouvement.

Dans le mouvement de la Terre autour du Soleil, par exemple, la trajectoire décrite par le centre de la Terre est sensiblement une ellipse dont le Soleil occupe un foyer, et le centre de la Terre décrit cette courbe dans une année, en suivant la loi des aires (voir la *Cosmographie*) ; enfin, la cause de ce mouvement est l'attraction du Soleil combinée avec une impulsion initiale.

La *Mécanique* a pour objet l'étude du mouvement et de ses causes ; elle se divise en deux parties : la *Cinématique* et la *Dynamique*.

Dans la cinématique (du mot grec κίνημα, mouvement), on fait abstraction des forces qui produisent le déplacement du corps, pour ne considérer que la trajectoire et le temps qu'il met à parcourir les diverses parties de cette ligne ; on y étudie, au point de vue géométrique, les *systèmes* ou *machines* à l'aide desquels on peut produire, transmettre ou modifier un mouvement donné.

Dans la dynamique (du mot grec δύναμις, force), on calcule la trajectoire et les diverses circonstances du mouvement d'un corps, quand on connaît les forces qui agissent sur lui ; ou bien, les mouvements étant connus, on détermine les forces capables de les produire.

On y distingue plus particulièrement le cas où le corps doit rester en repos sous l'action des forces qui lui sont appliquées, et l'on appelle *Statique* la partie de la mécanique qui traite de l'équilibre des forces appliquées à un corps solide.

D'après cela, et pour suivre l'ordre du nouveau programme, les principes très-élémentaires de mécanique que nous exposons ici seront divisés en deux parties :

Livre Ier. Statique, c'est-à-dire étude des relations qui doivent exister entre les forces appliquées à un corps pour qu'il demeure en équilibre.

— Application des principes précédents aux conditions d'équilibre des machines les plus usuelles.

Livre II. Cinématique et notions de dynamique.

LIVRE PREMIER

STATIQUE

CHAPITRE PREMIER

1. Forces. — On appelle forces les causes qui modifient l'état d'un corps ou qui pourraient le modifier si d'autres causes ne venaient détruire leur effet.

Ainsi, tous les corps placés à la surface de la Terre tombent vers son centre dès qu'ils ne sont plus soutenus ; la cause de ce mouvement est une force appelée *pesanteur*, et la pression qu'un corps exerce sur un obstacle qui l'empêche de descendre est le *poids* de ce corps.

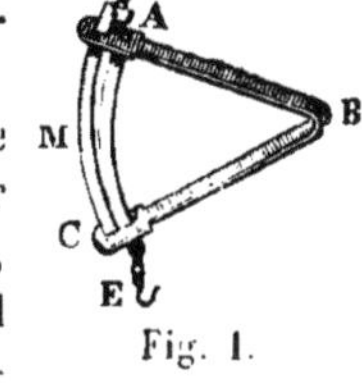

Fig. 1.

On distingue trois éléments dans une force : 1° le *point d'application*, c'est-à-dire le point du corps sur lequel la force agit immédiatement ; 2° la *direction*, ou la droite suivant laquelle le corps se déplacerait s'il obéissait librement à la force ; la direction de la pesanteur est perpendiculaire à la surface des eaux tranquilles, on la nomme *verticale* ; 3° l'*intensité*.

2. Mesure de l'intensité des forces. — Deux forces sont égales lorsque, substituées l'une à l'autre, elles produisent les mêmes effets dans les mêmes circonstances.

L'égalité de deux forces peut être facilement constatée à l'aide d'un *peson à ressort* (*fig.* 1 et 2) (*) ou d'un *dynamomètre* (*fig.* 3) : il suffit de s'assurer

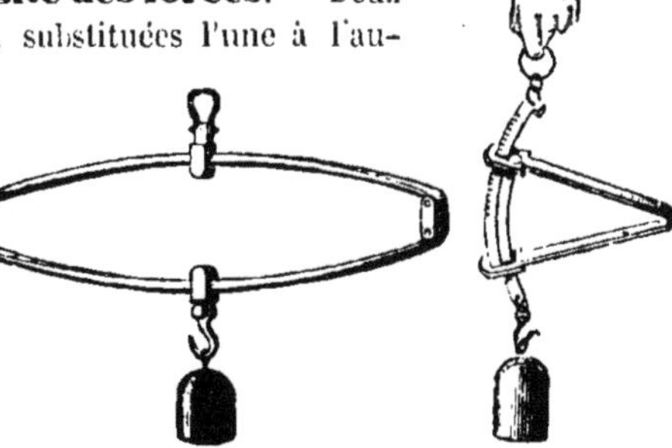

Fig. 3.

Fig. 2.

(*) Le peson à ressort est formé d'une lame d'acier flexible ABC recourbée en son milieu : de chacune des extrémités A et C de cette lame part un arc métal-

qu'elles produisent la même flexion dans les ressorts lorsqu'on les fait agir successivement à l'extrémité du crochet, après avoir fixé le dynamomètre à l'aide de son anneau.

Une force est double d'une autre lorsqu'elle produit sur un dynamomètre la même flexion que l'ensemble de deux forces égales à cette autre. On définirait d'une manière analogue une force triple, quadruple d'une force donnée.

De même que l'on imagine une force m fois plus grande qu'une autre, l'on conçoit une force m fois plus petite qu'une force donnée, et si l'on considère n de ces petites forces, on peut les remplacer par une seule dont le rapport à la première est égal à $\dfrac{n}{m}$.

Le dynamomètre permet d'évaluer une force quelconque en kilogrammes ; une force de 1 kilogramme est celle qui, appliquée au dynamomètre, produirait la même flexion qu'un poids de 1 kilogramme librement suspendu au crochet ; la force de traction d'un cheval sera de 80 kilogrammes si, en tirant sur le dynamomètre à l'aide d'une corde, il détermine la flexion correspondante à un poids de 80 kilogrammes.

3. Représentation des forces. — Pour représenter une force on trace par son point d'application une droite qui indique sa direction, et l'on porte sur cette ligne une longueur proportionnelle à cette force ; souvent l'on termine par une flèche la ligne ainsi obtenue afin d'indiquer plus clairement le sens de la force. Si l'on convient, par exemple, de représenter une force de 1 kilogramme par une longueur de 1 centimètre, la figure (4) indique que le corps M est soumis à des forces P, Q, R égales respectivement à 2^{kg}, 3^{kg}, 1^{kg} appliquées aux points A, B, C ; chacune de ces forces tire son point d'application vers l'extrémité de la ligne qui la représente.

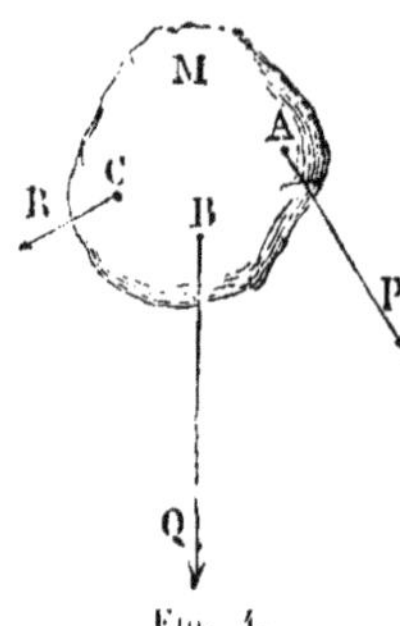

Fig. 4.

4. Solides invariables. — Considérons un corps solide en équilibre sous l'action des forces qui le sollicitent ; au point de vue qui nous occupe ici, la matière du corps n'a pour effet que de relier entre eux d'une manière invariable les points d'application des forces. On peut donc faire abstraction de la matière et considérer ces divers points comme liés invariablement entre eux ; on obtient ainsi le corps sur lequel on raisonne en statique, corps tout à fait idéal, puisque les corps les plus durs et les plus résistants se déforment toujours sous l'action des

ligne qui traverse une ouverture pratiquée près de l'autre extrémité. L'anneau **D** sert à soutenir l'instrument, et le crochet **E** permet de suspendre les poids ou d'appliquer les forces que l'on veut comparer.

forces qui leur sont appliquées. Mais il est bon d'observer que dans les machines on emploie toujours des corps peu flexibles et de dimensions telles que les efforts auxquels ils sont soumis les fléchissent seulement de quantités négligeables; les résultats auxquels nous parviendrons dans la suite seront donc applicables, à très-peu près, aux *solides naturels*.

5. Axiomes. — Les forces affectant nos sens d'une certaine manière, les révélations seules des sens ont pu nous faire connaître leurs propriétés fondamentales; ces propriétés, que l'on ne peut démontrer et qu'on a nommées *axiomes,* sont les points de départ obligés pour trouver les autres à l'aide du raisonnement.

1° Lorsque deux forces égales sont appliquées en deux points liés entre eux d'une manière invariable, c'est-à-dire par une droite inflexible et inextensible, et agissent de manière à éloigner ou à rapprocher ces points, ces forces se font équilibre.

2° Soit un corps libre de tourner autour d'un *point fixe* ou *d'un axe fixe;* s'il est sollicité par une force qui ne passe pas par le point fixe ou qui ne soit pas dans un même plan avec l'axe fixe, ce corps ne peut être en équilibre.

Si la direction de la force passe par le point fixe ou par l'axe fixe, cette force est détruite.

3° Lorsqu'un corps solide est en équilibre sous l'action de plusieurs forces, l'équilibre n'est pas détruit si l'on fixe un ou plusieurs points du corps, ou si l'on établit entre ces points de nouvelles liaisons qui ne modifient en rien celles qui existaient déjà.

4° Lorsqu'un corps sollicité par plusieurs forces est en équilibre, on peut, sans rien changer à son état, supprimer des forces qui se font équilibre en vertu des liaisons du système, ou bien en introduire de nouvelles qui se font équilibre en vertu de ces mêmes liaisons.

Ces deux derniers axiomes sont d'un usage fréquent dans les démonstrations.

6. Conséquences immédiates de ces axiomes. — Quelques-unes des propriétés suivantes sont également enseignées par l'expérience et jouissent du même degré de certitude immédiate que les axiomes précédents; mais comme elles se déduisent néanmoins de ces axiomes, on les a classées à côté des vérités plus cachées que le raisonnement seul peut faire apercevoir afin de rendre *minimum* le nombre des axiomes.

1° *Une force peut être appliquée en un point quelconque de sa direction pourvu que ce nouveau point soit lié invariablement au premier.*

DÉMONSTRATION. — Soit une force P appliquée au point A, je dis qu'on peut la transporter au point B pris sur sa direction et invariablement lié au point A. En effet, appliquons en B et en sens

contraire deux forces Q et — Q égales à P (*fig.* 5); c'est une chose permise
d'après l'axiome (4). Mais d'après l'axiome (1), les forces P et — Q se font équilibre et peuvent être

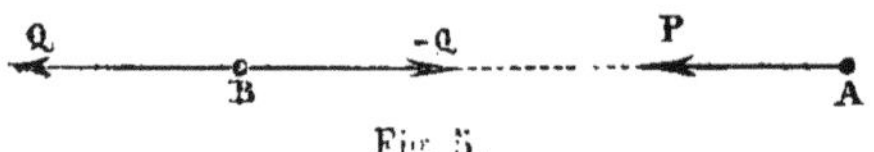

Fig. 5.

supprimées, le corps n'est donc plus sollicité que par la force Q appliquée au point B et se trouve dans le même état que précédemment.

2° *Deux forces qui sollicitent un corps libre ne peuvent se faire équilibre que si elles agissent suivant la même droite, en sens contraires, et ont la même intensité.*

DÉMONSTRATION. — Soit P (*fig.* 6) une force appliquée au point A d'un corps et Q une autre force appliquée en B ; je dis que, s'il y a équilibre, la direction de la force Q passe par le point A. En effet, puisque l'équilibre existe, on peut fixer le point A (*axiome 3*), la force P sera détruite alors et le corps demeurera en équilibre sous l'action de la force Q qui ne passe pas par le point fixe. Cette conséquence est absurde; il faut donc déjà, pour que les deux forces se fassent équilibre, qu'elles passent par le même point.

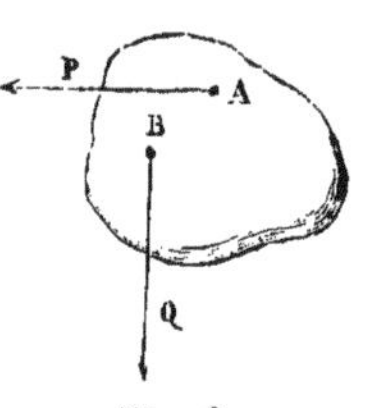

Fig. 6.

Je dis, en second lieu, qu'elles doivent agir suivant la même droite.
En effet, le point A pouvant être choisi arbitrairement sur la direction de la force P, on peut dire que, pour l'équilibre, Q doit passer par un point quelconque de la direction de P ; ces deux forces agissent donc suivant la même droite.

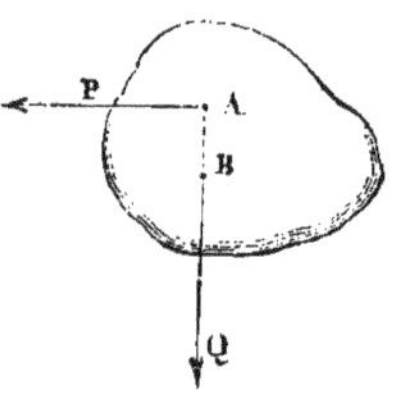

Fig. 7.

Enfin, si les forces agissent dans le même sens, il est évident que l'équilibre ne peut avoir lieu ; il en est de même si, agissant en sens contraires, elles étaient inégales. Les conditions énoncées sont donc nécessaires ; elles sont d'ailleurs suffisantes.

REMARQUE. — La réciproque de la proposition (1) est vraie : *Étant donnée une force qui agit sur un corps, si l'on peut, sans changer l'état de ce corps, remplacer cette force par une autre appliquée en un certain point, c'est que la direction de la force primitive passait par ce point, que son intensité était égale à celle de la nouvelle force et que les deux forces avaient même sens.* Soit (*fig.* 7) P la force primitive, Q la force nouvelle appliquée en B et qui produit sur le corps le même effet que P ; je dis que B est sur la direction de la force P. En effet nous pouvons, sans changer l'état du corps sollicité par la force P, appliquer en B deux forces Q et — Q égales et opposées; or Q, par hypothèse, peut remplacer P, donc P et — Q doivent se détruire, ce qui ne peut avoir lieu que si elles sont égales et directement opposées. Ce qu'il fallait démontrer.

3° *Étant données plusieurs forces* P, P', P"... (*fig.* 8) *qui sollicitent un corps libre, si l'introduction d'une nouvelle force,* R, *dans le système maintient le corps en équilibre, toutes les forces primitives peuvent être remplacées par une force unique* — R, *égale et directement opposée à la force additionnelle* R; *cette force* — R *est appelée résultante de* P, P', P"... *et* P, P', P"... *sont les composantes de* — R.

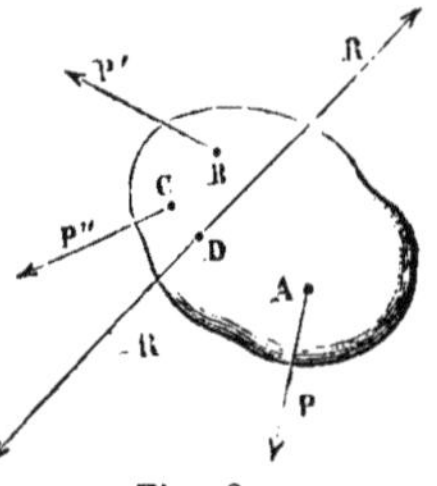

Fig. 8.

DÉMONSTRATION. — En effet, nous ne changerons pas l'état du corps sollicité par les forces P, P', P"... en introduisant les forces R et — R qui se détruisent; mais comme les forces P, P', P"... et R se détruisent aussi, leur effet est nul de lui-même et l'on peut dire que le corps est seulement soumis à l'action de la force — R. Donc l'effet de cette force — R est le même que celui des forces P, P', P"... et l'on peut substituer à ces forces *la résultante* — R.

4° *Quand un système de forces a une résultante, il n'en a qu'une.*

DÉMONSTRATION. — Soit (*fig.* 9) R la résultante d'un système de forces P, P', P",... appliquées à un corps; A, son point d'application; R', une seconde résultante du même système ; B, son point d'application; je dis que cela est impossible.

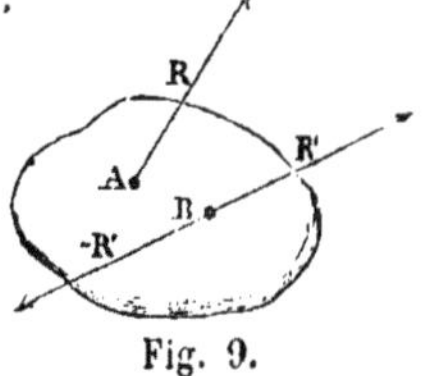

Fig. 9.

En effet, considérons le système des forces P, P', P",...; nous pouvons lui substituer la force R appliquée en A; en B appliquons deux forces R' et — R' égales et contraires, l'état du corps ne sera pas modifié. Or R' produit, par hypothèse, le même effet que R, donc R et — R' doivent se faire équilibre sur le corps; par suite, R est égale et directement opposée à — R' et les forces R et R' sont identiques. Il ne peut donc y avoir deux résultantes distinctes.

5° *Trois forces* P, P', P", *non situées dans un même plan, ne peuvent se faire équilibre.*

En effet, admettons qu'il y ait équilibre; nous pouvons mener (*fig.* 10) une droite AB qui rencontre deux des forces proposées, P et P', par exemple, sans rencontrer la troisième P". Fixons maintenant la droite AB (*axiome* 5); les forces P et P' seront détruites

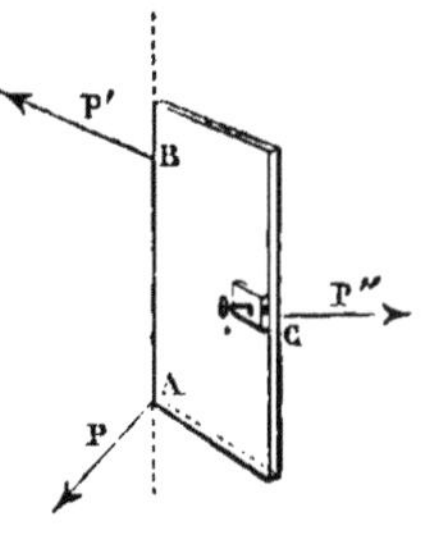

Fig. 10.

et l'équilibre subsistera, bien que le corps soit sollicité par une force P″ qui ne rencontre pas l'axe fixe ; cette conséquence est absurde.

6° *Deux forces* P *et* P′ *non situées dans un même plan ne peuvent avoir de résultante.*

En effet, si elles en avaient une R, en appliquant au corps une force — R égale et directement opposée à R, les trois forces P, P′ et — R se feraient équilibre ; or ceci est impossible puisque ces trois forces ne sont pas dans un même plan.

CHAPITRE II

COMPOSITION DES FORCES CONCOURANTES.

§ 1er. FORCES AGISSANT DANS LA MÊME DROITE.

En définissant une force double, triple, quadruple... d'une autre, nous avons admis : 1° que plusieurs forces appliquées au même point ont une résultante appliquée en ce point, 2° que deux forces qui agissent suivant la même droite ont pour résultante une force égale à leur somme ou à leur différence selon qu'elles tirent dans le même sens ou en sens contraire. Il résulte de là cette proposition :

7. Proposition. — *Si un nombre quelconque de forces agissent suivant la même droite, les unes dans une direction, les autres dans la direction opposée, leur résultante est égale à l'excès de la somme des forces qui tirent dans un sens sur la somme des forces qui tirent en sens contraire ; cette résultante agit dans le sens des forces qui ont donné la plus grande somme.*

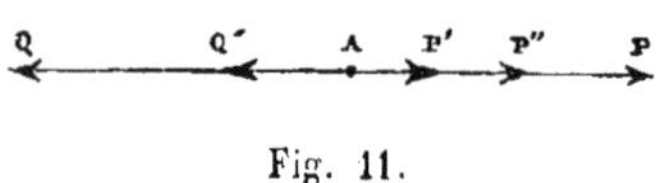

Fig. 11.

Ainsi (*fig. 11*), la résultante du système des forces

$$P = 7^{kg}, \qquad P' = 2^{kg} \qquad P'' = 4^{kg},$$
$$Q = 8^{kg}, \qquad Q' = 3^{kg},$$

appliquées au même point A d'un corps, s'obtiendra en faisant les deux sommes

$$P + P' + P'' = 13^{kg},$$
$$Q + Q' \qquad = 11^{kg},$$

et en retranchant la plus petite somme de la plus grande ; la résultante

$$R = P + P' + P'' - Q - Q' = 13^{kg} - 11^{kg} = 2^{kg}.$$

agira dans le même sens que les forces P, P′, P″.

Pour abréger le discours on considère les forces qui tirent dans un sens comme positives, les autres comme négatives, et l'on dit *que la résultante de forces dirigées suivant une même droite est égale à leur somme algébrique; elle agit suivant la même droite et son sens est donné par son signe.*

Si la somme des forces est égale à zéro, ces forces se font équilibre.

§ 2. COMPOSITION DE DEUX FORCES CONCOURANTES AGISSANT DANS DES DIRECTIONS DIFFÉRENTES.

8. Proposition I. — *La résultante de deux forces appliquées au même point d'un corps et faisant entre elles un angle quelconque compris entre 0° et 180° est située dans le plan des deux forces et comprise dans leur angle.*

DÉMONSTRATION. — 1° Elle est située dans leur plan, car il n'y a pas de raison pour qu'elle soit dirigée d'un côté du plan plutôt que du côté opposé; en d'autres termes, si l'on démontrait que la résultante est d'un côté du plan, en répétant le même raisonnement mot pour mot, on ferait voir qu'elle est située du côté opposé; comme cette résultante unique ne peut être des deux côtés à la fois, il faut qu'elle soit dirigée dans le plan des deux forces.

2° Elle est située dans l'angle BAC des composantes P et Q. En effet (*fig.* 12), si la force P, représentée par AB, agissait seule, elle entraînerait le point A au-dessous de AC; si la force Q, représentée par AC, agissait isolément, elle porterait le point A à gauche de AB. Par suite, lorsque les deux forces agissent simultanément, le point A ne peut se mouvoir que dans la portion du plan commune aux deux régions que nous venons d'indiquer, et la résultante doit être dans l'angle BAC.

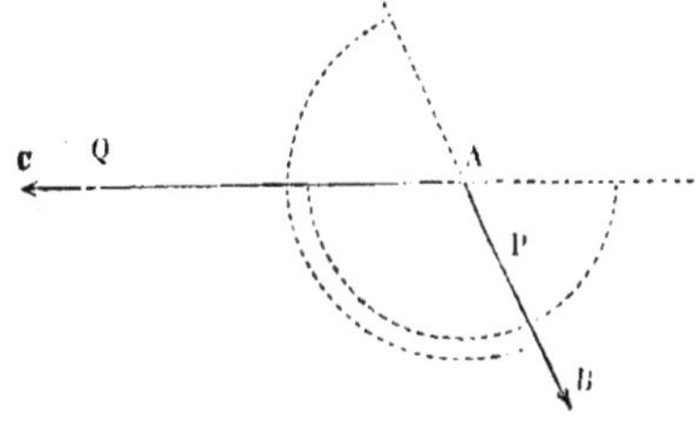

Fig. 12.

9. Proposition II. — *La résultante de deux forces angulaires est dirigée suivant la diagonale du parallélogramme construit sur les lignes qui représentent les forces en grandeur et en direction.*

DÉMONSTRATION. — Dans le cas de deux forces égales, la proposition est évidente par raison de symétrie. Dans le cas où elles sont inégales, voici la démonstration due à Sturm; elle repose sur la remarque suivante :

Si (fig. 13) *aux deux sommets opposés A et C d'un losange rigide on applique quatre forces dirigées suivant les côtés, ce corps solide est en*

1.

équilibre. En effet, les deux forces égales appliquées en A ont une résultante dirigée suivant la diagonale AC et dans le sens AC ; les deux autres forces appliquées en C ont une résultante égale et dirigée suivant CA ; ces deux résultantes partielles égales et opposées se détruisent et l'assemblage des quatre règles est en équilibre.

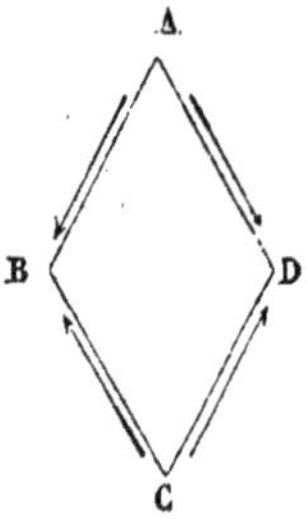

Ceci posé, considérons (*fig.* 14) deux forces commensurables P et Q appliquées au point A d'un corps solide et qui agissent suivant AB et AC ; la première contient trois fois l'unité de force *f*, et la seconde deux fois la même unité.

Fig. 13.

Nous pouvons substituer à la force P trois forces égales à *f*, appliquées aux points A, E, F, et représentées par les trois lignes égales AE, EF, FB ; de même à la force Q nous pouvons substituer deux forces égales à *f* appliquées aux points A et N et représentées par les droites égales AN et NC.

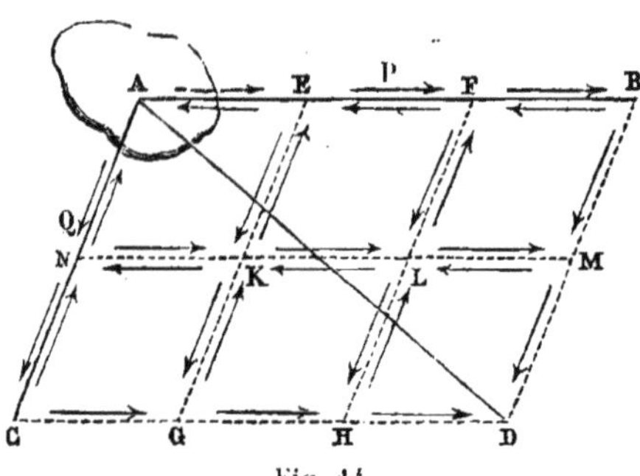

Fig. 14.

Par les points de division E, F, B, marqués sur AB, menons des parallèles à AC et par les points N et C des parallèles à AB ; nous formerons ainsi un parallélogramme ABCD divisé en six losanges égaux, et nous supposerons cette figure formée de barres rigides et liées invariablement au corps.

Appliquons maintenant à chacun des sommets N et E, K et F........ H et M de ces losanges deux forces égales à *f*, nous ne changerons pas l'état du corps, puisque les quatre petites forces ainsi introduites dans chaque losange se détruisent.

Mais il est clair, sur la figure, que les forces dirigées suivant AB, AC, NM, EG, FH, se détruisent mutuellement, et il ne reste plus que les forces dirigées suivant CD et BD, lesquelles peuvent être appliquées au point D et reproduisent d'une part la force P, d'autre part la force Q.

Ainsi, sans que l'état du corps soit changé, l'on peut transporter les forces P et Q à l'extrémité D de la diagonale AD du parallélogramme ABCD ; leur résultante (n° 6) passe donc par le point D ; mais elle passait déjà en A, sa direction est donc celle de la diagonale AD.

10. La proposition est encore vraie si les forces P et Q sont incommensurables. En effet, prenons pour unité de force la force $\dfrac{P}{m}$, et portons

cette unité sur la force Q; soit (*fig.* 15)

$$AE = n.\frac{P}{m} \quad \text{et} \quad AF = (n+1).\frac{P}{m}$$

deux forces commensurables avec P, l'une plus petite que la force Q;
l'autre plus grande. La résultante
des forces P et AE est dirigée suivant la diagonale AG du parallélogramme ABEG; celle de P et de AF
est dirigée suivant AH, diagonale du
parallélogramme ABHF. La direction
de la résultante de P et de Q est,
évidemment, comprise entre les directions AH et AG. Or, à mesure
que le nombre *m* augmente, c'est-à-

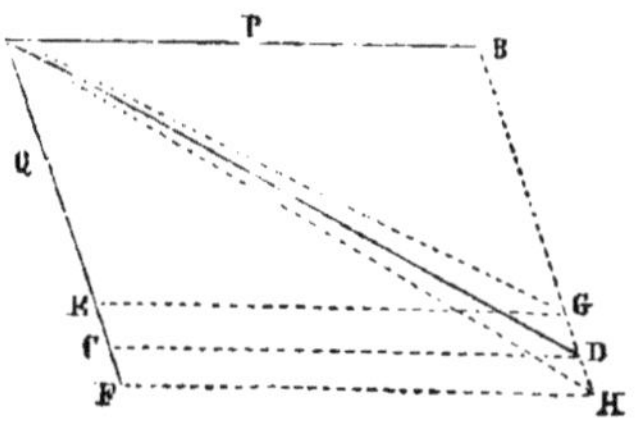

Fig. 15.

dire à mesure que l'on prend une commune mesure plus petite, AE et
AF se rapprochent de AC et les directions AH et AG tendent à se confondre avec AD; donc, à la limite, la direction de la résultante des forces incommensurables P et Q est la diagonale AD.

11. Proposition III. — *La résultante de deux forces angulaires
est aussi représentée, pour son intensité, par la diagonale du parallélogramme construit sur ces forces.*

Démonstration. — Soit (*fig.* 16) les deux forces P et Q dont la résultante inconnue R a la même
direction que AD; si nous
appliquons au point A une
force — R égale et contraire
à R, les trois forces P, Q,
— R tiendront le corps en
équilibre; l'une d'elles, P,
par exemple, est donc égale
et contraire à la résultante

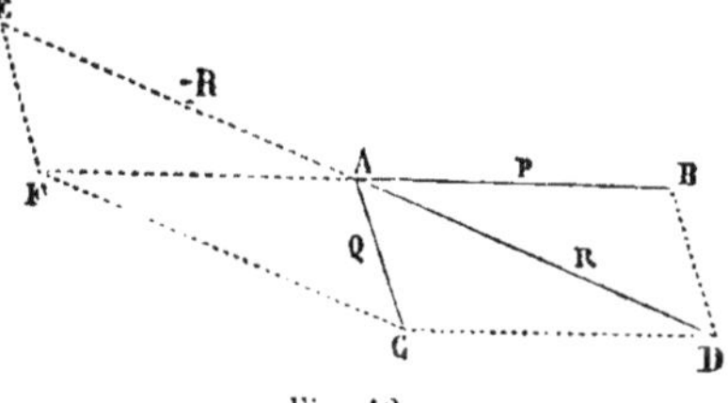

Fig. 16.

des deux autres. Si, par conséquent, nous prenons sur le prolongement
de AB, AF = AB = P, nous aurons la résultante de Q et de la force inconnue — R. Joignons FC, et par le point F menons FE parallèle à AC;
les deux triangles AFC, ACD sont égaux puisque AF = AB = CD, AC
est commun et les angles CAF et ACD sont égaux comme alternes inter-
nes; donc FC est égal à AD et lui est parallèle. Il résulte de là que la
figure AEFC est un parallélogramme et que AE = FC = AD.

Mais puisque AF = — P représente la résultante des forces Q et — R,
il faut que la force inconnue — R soit représentée exactement par AE;
sans quoi, en composant la force Q et une force différente de AE, l'on
obtiendrait pour leur résultante une direction différente de AF. Ainsi

l'intensité de la résultante inconnue est égale à AE ou bien à FC, ou bien à AD. Ce qu'il fallait démontrer.

Relations entre les composantes et la résultante. — Toutes les questions sur la composition de deux forces se trouvent ramenées maintenant à des problèmes de trigonométrie.

12. Proposition I. — *Le carré de la résultante de deux forces angulaires est égal à la somme des carrés des composantes plus deux fois le produit de ces forces multiplié par le cosinus de leur angle.*

DÉMONSTRATION. — Soit P et Q deux forces faisant entre elles l'angle α, R leur résultante; l'on a

$$R^2 = P^2 + Q^2 + 2PQ \cos \alpha.$$

En effet, dans le triangle ABD (*fig.* 14) on a la relation

$$AD^2 = AB^2 + BD^2 - 2AB \times BD \times \cos ABD$$

mais

$$ABD = 180° - BAC,$$

et par suite

$$\cos ABD = - \cos \alpha,$$

donc

$$AD^2 = AB^2 + BD^2 + 2AB \times BD, \cos \alpha \,;$$

ce que l'on écrit

$$R^2 = P^2 + Q^2 + 2P.Q.\cos (P, Q).$$

CONSÉQUENCE. — 1° *Si les deux forces sont rectangulaires, le carré de la résultante est égal à la somme des carrés des composantes;* en effet, l'on a dans ce cas :

$$\alpha = 90°, \qquad \cos \alpha = 0$$

et la formule précédente se réduit à

$$R^2 = P^2 + Q^2.$$

2° *Si les deux forces ont la même direction,*

$$\alpha = 0, \qquad \cos \alpha = 1,$$

$$R^2 = P^2 + Q^2 + 2PQ = (P + Q)^2$$

ou

$$R = P + Q.$$

3° *Si les forces ont des directions contraires,*

$$\alpha = 180°, \qquad \cos \alpha = - 1,$$

$$R^2 = P^2 + Q^2 - 2PQ = (P - Q)^2,$$

ou

$$R = P - Q.$$

13. Proposition II. — *Il existe un rapport constant entre chacune des forces* P, Q. R *et le sinus de l'angle formé par la direction des deux autres.*

En effet, dans le triangle ABD, l'on a la relation

$$\frac{AB}{\sin ADB} = \frac{BD}{\sin BAD} = \frac{AD}{\sin ABD};$$

or

$$\sin ADB = \sin CAD = \sin (Q, R),$$
$$\sin BAD = \sin (P,R),$$
$$\sin ABD = \sin BAC = \sin (P, Q),$$

donc

$$\frac{P}{\sin (Q, R)} = \frac{Q}{\sin (P,R)} = \frac{R}{\sin (P,Q)}.$$

14. Décomposition d'une force en deux autres. — Problème. — *Étant données (fig. 17) une force* R *appliquée au point* A, *et deux directions* AX, AY, *issues de ce point et situées dans un même plan avec* R, *décomposer la force* R *en deux autres forces dirigées suivant* AX *et* AY.

SOLUTION. — 1° Pour obtenir par un tracé graphique les intensités AB et AC des composantes P et Q, on mène par le point D les lignes DB, DC respectivement

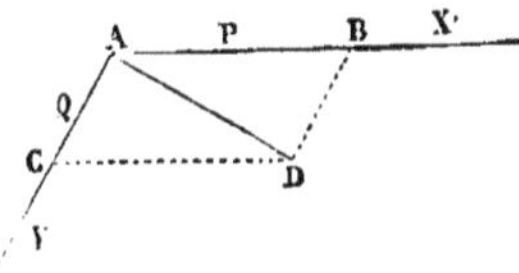

Fig. 17.

parallèles à AY et à AX; les longueurs AB et AC ainsi déterminées représentent les composantes cherchées, d'après ce que l'on a vu au n° 9.

2° Pour déterminer par le calcul les intensités des composantes, il suffit de s'appuyer sur le théorème du n° (13). Pour déterminer P l'on écrira

$$\frac{P}{\sin (Q,R)} = \frac{R}{\sin (P,Q)}; \quad \text{d'où} \quad P = R.\frac{\sin (Q,R)}{\sin (P,Q)};$$

et de même pour trouver Q,

$$\frac{Q}{\sin (P,R)} = \frac{R}{(\sin P,Q)}; \quad \text{d'où} \quad Q = R.\frac{\sin (P,R)}{\sin (P,Q)}.$$

REMARQUE. — Si les directions AX et AY sont rectangulaires, les formules précédentes se réduisent à

$$P = R \sin (Q,R) = R \cos (P.R)$$
$$Q = R \sin (P,R) = R \cos (Q,R).$$

Ainsi, dans ce cas, *chaque force est égale au produit de la résultante par le cosinus de l'angle compris entre sa direction et celle de la résultante; ou bien, chacune des composantes est la projection de la résultante sur les directions données.*

§ 5. COMPOSITION D'UN NOMBRE QUELCONQUE DE FORCES APPLIQUÉES AU MÊME POINT.

15. Proposition I. — POLYGONE DES FORCES. — *Pour trouver géométriquement la résultante d'un système de forces F, F′, F″, F‴, appliquées au même point et dirigées d'une manière quelconque dans l'espace, on construit un contour polygonal ABGHK dont les côtés sont respectivement égaux et parallèles aux lignes qui représentent les forces, on joint au point d'application l'extrémité de ce contour, et cette ligne AK représente la résultante en grandeur et en direction (fig. 18).*

En effet, si l'on compose F et F′, puis leur résultante avec F″ et la nouvelle résultante avec F‴, par la règle du parallélogramme on obtient la figure ci-contre en effaçant les lignes qui ne sont pas strictement nécessaires.

CONSÉQUENCE. — *Si le contour se ferme la résultante est nulle et les forces se font équilibre.*

Proposition II. — PARALLÉLIPIPÈDE DES FORCES. — *Si trois forces appliquées au même point matériel ne sont pas dans un même plan, leur résultante est représentée pour sa direction et son intensité par la diagonale du parallélipipède construit sur ces trois forces.*

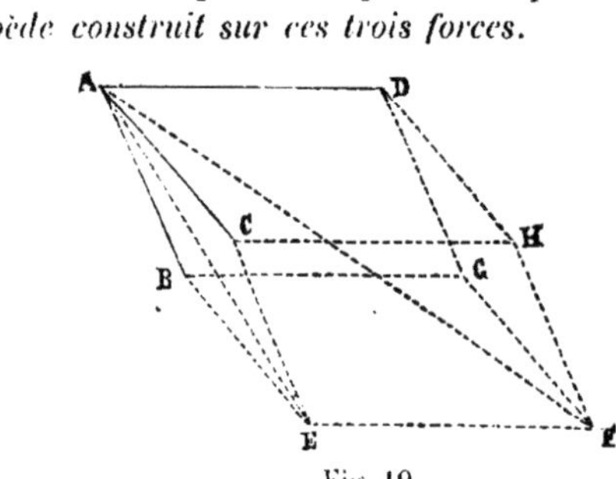

Fig. 18. Fig. 19.

En effet (*fig.* 19), on compose les deux premières forces AB, AC, puis leur résultante AE avec AD; l'on obtient ainsi pour résultante définitive AF, qui est la diagonale du parallélipipède de ABCDEFGH.

CONSÉQUENCE. — Si les trois forces F, F′, F″ forment un trièdre trirectangle, la résultante R est donnée par la formule

$$R^2 = F^2 + F'^2 + F''^2 ;$$

car dans un parallélipipède rectangle le carré de la diagonale est égal à la somme des carrés des trois arêtes issues du même sommet.

Si les forces ne sont pas rectangulaires, la formule qui donne la résultante est beaucoup plus compliquée.

16. Problème I. — *Décomposer une force donnée en trois autres dont les directions ne sont pas situées dans un même plan.*

Soit AB (*fig.* 20) la force donnée, AC, AD, AE les directions des composantes inconnues ; on obtiendra leurs intensités en menant par le point B trois plans parallèles aux plans DAE, CAE, CAD ; ils couperont les directions données aux points F, G, H, et AF, AG, AH seront les trois composantes cherchées.

Ainsi la question revient à construire un parallélipipède, connaissant une diagonale et les directions des arêtes qui partent du même sommet que cette diagonale.

REMARQUE I. — *Lorsque les trois directions données sont rectangulaires, chaque composante est égale à la projection de la force donnée sur la direction de cette composante.*

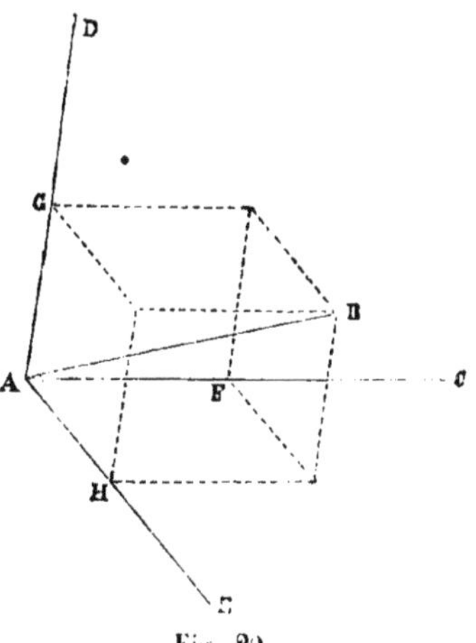

Fig. 20.

En effet, dans ce cas (*fig.* 21), le parallélipipède est rectangle et les triangles ABC, ABE, ABD sont rectangles en C, E et D ; l'on a donc

$$AC = AB \cos BAC,$$
$$AE = AB \cos BAE,$$
$$AD = AB \cos BAD ;$$

si l'on représente par α, β, γ les angles formés par la force AB avec les trois directions données, et si l'on désigne par X, Y et Z les trois composantes AC, AE, AD, l'on a les trois formules

$$X = R \cos \alpha,$$
$$Y = R \cos \beta,$$
$$Z = R \cos \gamma.$$

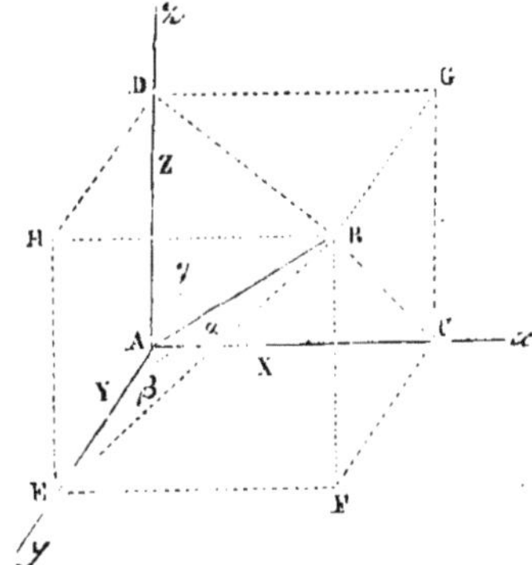

Fig. 21.

REMARQUE II. — Si l'on fait la somme des carrés de ces trois expressions, l'on a

$$X^2 + Y^2 + Z^2 = R^2 (\cos^2\alpha + \cos^2\beta + \cos^2\gamma).$$

et comme, d'après la conséquence du n° 15, l'on a

$$X^2 + Y^2 + Z^2 = R^2,$$

il faut que

$$\cos^2\alpha + \cos^2\beta + \cos^2\gamma = 1.$$

Ainsi, *les trois angles qu'une direction donnée fait avec trois axes rectangulaires sont tels, que la somme des carrés de leurs trois cosinus est égale à l'unité.*

17. **Problème II**. — *Trouver par le calcul la résultante d'un système quelconque de forces appliquées en un même point d'un corps.*

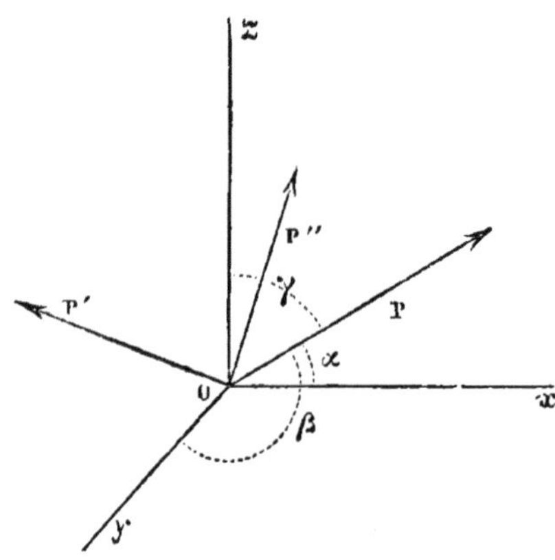

Fig. 22.

SOLUTION. — Soit (*fig. 22*) P, P', P''... plusieurs forces appliquées en un même point O. — Menons par ce point trois lignes rectangulaires de direction arbitraire; nous rapporterons à ces *axes fixes* les forces P, P', P''... — Pour que les positions relatives de ces forces soient bien déterminées, il suffit que nous connaissions les angles que chacune d'elles fait avec les axes fixes. Désignons par α, β, γ les angles que fait la première force avec les axes Ox, Oy, Oz; par α', β', γ' les angles que fait la seconde force, et ainsi de suite :

	Ox	Oy	Oz
P	α	β	γ
P'	α'	β'	γ'
P''	α''	β''	γ''
.	.	.	.

Décomposons chacune des forces en trois autres dirigées suivant les axes fixes; nous obtiendrons, pour les composantes de P,

$$P\cos\alpha, \qquad P\cos\beta, \qquad P\cos\gamma;$$

pour celles de P',

$$P'\cos\alpha', \qquad P'\cos\beta', \qquad P'\cos\gamma';$$

pour celles de P'',

$$P'' \cos \alpha'', \qquad P'' \cos \beta'', \qquad P'' \cos \gamma'',$$

et ainsi de suite.

Ces expressions sont générales et représentent, quelle que soit la direction de la force, la projection de cette force sur l'un quelconque des axes, si l'on convient de regarder comme positives les composantes dirigées suivant Ox, Oy, Oz, et comme négatives celles qui tirent suivant les prolongements Ox', Oy', Oz'.

Supposons, par exemple, que la force P fasse un angle obtus avec la direction Oy, sa projection sur cet axe, obtenue en construisant le parallélipipède dont P est la diagonale, sera dirigée suivant le prolongement de Oy; nous la regarderons donc comme négative. Mais alors $\cos \beta$ sera le cosinus d'un angle obtus et sera négatif; donc $P \cos \beta$, *pris avec son signe*, représentera à la fois la grandeur et le sens de la composante de P suivant l'axe Oy.

Désignons par X_1 la somme algébrique de toutes les composantes dirigées suivant Ox ou suivant son prolongement; soit, de même, Y_1 et Z_1 les sommes algébriques des composantes relatives aux deux autres axes, nous aurons

$$X_1 = P \cos \alpha + P' \cos \alpha' + P'' \cos \alpha'' + \dots$$
$$Y_1 = P \cos \beta + P' \cos \beta' + P'' \cos \beta'' + \dots$$
$$Z_1 = P \cos \gamma + P' \cos \gamma' + P'' \cos \gamma'' + \dots$$

et pour composer toutes les forces proposées il suffira de composer les trois forces rectangulaires X_1, Y_1, Z_1.

L'on aura, par conséquent, pour l'intensité de cette résultante,

$$R = \sqrt{X_1^2 + Y_1^2 + Z_1^2};$$

et, pour déterminer sa direction, il suffira de connaître les angles a, b, c qu'elle fait avec les trois axes; les cosinus de ces angles sont donnés par les formules du problème I, et l'on a

$$\cos a = \frac{X_1}{R},$$

$$\cos b = \frac{Y_1}{R},$$

$$\cos c = \frac{Z_1}{R}.$$

Remarque. — Dans ces formules, X_1, Y_1, Z_1 sont des sommes algébriques et sont positives ou négatives suivant la grandeur et la position des données; R est essentiellement positif, et les angles a, b, c sont aigus ou obtus suivant que leurs cosinus sont positifs ou négatifs.

18. **Proposition III.** — *Pour que plusieurs forces appliquées au*

*même point se fassent équilibre, il faut et il suffit que la somme algé-
brique des projections de ces forces sur trois axes rectangulaires quelconques passant par ce point soit égale à zéro pour chacun de ces axes.*

DÉMONSTRATION. — D'abord cette condition est nécessaire ; car, s'il y a
équilibre, l'on a

$$R = 0, \text{ ce qui exige que } \quad X_1 = 0, \quad Y_1 = 0, \quad Z_1 = 0.$$

De plus elle est suffisante ; parce que, si

$$X_1 = 0, \quad Y_1 = 0, \quad Z_1 = 0,$$

la résultante est nulle et il y a équilibre.

On doit bien remarquer que le corps ne serait pas nécessairement en
équilibre si la somme des projections des forces sur *un seul axe* était
égale à zéro. En effet, si la résultante des forces appliquées était perpendiculaire à cet axe, sans être nulle, sa projection sur cet axe serait encore égale à zéro. Mais si cette somme de projections sur trois axes
rectangulaires est séparément nulle pour chacun des trois axes, il faut
nécessairement que les forces se détruisent. En effet, supposons que la
résultante située dans un plan perpendiculaire à Ox, par exemple, ait
une valeur différente de zéro, sa projection sur Ox serait bien nulle,
mais l'une au moins de ses deux autres projections serait aussi différente
de zéro.

EXERCICES NUMÉRIQUES.

19. Problème I. — *Quatre forces (fig. 25) P, P′, P″, P‴, égales à* 1^{kg},
2^{kg}, 3^{kg}, 4^{kg}, *agissent sur un même point et dans un même plan ; les directions de la première et de la troisième sont à angle droit, ainsi que
les directions de la seconde et de la quatrième ; la seconde est inclinée
de* 60° *sur la première. Trouver la grandeur et la direction de la résultante.*

SOLUTION.

Les composantes des forces P, P′, P″, P‴, parallèles à Ox, sont

$$1^{kg}, \quad 2^{kg}\cos 60°, \quad 0, \quad -4^{kg}.\cos 30°,$$

ou

$$1^{kg}, \quad 1^{kg}, \quad 0, \quad -2\sqrt{3}.$$

Les composantes parallèles à l'axe Oy sont

$$0, \quad 2^{kg}.\sin 60°, \quad 3^{kg}, \quad 4^{kg}.\sin 30°,$$

ou

$$0, \quad \sqrt{3}, \quad 3, \quad 2;$$

l'on aura donc

$$X_1 = 2^{kg} - 2^{kg}.\sqrt{3} = -1,464, \qquad Y_1 = \sqrt{3} + 3 + 2 = 6,732.$$

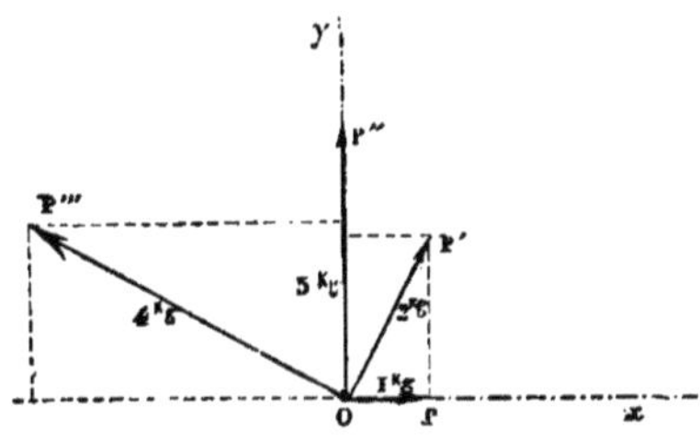

Fig. 23.

et par conséquent,

$$R = \sqrt{X_1^2 + Y_1^2} = \sqrt{(1,464)^2 + (6,732)^2},$$

ou

$$R = \sqrt{2,1433 + 45,3198} = \sqrt{47,4631} = 6^{kg},89.$$

Quant à la direction de cette résultante, on l'obtient à l'aide des formules

$$\cos a = \frac{X_1}{R} = -\frac{1,464}{6,89},$$

$$\sin a = \frac{Y_1}{R} = \frac{6,732}{6,89},$$

et l'on trouve

$$a = 102°\,16'.$$

20. Problème II. — *Au sommet O d'un cube OABCDEFG (fig. 24) sont appliquées trois forces P, P′, P″ égales chacune à 1ᵏᵍ.*

La force P est dirigée suivant la diagonale OA du cube, P′ suivant la diagonale OB de la face OBCG, et P″ passe par le centre I de la face ABCD. — Quelle est la résultante de ces trois forces?

SOLUTION.

La diagonale du cube est également inclinée sur les trois arêtes, et l'on a

$$\cos \alpha = \frac{1}{\sqrt{3}},$$

par suite,

$$\alpha = \beta = \gamma = 54°\,44'\,10''.$$

Pour la seconde force P′,

$$\alpha' = 90°, \qquad \beta' = \gamma' = 45°.$$

Pour la troisième force P″, l'on a dans le triangle OIK

$$\operatorname{cotg}\gamma'' = \frac{IK}{OK} = \frac{1}{\sqrt{5}}, \qquad \operatorname{tang}\gamma'' = \sqrt{5}.$$

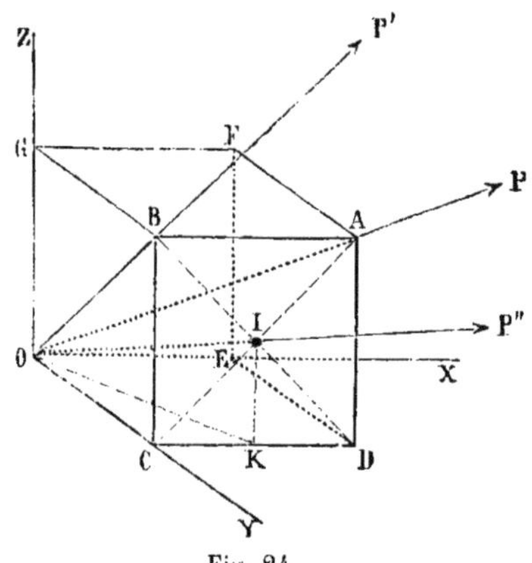

Fig. 24.

donc

$$\gamma'' = \alpha'' = 65° 54' 20''.$$

Le triangle OIC donne

$$\operatorname{tang}\beta'' = \frac{\sqrt{2}}{2}, \quad \text{et}\ \beta'' = 35° 15' 50''.$$

Avec ces données, on peut facilement réduire en nombres la formule du n° 17.

CALCUL DE X_1	CALCUL DE Y_1	CALCUL DE Z_1
P $\cos\alpha$ = 0^{kg},57735	P $\cos\beta$ = 0^{kg},57735	P $\cos\gamma$ = 0^{kg},57735
P′ $\cos\alpha'$ = 0.	P′ $\cos\beta'$ = 0, 70710	P′ $\cos\gamma'$ = 0, 70710
P″ $\cos\alpha''$ = 0, 40825	P″ $\cos\beta''$ = 0, 81650	P″ $\cos\gamma''$ = 0, 40825
X_1 = 0^{kg},98560	Y_1 = 2^{kg},10095	Z_1 = 1^{kg},69270
X_1^2 = 0, 97141	Y_1^2 = 4, 41400	Z_1^2 = 2, 86523

$$R^2 = X_1^2 + Y_1^2 + Z_1^2 = 8,25064 \qquad R = 2^{kg},872$$

$$a = 69° 56' \qquad b = 45° \qquad c = 55° 54'$$

§ 4. — DES PROJECTIONS SUR UN AXE FIXE.

Le théorème du polygone des forces ramène à des questions de géométrie tous les problèmes de statique. A cause des directions très-diverses que peuvent avoir les forces appliquées à un corps, il est naturel de les rapporter à des repères fixes, et l'on est ainsi conduit à considérer leurs projections sur des axes ou sur des plans fixes. — De cette manière, on peut traiter par le calcul tous les problèmes sur la composition des forces, et ces solutions analytiques sont bien préférables au point de vue de l'exactitude et de la généralité aux constructions de la géométrie; nous en avons vu déjà un exemple au n° 17.

21. Proposition I. — *Si l'on projette sur un axe un système quelconque de forces concourantes et la résultante de ce système, la projection de cette résultante est égale à la somme algébrique des projections des composantes.*

Démonstration. On a vu en géométrie que, *si l'on projette sur un même axe une ligne brisée ABGHK (fig. 18) et la ligne AK qui ferme ce contour, la projection de cette ligne droite AK est égale à la somme algébrique des projections des côtés de la ligne brisée.*

En appliquant ce principe au polygone des forces, on voit *que la somme des projections de plusieurs forces concourantes sur un axe quelconque est égale à la projection de la résultante.*

Comme (voir *Trigonométrie*) la projection d'un côté quelconque du polygone des forces est représentée, avec le signe convenable, par le produit qu'on obtient en multipliant ce côté par le cosinus de l'angle que fait la direction de la force correspondante avec l'axe, l'on a l'égalité

$$R \cos a = P \cos \alpha + P' \cos \alpha' + P'' \cos \alpha'' + \dots$$

qui est d'un fréquent usage.

Elle montre que si plusieurs forces concourantes se font équilibre, la somme algébrique de leurs projections sur un axe quelconque est nulle.

22. * Conséquence II (*). — *Pour projeter une force P sur un axe OU (fig. 25), on peut projeter cette force sur trois axes rectangulaires ox, oy, oz, puis projeter les trois composantes X, Y, Z sur l'axe OU: la somme de ces trois dernières projections est la projection cherchée.*

En effet, la diagonale OD égale à P ferme le contour OAED, dans lequel

$$OA = X, \quad AE = Y, \quad ED = Z;$$

donc la projection de OD sur l'axe OU est égale à la somme des projec-

---

(*) Les numéros précédés d'un astérisque (*) ne sont pas indispensables pour le baccalauréat ou pour Saint-Cyr.

tions des côtés de ce contour. Par conséquent nous aurons, en appelant

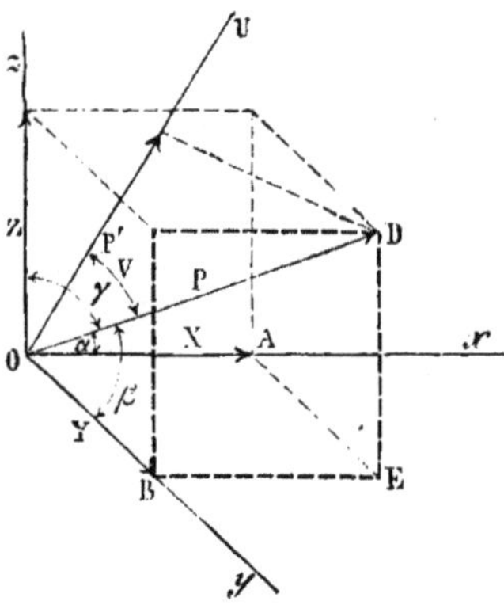

Fig. 25.

α', β' γ' les angles de la direction OU, avec Ox, Oy, Oz et V l'angle de P avec OU,

$$P' = P \cos V = X \cos \alpha' + Y \cos \beta' + Z \cos \gamma'.$$

Il résulte de là que si *la somme des projections d'un système de forces sur trois axes rectangulaires est nulle séparément pour chacun d'eux, la même chose aura lieu pour un axe quelconque.*

23. * Expression remarquable de l'angle de deux directions. — Si, dans la formule précédente, nous remplaçons X, Y, Z par leurs valeurs $P \cos \alpha$, $P \cos \beta$, $P \cos \gamma$, nous aurons

$$\cos V = \cos \alpha \cos \alpha' + \cos \beta \cos \beta' + \cos \gamma . \cos \gamma',$$

formule remarquable qui donne l'angle de deux directions OP, OP', faisant avec trois axes rectangulaires les angles α, β, γ, α', β', γ'.

REMARQUE. — Si les deux directions des forces sont rectangulaires, l'on a

$$\cos \alpha . \cos \alpha' + \cos \beta . \cos \beta' + \cos \gamma . \cos \gamma' = 0.$$

§ 5. — DES MOMENTS DES FORCES CONCOURANTES DANS UN MÊME PLAN.

24. Étant données plusieurs forces appliquées au même point A et agissant dans un même plan, au lieu de les rapporter à deux axes tracés dans ce plan, on peut déterminer leurs positions relatives à l'aide de leurs distances à un point de repère fixe marqué dans ce plan.

Ainsi, la force P sera connue en direction si l'on donne son point d'application A et si l'on sait, en même temps, que P est à 3^{dm} du point O. En effet, la direction de cette force sera l'une des deux tangentes que l'on peut mener du point A à la circonférence ayant O pour centre et 3^{dm} pour rayon, et nous verrons plus loin qu'il est très-facile de distinguer entre ces deux tangentes celle que l'on doit choisir. La force P est donc connue tout aussi bien à l'aide de ces données que si l'on avait ses projections sur deux axes rectangulaires situés dans ce plan.

En étudiant à ce nouveau point de vue la composition des forces angulaires, l'on trouve que les distances du point fixe O aux composantes et à la résultante ont avec les intensités de ces forces une relation remarquable. Son énoncé est très-simple si l'on adopte la définition suivante.

25. Moment par rapport à un point. — Définition. — *On appelle moment d'une force, par rapport à un point, le produit de son intensité par la distance du point donné à la direction de la force.* Le point est appelé *centre des moments*, et sa distance à chacune des forces est appelée *bras de levier de la force.*

Il résulte de cette définition : 1° que le moment d'une force par rapport au point ne change pas quand on transporte le point d'application de la force en un point quelconque de sa direction ; 2° que ce moment est nul quand la force passe par le centre des moments.

26. Proposition I. — *La résultante d'un nombre quelconque de forces agissant dans un même plan a pour moment, par rapport à un point quelconque de ce plan, la somme des moments des forces qui tendent à faire tourner la figure dans un sens autour de ce point, moins la somme des moments des forces qui tendent à la faire tourner en sens contraire.*

1° *Cas de deux forces angulaires.* — Soit P et Q (*fig.* 26) deux forces dont R est la résultante, p, q, r les distances du point O à leurs directions ; leurs moments seront Pp, Qq, Rr, et il faut démontrer que

$$Rr = Pp + Qq,$$

car les trois forces tendent à faire tourner dans le même sens la figure autour du point O.

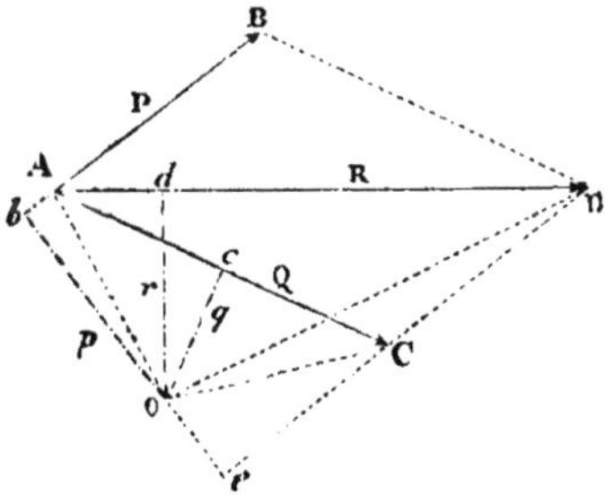

En effet, l'on a entre les triangles de la figure la relation

$$OAD = OAC + ACD - OCD.$$

Or,

$$OAD = \tfrac{1}{2} AD \times Od,$$
$$OAC = \tfrac{1}{2} AC \times Oc,$$
$$ACD = \tfrac{1}{2} CD \times cb,$$
$$OCD = \tfrac{1}{2} CD \times Oc$$

Fig. 26

On aura donc, en substituant,

$$AD \times Od = AC \times Oc + CD\,(cb - Oe),$$

ou

$$R\,.r = Q\,.q + P\,.p.$$

Dans le cas de la figure 27, les forces P et R tendent à faire tourner

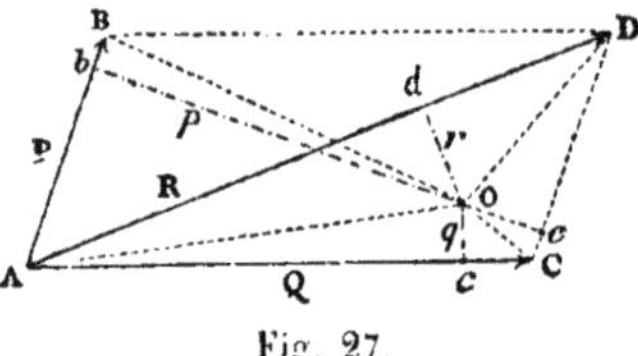

Fig. 27.

autour du point O la figure dans un sens, et la force Q dans le sens contraire ; on aura alors

$$Rr = Pp - Qq.$$

En effet,

$$OAD = ACD - OAC - OCD$$

et, par suite,

$$AD \times Od = CD \times bc - AC \times Oc - CD \times Oc,$$
$$AD \times Od = CD \times Ob - AC \times Oc.$$

2° *Cas d'un nombre quelconque de forces concourantes.* — Soit P, Q, S, T . ., Z ces forces, R_1 la résultante de P et de Q, R_2 celle de R_1 et de S, R_3 celle de R_2 et de T...; enfin R la résultante définitive. Soit, de plus, O le centre des moments.

Considérons comme positifs les moments des forces qui tendent à faire tourner la figure dans un sens autour du point O, et comme négatifs les moments des forces qui tendent à faire tourner la figure en sens contraire ; nous aurons alors, dans tous les cas,

$$R_1 r_1 = Pp + Qq,$$
$$R_2 r_2 = R_1 r_1 + Ss = Pp + Qq + Ss,$$
$$\cdot \quad \cdot \quad \cdot \quad \cdot \quad \cdot \quad \cdot \quad \cdot \quad \cdot \quad \cdot$$

et enfin

$$Rr = P\,.p + Q\,.q + S\,.s + \ldots Z\,.z.$$

Ainsi, avec cette convention, l'on peut dire que *le moment de la résultante est égal à la somme algébrique des moments des composantes.*

On regarde habituellement comme positifs les moments des forces qui tendent à faire tourner la figure de droite à gauche, pour un observateur placé en O, et comme négatifs les moments qui tendent à produire une rotation inverse ; l'observateur est debout sur le plan et regarde le sens de la *rotation fictive* que chaque force imprimerait au plan s'il pouvait tourner sur lui-même autour du point O.

27. REMARQUE. — *Le moment d'une force par rapport à un point est égal au double de l'aire du triangle ayant ce point pour sommet, et la force pour base.* Il résulte de là un énoncé géométrique très-simple pour le théorème des moments.

Étant donnés dans un plan un système de forces angulaires et leur résultante, si l'on joint à un même point du plan les extrémités des lignes qui représentent toutes ces forces, le triangle qui a la résultante pour base sera égal à la somme algébrique des triangles ayant pour bases les forces composantes.

§ 6. — MOMENTS DE FORCES CONCOURANTES QUELCONQUES.

Moment par rapport à un axe. — Le théorème précédent n'est plus vrai si les forces ne sont pas situées dans un même plan ; mais il est encore exact si l'on projette sur un même plan le système de ces forces et leur résultante.

28. DÉFINITION. — *Soit (fig. 28)* P *une force, et* P' *sa projection sur un plan fixe* MN ; *le moment de* P *par rapport à un axe* xy *perpendiculaire à* MN *est égal au produit de* P' *par sa distance au pied de l'axe.*

Ainsi, le moment de P par rapport à xy est égal au moment de P' par rapport au point O, point où xy perce le plan MN ; ce moment est donc égal à P' $\times$ OK, c'est-à-dire au produit des nombres qui représentent la projection P' et la distance OK.

Le moment d'une force par rapport à un axe est nul : 1° quand la force est nulle; 2° quand elle est dans un même plan avec l'axe.

CONSÉQUENCE. — Le triangle OA'B' représente le moment de la force P par rapport à l'axe ; il est égal à la projection sur le plan MN du triangle OAB qui représente le moment de P par rapport au point O.

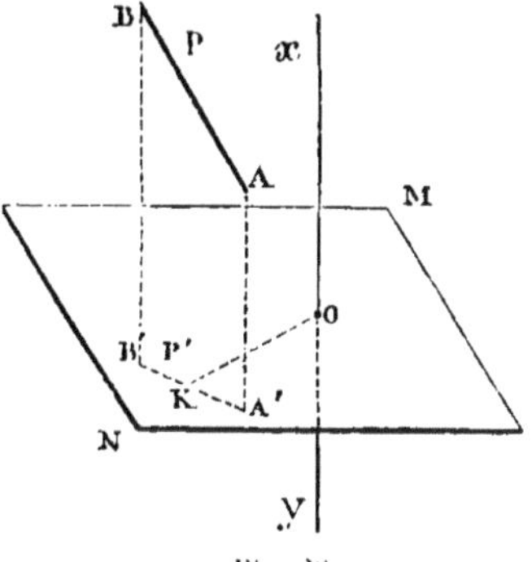

Fig. 28.

29. ★ **Proposition I**. — *Si l'on considère une force* P *et trois axes rectangulaires passant par un point* O, *le carré du moment de cette force par rapport à ce point est égal à la somme des carrés des moments par rapport aux trois axes.*

DÉMONSTRATION. — Soit α, β, γ les angles que fait avec les trois axes OX, OY, OZ la normale au plan OAB passant par le point O et la force P; appelons OA'B', OA"B", OA'''B''' les projections du triangle OAB sur les trois plans XOY, XOZ, YOZ, nous aurons :

$$\text{OA'B'} = \text{OAB} \times \cos\gamma,$$
$$\text{OA"B"} = \text{OAB} \times \cos\beta,$$
$$\text{OA'''B'''} = \text{OAB} \times \cos\alpha,$$

puisque la projection d'une surface plane sur un plan est égale à la surface projetée multipliée par le cosinus de l'angle que les deux plans font entre eux.

En faisant la somme des carrés de ces trois égalités, nous aurons

$$(OA'B')^2 + (OA''B'')^2 + (OA'''B''')^2 = (OAB)^2 (\cos^2\alpha + \cos^2\beta + \cos^2\gamma),$$

et, d'après la seconde remarque du n° 16,

$$(OA'B')^2 + (OA''B'')^2 + (OA'''B''')^2 = \overline{OAB}^2,$$

ce que l'on peut écrire, en abrégé,

$$\left(M_{ox}\right)^2 + \left(M_{oy}\right)^2 + \left(M_{oz}\right)^2 = \left(M_o\right)^2.$$

Ainsi, entre le moment d'une force par rapport à un point et les moments de cette force par rapport à trois axes rectangulaires qui passent par ce point, il existe la même relation qu'entre la force et ses trois composantes parallèlement à ces axes.

30. Proposition II. -- *La résultante d'un nombre quelconque de forces concourantes et dirigées arbitrairement dans l'espace a pour moment, par rapport à un axe fixe quelconque, la somme algébrique des moments des composantes par rapport au même axe.*

Démonstration. — Soit (*fig.* 29) P, Q, S... les forces appliquées au

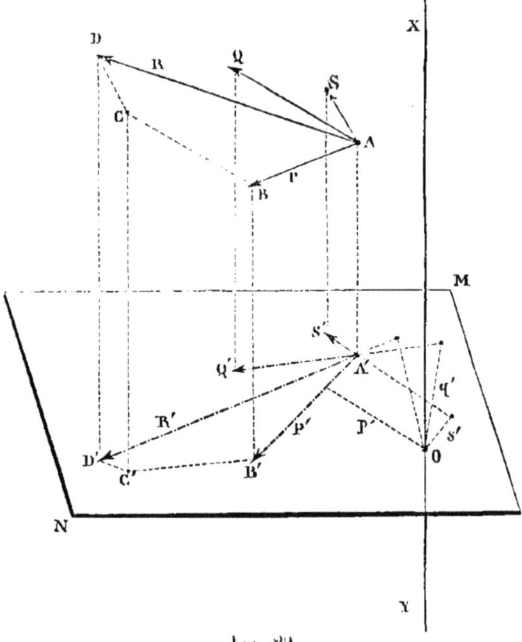

Fig. 29.

point A; P', Q', S'... leurs projections sur le plan MN perpendiculaire à l'axe XY. Pour obtenir la résultante R de P, Q, S.. , il faut tracer le polygone ABCD ; de même, pour obtenir la résultante R′ de P′, Q′, S′, il faudra tracer le polygone des forces A′B′C′D′. Or ce dernier polygone est la projection du premier sur le plan MN ; donc la projection de la résultante R est la résultante des projections des forces proposées, et comme toutes ces projections sont dans le même plan, nous aurons, en prenant les moments des forces P′, Q′, S′... par rapport au point O,

$$P'p' + Q'q' + S's' + \ldots = R'r'.$$

Mais, par définition, ces produits représentent les moments des forces P, Q, S..., R par rapport à l'axe XY ; donc le moment de la résultante de plusieurs forces angulaires par rapport à un axe est égal à la somme algébrique des moments des composantes.

31. ★ **Proposition III.** — *Si l'on considère un système de forces angulaires, leur résultante R, un point arbitraire O et trois axes rectangulaires passant par ce point, le carré du moment de cette résultante par rapport à O s'obtient en ajoutant les carrés des sommes des moments des composantes par rapport aux trois axes.*

Démonstration. — Représentons par L, M, N, les sommes des moments des composantes par rapport aux trois axes Ox. Oy, Oz, et par G le moment de la résultante par rapport au point O ; d'après le théorème précédent, L, M, N sont les moments de la résultante par rapport à Ox, Oy, Oz ; donc, d'après la proposition du n° 29, nous aurons

$$G = \sqrt{L^2 + M^2 + N^2}.$$

Conséquences. — Considérons le plan π mené par le point O et la résultante R ; en appelant λ, μ, ν, les angles que la normale à ce plan fait avec les axes Ox, Oy, Oz, nous aurons

$$\cos \lambda = \frac{L}{G}, \quad \cos \mu = \frac{M}{G}, \quad \cos \nu = \frac{N}{G}.$$

Ces formules sont tout à fait analogues à celles trouvées plus haut pour déterminer la grandeur et la direction de la résultante à l'aide des projections des composantes sur trois axes rectangulaires. Mais, pour que ces formules donnent à la fois la position du plan π et le sens du moment G, voici les conventions qu'il faut faire :

Il faut élever, par l'origine O, la normale au plan π dans un sens tel, qu'un observateur placé le long de cette ligne et les pieds sur le plan, le verrait tourner autour de l'origine de droite à gauche, sous l'action de R. En prenant sur cette perpendiculaire une longueur égale au moment G, on représente par une seule ligne droite la position, l'intensité et le sens du moment. — Cette ligne s'appelle *axe* du moment.

Si l'on applique ces conventions aux trois moments composants, L, M, N, on voit qu'ils seront représentés par des droites comptées sur O*x*, O*y*, O*z* ou bien sur leurs prolongements, et que ces moments se composeront entre eux, pour donner le moment résultant G, d'après les mêmes règles que les simples forces ; il suffira de composer leurs *axes*. Les formules précédentes donneront pour les cosinus des angles λ, μ, ν des valeurs de même signe que L, M, N ; ces trois cosinus détermineront l'axe du moment G et par suite le sens de ce moment.

§ 7. SOLUTIONS DE QUELQUES PROBLÈMES.

32. Problème I. — *Trois poids de* 4^{kg}, 5^{kg}, 6^{kg} *sont attachés à des cordons réunis au point* A; *les deux premiers cordons passent sur des poulies de renvoi* B *et* C, *et la direction du troisième est verticale. On demande de déterminer les positions relatives des cordons lorsque l'équilibre est établi, sachant que les trois forces sont dans un même plan vertical.*

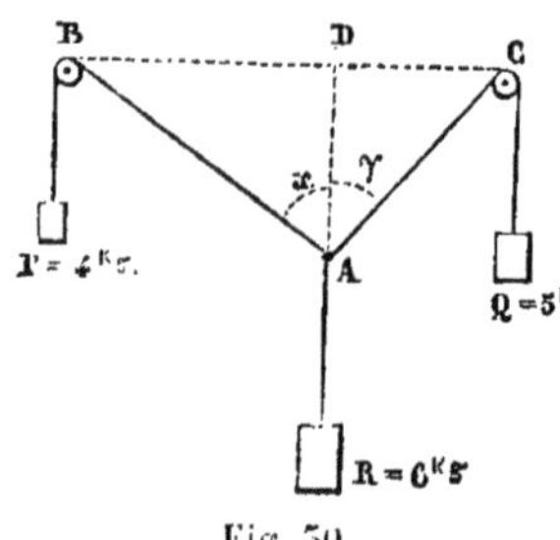

Fig. 50.

SOLUTION.

Soit (*fig.* 50) *x* et *y* les angles BAD, DAC, que forment les cordons AB, AC, avec le prolongement du troisième. Pour l'équilibre, il faut et il suffit que la somme des projections des trois forces sur un axe horizontal soit nulle, et que la somme de leurs projections verticales soit aussi égale à zéro; ces deux conditions fournissent les deux équations :

$$(1) \qquad 4 \sin x = 5 \sin y,$$
$$(2) \qquad 4 \cos x + 5 \cos y = 6 ;$$

on en tire

$$\sin x = \frac{5 \sin y}{4}, \qquad \cos x = \frac{6 - 5 \cos y}{4},$$

et en substituant dans la relation bien connue

$$\sin^2 x + \cos^2 x = 1,$$

on obtient

$$\cos y = \frac{3}{4} = 0,730,$$

d'où,

$$y = 41° 25' ;$$

et par suite,

$$\cos x = \frac{6 - 5.0,75}{4} = \frac{2,25}{4} = 0,5625,$$

d'où

$$x = 55° \, 46',$$

l'angle BAC des deux premiers cordons est donc

$$97° \, 11';$$

les angles qu'ils forment avec le troisième sont

$$180° - 55° \, 46' = 124° \, 14', \quad \text{et} \quad 180° - 41° \, 25' = 158° \, 35'.$$

REMARQUE I. — L'on pourrait aussi établir les équations d'équilibre en s'appuyant sur le théorème du n° 13 ; l'on a

$$\frac{6}{\sin (x + y)} = \frac{5}{\sin x} = \frac{4}{\sin y}.$$

Les deux derniers rapports donnent l'équation (1), et les deux premiers, donnent, en développant $\sin (x + y)$,

$$5 (\sin x \cos y + \cos x \sin y) = 6 \sin x ;$$

si dans cette égalité nous remplaçons $\sin y$ par sa valeur $\frac{4}{5} \sin x$, en supprimant le facteur $\sin x$, nous retrouverons l'équation (2).

REMARQUE II. — Plus généralement, soit P, Q, R les trois forces appliquées aux points B, C, A, l'on trouve, en suivant la même marche que plus haut, les équations d'équilibre

$$P \sin x = Q. \sin y$$
$$R = P \cos x + Q \cos y$$

et en les résolvant,

$$\cos x = \frac{R^2 + P^2 - Q^2}{2.P.R},$$

$$\cos y = \frac{R^2 + Q^2 - P^2}{2.Q.R},$$

On peut alors déterminer les éléments du triangle ABC puisque l'on connait le côté BC et les deux angles adjacents

$$ABC = 90° - x, \qquad BCA = 90° - y.$$

33. Problème II. — *On donne (fig. 31) deux points A et B situés sur une même ligne horizontale et distants de la longueur 2a ; au point A est attaché un cordon AC de longueur a, qui porte à son autre extrémité un anneau ; au point B est fixé un second cordon qui passe dans l'anneau C et supporte un poids P à son autre extrémité. Trouver la position d'équilibre de ce système.*

2.

SOLUTION.

Soit BAC $= x$, ABC $= y$; dans le triangle ABC l'on a

$$\frac{\sin y}{\sin (x + y)} = \frac{AC}{AB} = \frac{a}{2a} = \frac{1}{2},$$

c'est-à-dire,

$$(1) \qquad 2 \sin y = \sin (x + y).$$

Remarquons maintenant que les deux tensions t et t' des cordons doivent faire équilibre au poids P, nous aurons donc, d'après le n° 13,

$$\frac{P}{\sin (x + y)} = \frac{t}{\cos y} = \frac{t'}{\cos x},$$

d'où

$$(2) \qquad t = \frac{P.\cos y}{\sin (x + y)} = \frac{P}{2} \frac{\cos y}{\sin y},$$

$$(3) \qquad t' = \frac{P \cos x}{\sin (x + y)} = \frac{P}{2} \frac{\cos x}{\sin y};$$

mais cette dernière tension est égale à P, nous aurons donc pour déterminer les angles x et y l'équation (1) et l'équation

$$P = \frac{P}{2} \cdot \frac{\cos x}{\sin y}$$

ou

$$(4) \qquad \cos x = 2 \sin y$$

Quant à la tension t du cordon AC on l'obtiendra au moyen de l'équation (2).

Résolvons les deux équations (1) et (4), nous pouvons les écrire

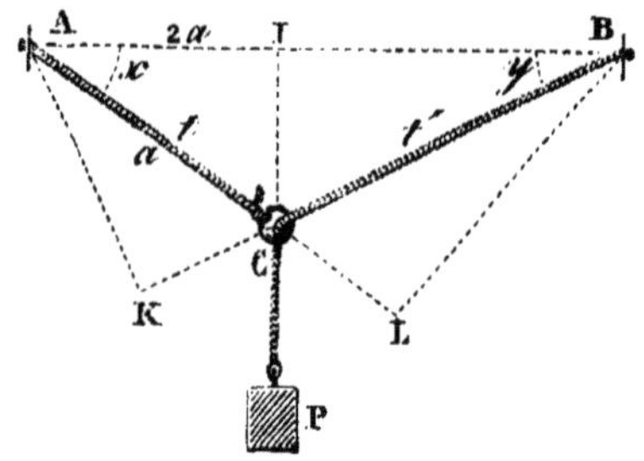

Fig. 31.

$$2 \sin y = \cos x = \sin (x + y),$$

d'où il suit que

$$90° - x = x + y,$$

ou

$$y = 90° - 2x ;$$

par conséquent,

$$2 \cos 2x = \cos x.$$

En remplaçant cos $2x$ par sa valeur $2\cos^2 x - 1$, nous obtiendrons, pour déterminer l'angle x, l'équation du second degré

$$4\cos^2 x - \cos x - 2 = 0$$

dont les racines sont

$$\cos x = \frac{1 \pm \sqrt{33}}{8} = \frac{1 \pm 5,7445626}{8};$$

si nous laissons de côté la racine négative qui ne convient pas à la question nous trouvons

$$\cos x = \frac{6,7445626}{8} = 0,8430703,$$

$$x = 52° 32';$$

et, par suite,

$$y = 24° 56'.$$

La tension du cordon t est donnée par l'expression

$$t = \frac{P}{2} \cdot \operatorname{cotg} 24°56' = 1,071 \times P.$$

REMARQUE. — On aurait pu établir les équations (2) et (3) en écrivant que la somme des projections des trois forces t, t', P, sur 2 axes rectangulaires est égale à zéro ; on eût trouvé en projetant ces forces sur un axe horizontal

$$t . \cos x = t' . \cos y.$$

et, en les projetant sur un axe vertical,

$$t \sin x + t' \sin y = P,$$

équations qui reviennent aux précédentes.

On aurait pu trouver encore ces mêmes équations en prenant la somme des moments des forces t, t' et P par rapport au point A, puis par rapport au point B.

1° L'on a :

$$P \times AI = t' \times AK$$

ou

$$P . a . \cos x = t' . 2 a \sin y,$$

ou

$$P \cos x = 2 t' \sin y.$$

2° De même l'on trouve

$$P \times BI = t \times BL,$$

ou

$$P \times BC . \cos y = t . 2a . \sin x,$$

ou

$$\mathrm{P}.\,a.\,\frac{\sin x}{\sin y}\,.\,\cos y = t.\,2a \sin x\,;$$

l'on en déduit

$$t = \frac{\mathrm{P}}{2}\,\frac{\cos y}{\sin y} = \frac{\mathrm{P}}{2}\,\mathrm{cotg}\,y.$$

34. Problème III. — *On a une coupe hémisphérique (fig. 52) dont le centre est O et OA un rayon horizontal. Sur une petite poulie placée en A passe un cordon qui supporte deux poids P et 2P à ses extrémités; le premier pend verticalement en dehors de la coupe et le second repose sur la surface interne. Trouver la position d'équilibre de ce système de poids.*

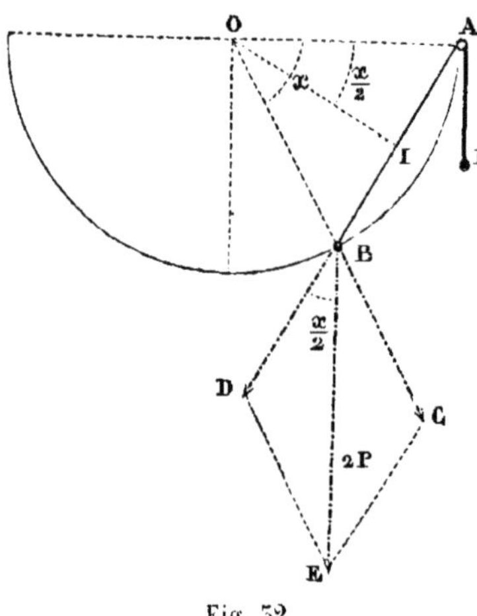

Fig. 52.

Prenons pour inconnue, dans le plan vertical mené par OA, l'arc AB compris entre la petite poulie et la position d'équilibre du poids 2P. Décomposons ce poids en deux forces, l'une BC, dirigée suivant le prolongement du rayon OB, l'autre BD, suivant la direction AB du cordon : la première est détruite par la résistance de la coupe; quant à la seconde force, elle doit être égale et opposée à la tension du cordon, par suite DB = P.

Exprimons, d'autre part, BD en fonction de P et de l'arc x; il est clair que

$$\mathrm{BDC} = 90° - \frac{x}{2}, \quad \mathrm{EBC} = 90° - x,$$

par conséquent

$$\frac{\mathrm{DB}}{\cos x} = \frac{\mathrm{BE}}{\cos \dfrac{x}{2}},$$

d'où

$$\mathrm{DB} = 2\mathrm{P}.\,\frac{\cos x}{\cos \dfrac{x}{2}}\,;$$

l'équation cherchée est donc

$$P = 2P \frac{\cos x}{\cos \dfrac{x}{2}},$$

ou

$$\cos \frac{x}{2} = 2 \cos x,$$

ou

$$\sqrt{\frac{1 + \cos x}{2}} = 2 \cos x.$$

On en tire l'équation du second degré

$$8 \cos^2 x - \cos x - 1 = 0$$

qui, résolue, donne

$$\cos x = \frac{1 \pm \sqrt{33}}{16};$$

la solution positive convient seule et l'on a

$$\log \cos x = \overline{1},625,$$

d'où

$$x = 65° 4'.$$

PROBLÈMES A RÉSOUDRE.

1. Deux forces de 12 kilogr. chacune font un angle de 30°. Déterminer leur résultante.
  R. $25^{kg},184$.

2. On donne un angle BAC de 45°; suivant AB agit une force de 1 kilogr., suivant AC une force de 2 kilogr. Calculer la résultante et les angles qu'elle fait avec AB.
  R.   R = $2^{kg},798$. — Angle avec AB, 30° 20.

3. On donne deux forces de 5 kilogr. appliquées au point A sous un angle de 60°, trouver la grandeur et la direction d'une force appliquée en A et faisant équilibre aux deux autres.
  R. $8^{kg},66$.

4. Quel angle doivent faire entre elles deux forces représentées par 3 kilogr. et 4 kilogr. pour que leur résultante soit 5 kilogr.?
  R.   90°.

5. Quel rapport doit-il exister entre les intensités de deux forces incli-

nées l'une sur l'autre de 135° pour que la résultante soit égale à la plus petite?

R. $\qquad$ $\sqrt{2} : 1.$

6. Deux forces qui sont dans le rapport de 2 à $\sqrt{3}$ ont une résultante égale à la moitié de la plus grande. Quel est l'angle qu'elles font entre elles?

R. $\qquad$ 150°.

7. Trois forces concourantes et situées dans le même plan sont en équilibre; elles sont entre elles comme $\sqrt{3}+1$, $\sqrt{6}$ et 2. Trouver les angles qu'elles font entre elles.

R. $\qquad$ 105°, 120°, 135°.

8. Décomposer une force de 20 kilogrammes en deux autres dont la somme soit 22 kilogrammes et qui soient inclinées l'une sur l'autre de 60°.

R. $\qquad$ 17,082, 4,918.

9. Dans un cercle O on mène un diamètre AB et deux cordes qui lui sont perpendiculaires et égales entre elles, CD, EF. On joint AC, AD, AE, AF, et l'on suppose que ces 4 lignes représentent 4 forces; prouver que leur résultante est constante, quelle que soit la position des cordes CD et EF, pourvu que ces cordes soient égales.

10. On donne trois forces P, Q, S, de 1 kilogr., appliquées au même point A. La force P est horizontale, Q est verticale et tire vers le sol; enfin la troisième fait un angle de 30° avec la première et tend à élever le point A. Calculer la résultante.

R. $\qquad$ $R = 3^k,21$ et l'angle avec Q est 62°31.

11. Au sommet A d'un hexagone régulier ABCDEF sont appliquées 5 forces représentées en grandeur et en direction par les lignes AB, AC, AD, AE, AF. Déterminer la résultante de ces forces.

R. $\qquad$ La résultante, 6AB, tire suivant le diamètre AD.

12. Une boule pesante B est attachée à l'extrémité d'un fil AB fixé en A; on l'écarte de sa position à l'aide d'une force horizontale. — Quelle relation entre ces forces et l'angle d'écart?

R. $\qquad$ $F = P.\tang\alpha.$

13. Un poids P de 50 kilogrammes est librement suspendu à un point fixe A; une force dirigée horizontalement l'écarte de la verticale, et PA est alors incliné de 45°. Quelle est cette force et la pression que supporte le point A?

R. $\qquad$ $50^{kg},$ $76^{kg},71.$

14. Un point matériel A est placé au sommet de l'angle droit, A, d'un triangle rectangle, ABC, dont l'hypoténuse BC est divisée aux points D, E, F,.... en n parties égales ; il est sollicité par des forces représentées en grandeur et en direction par les lignes AB, AD, AE..., AC. Trouver la résultante.

15. Deux cordes AB, AC d'un cercle représentent deux forces ; AB est donnée de grandeur et de position ; trouver la position de l'autre corde pour que la résultante soit la plus grande possible.

16. Décomposer une force donnée en deux autres qui passent par le même point ; connaissant l'une des composantes en grandeur et l'autre en direction.

17. Décomposer une force R en deux autres faisant entre elles un angle de 120° et dont la différence soit d.

R. Les deux composantes sont :

$$x = \frac{d + \sqrt{4R^2 - 3d^2}}{2},$$

$$y = \frac{-d + \sqrt{4R^2 - 3d^2}}{2}.$$

18. En général, décomposer une force R en deux autres faisant entre elles un angle donné et dont la somme ou la différence soit donnée. — Discuter.

19. Si des forces proportionnelles aux côtés d'un polygone sont perpendiculaires sur les côtés de ce polygone et en leurs milieux, elles se font équilibre.

20. On veut renverser un arbre en y attachant l'une des extrémités d'une corde de longueur donnée a et en tirant sur l'autre extrémité. — En quel point de l'arbre doit-on attacher la corde pour renverser l'arbre le plus facilement ?

R. $\frac{1}{2} a \sqrt{2}.$

21. Une barre homogène AB est mobile dans un plan vertical autour d'une charnière A ; à l'autre extrémité B est attaché un cordon qui passe sur une poulie fixe C, et supporte un poids égal à la moitié du poids de la poutre. Trouver l'inclinaison de la poutre sur l'horizon en supposant que AC soit verticale et que AC soit égale à AB. (Disposition analogue à celle des ponts-levis.)

R. $30°$

22. Sur un demi-cercle vertical dont le centre est O, repose un cordon

AB dont la longueur est égale à l'arc d'un quadrant et qui soutient deux poids P et Q à ses extrémités A et B. Trouver dans la position d'équilibre de ce cordon, l'inclinaison du rayon OA.

R. $$\operatorname{tg} x = \frac{P}{Q}.$$

23. Si plusieurs forces situées dans un même plan sont normales à autant de côtés consécutifs d'un polygone et proportionnelles à ces côtés ; si, de plus, ces forces tirent toutes en dedans, ou toutes en dehors du polygone, leur résultante sera normale à la diagonale qui unit les extrémités des côtés et sera représentée en grandeur par cette diagonale.

Quand les forces précédentes sont normales aux milieux des côtés, la résultante sera normale au milieu de la diagonale.

Quand on applique des forces normales aux milieux de tous les côtés, le système est en équilibre.

CHAPITRE III

COMPOSITION DES FORCES PARALLÈLES.

§ 1er. COMPOSITION DE DEUX FORCES PARALLÈLES.

35. Lorsque deux forces parallèles sont appliquées à un corps solide (*fig.* 33) on peut les remplacer par une seule qui est leur *résultante.*

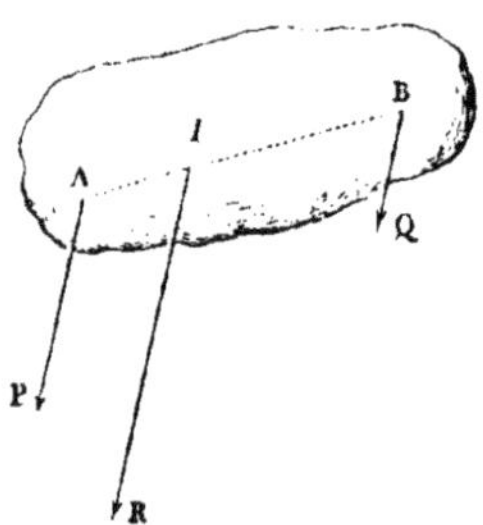

Fig. 33.

Pour déterminer la grandeur de cette résultante et son point d'application, on peut s'appuyer sur le théorème suivant, relatif à la composition de deux forces concourantes appliquées à un corps solide.

36. **Théorème.** — *Les distances d'un point de la résultante de deux forces angulaires aux directions des composantes sont en raison inverse des intensités de ces composantes* (*).

Soit P et Q (*fig.* 34) deux forces appliquées aux points A et B d'un corps solide et concourant en O. Nous pouvons

(*) Cette proposition est un cas particulier du théorème des moments (n° 26); voici une démonstration directe.

les supposer appliquées en ce point O, et nous obtiendrons leur résultante OR en prenant $OC = AP$, $OD = BQ$ et achevant le parallélogramme CDOR.

Soit M un point de OR, $MG = p$ et $MH = q$ les perpendiculaires abaissées de ce point sur P et Q ; je dis que nous aurons

$$\frac{P}{Q} = \frac{q}{p} \; ;$$

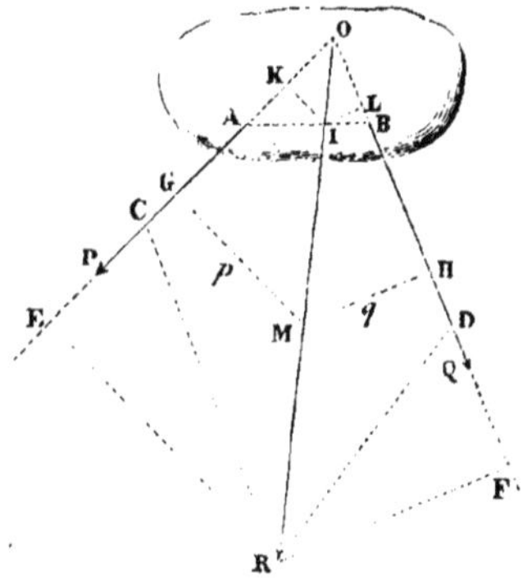

en effet, les triangles COR, DOR étant égaux, leurs bases sont en raison inverse des hauteurs, donc

$$\frac{OC}{OD} = \frac{RF}{RE}.$$

Mais

$$\frac{RF}{RE} = \frac{MH}{MG} = \frac{q}{p},$$

donc

$$\frac{OC}{OD} = \frac{q}{p}, \quad \text{ou} \quad \frac{P}{Q} = \frac{q}{p},$$

ce que l'on écrit

$$P.p = Q.q.$$

Fig. 34.

REMARQUE I. — On peut supposer que la résultante R, au lieu d'être appliquée en O, soit appliquée au point I, situé sur AB ; les distances IK, IL de ce point aux directions des forces P et Q sont en raison inverse de leurs intensités puisqu'elles sont proportionnelles à p et à q.

REMARQUE II. — Dans la figure 34, le point I se trouve entre A et B ; il divise cette ligne en deux segments additifs ; dans la figure 35, où les forces P et Q font entre elles un angle voisin de 180°, il se trouve sur le prolongement de AB et divise cette ligne en deux segments soustractifs.

36. **Proposition I.** — *Deux forces parallèles et de même sens appliquées aux extrémités d'une barre rigide ont une résultante parallèle à leur direction, de même sens, égale à leur somme, et appliquée à la barre rigide en un point qui partage cette droite en deux segments additifs inversement proportionnels aux forces contiguës.*

DÉMONSTRATION. — 1° Soit (*fig.* 36) P et Q deux forces *parallèles et de même sens* agissant aux points A et B d'un corps solide ou d'une barre rigide ; ces deux forces peuvent être assimilées à deux forces angulaires (*fig.* 34) dont le point de concours O s'est transporté à l'infini, et l'on voit, en comparant les deux figures, que la résultante doit être parallèle à chacune des composantes; de plus elle est égale à leur somme puisque l'on a (n° 12)

$$R^2 = P^2 + Q^2 + 2PQ = (P + Q)^2;$$

enfin, elle est appliquée en un point I de AB dont les distances aux deux

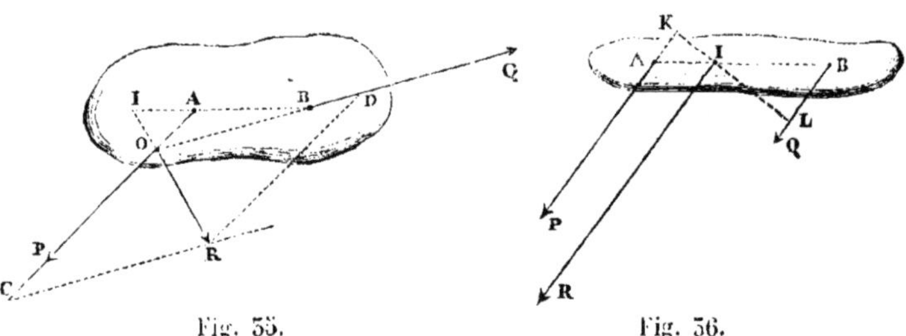

Fig. 55.   Fig. 56.

forces sont en raison inverse de leurs intensités. — Or les triangles semblables AIK, BIL donnent

$$\frac{AI}{BI} = \frac{IK}{IL} = \frac{Q}{P},$$

donc

$$\frac{P}{Q} = \frac{BI}{AI},$$

ce qu'il fallait démontrer.

57. Proposition II. — *Deux forces parallèles et de sens contraires appliquées aux extrémités d'une barre rigide ont une résultante égale à leur différence, de même sens que la plus grande et appliquée en un point du prolongement de la barre rigide qui divise cette droite en deux segments soustractifs inversement proportionnels aux forces contiguës.*

Démonstration. — Si l'on considère (*fig.* 57) deux forces P et Q paral-

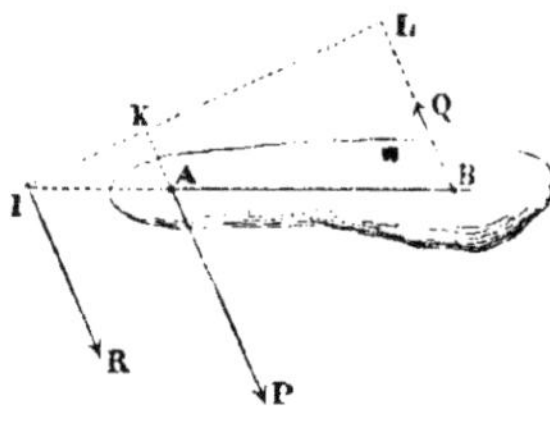

Fig. 57.

lèles et de sens contraires, appliquées à un corps solide AB; on peut les assimiler à deux forces faisant entre elles un angle de 180° dont le point de concours s'est transporté à l'infini. En comparant les deux figures 55 et 57, on voit que la résultante est parallèle aux composantes, qu'elle est égale à P — Q, puisqu'alors

$$R^2 = P^2 + Q^2 - 2PQ = (P - Q)^2;$$

enfin qu'elle est appliquée en un point du prolongement de AB tel que l'on ait

$$\frac{IL}{IK} = \frac{P}{Q}.$$

Mais

$$\frac{H}{IK} = \frac{IB}{IA},$$

donc

$$\frac{P}{Q} = \frac{IB}{IA},$$

ce qu'il fallait démontrer.

38. Autre démomonstration de ces théorèmes. — Proposition I. — Soit (*fig.* 38) P et Q les deux forces parallèles et de même sens appliquées aux points A et B; appliquons aux extrémités de la droite rigide AB et dans la direction de AB deux forces égales et directement opposées + S et — S représentées par les droites AE et BF; nous ne changerons pas l'état du corps. Les deux forces P et S se composent en une force *r* représentée par la diagonale du parallélogramme AEGH; de même les forces Q et — S se composent en une seule force *r'* diagonale du parallélogramme BFLK : ainsi, au lieu des quatre forces P, Q, S et — S nous n'avons plus que les deux forces *r* et *r'* dont les directions prolongées se rencontrent en O et que l'on peut appliquer en ce point. Ces deux forces angulaires auront donc une résultante qui n'est autre que la résultante des forces P et Q.

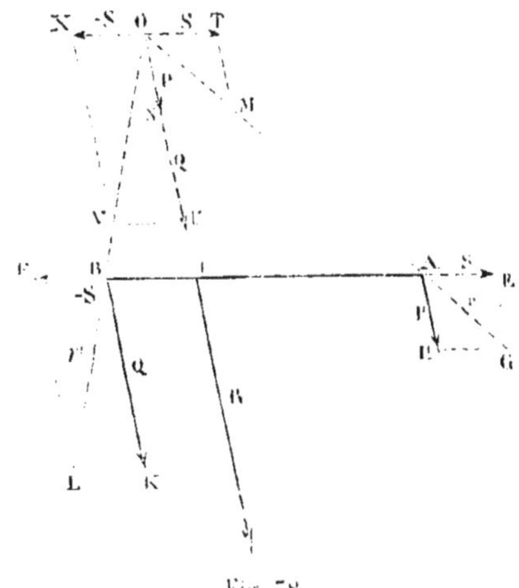

Fig. 38.

Pour trouver l'intensité et la direction de cette résultante, décomposons la force *r* appliquée en O de la même manière qu'elle était décomposée au point A ; nous obtiendrons ainsi les forces OT = S et OX = P. De même la force *r'* donnera les deux composantes OX = — S et OU = Q; mais les forces + S et — S se détruisent. puisqu'elles sont égales et directement opposées; il ne reste donc plus que les deux forces P et Q appliquées au point O, qui se composent en une seule R parallèle à chacune d'elles et égale à P + Q.

On peut l'appliquer au point I, où sa direction rencontre AB, et il reste à prouver que ce point I divise AB en deux segments additifs inversement proportionnels aux forces contiguës.

Or les triangles AOI et AGH sont semblables et donnent la proportion

$$\frac{AI}{OI} = \frac{GH}{AH},$$

de même, les triangles BOI et BKL donnent la proportion

$$\frac{BI}{OI} = \frac{KL}{BK},$$

et comme GH = KL, l'on obtient en divisant membre à membre ces deux proportions

$$\frac{AI}{BI} \cdot \frac{BK}{AH} = \frac{Q}{P}.$$

Proposition II. — Soit (*fig.* 59) deux forces parallèles P et Q appliquées aux extrémités d'une droite AB et agissant en sens contraires, et P la plus grande des deux forces. Nous pouvons regarder la force P comme égale et directement opposée à la résultante de la force Q et d'une autre force P — Q parallèle à P et appliquée en un certain point I, tellement choisi que l'on ait

$$\frac{AI}{AB} = \frac{Q}{P - Q}.$$

Puisqu'il y a équilibre entre P, P — Q et Q, l'une d'elles P — Q est égale et directement opposée à la résultante des deux autres P et Q ; donc P et Q ont une résultante R = P — Q directement opposée à cette force auxiliaire. On voit, de plus, qu'elle partage AB en deux segments soustractifs inversement proportionnels aux forces contiguës, puisque l'on tire de la proportion précédente

$$\frac{AI}{AB + AI} = \frac{Q}{P - Q + Q},$$

ou

$$\frac{AI}{BI} = \frac{Q}{P}.$$

Fig. 59.

— On peut d'ailleurs donner de cette proposition une démonstration directe et analogue à celle du théorème I ; nous ne la reproduisons pas,

la figure 40 indique suffisamment la marche à suivre, et les triangles
qu'il faut considérer sont désignés par les mêmes lettres que dans la
figure 38.

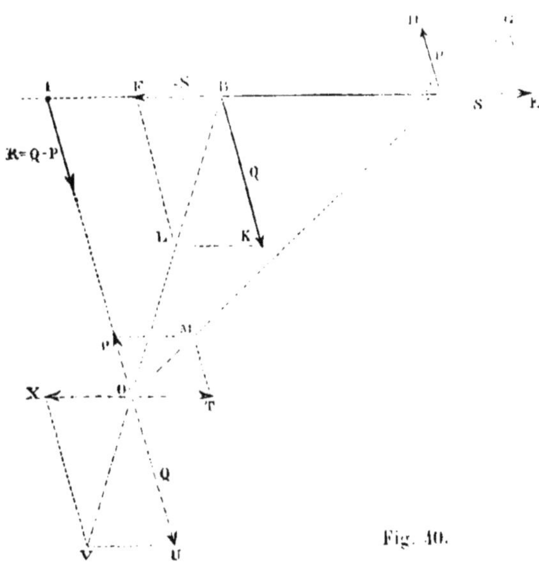

Fig. 40.

39. REMARQUE I. — Si l'on considère deux forces parallèles et leur résultante, *il existe un rapport constant entre l'intensité de chacune de ces
trois forces et la droite qui joint les points d'application des deux autres.*

En effet, si les deux forces sont parallèles et de même sens *fig.* 36,
on a

$$\frac{P}{Q} = \frac{BI}{AI},$$

d'où

$$\frac{P+Q}{P} = \frac{AI+BI}{BI};$$

donc

$$\frac{R}{P} = \frac{AB}{BI}.$$

De même on trouverait

$$\frac{R}{Q} = \frac{AB}{AI}.$$

on aura donc

$$\frac{R}{AB} = \frac{P}{BI} = \frac{Q}{AI}.$$

Si les deux forces sont parallèles et de sens contraires (*fig.* 37), on a

$$\frac{P - Q}{P} = \frac{BI - AI}{BI} = \frac{AB}{BI};$$

donc

$$\frac{R}{P} = \frac{AB}{BI};$$

de même on trouverait

$$\frac{R}{Q} = \frac{AB}{AI}$$

et, par suite,

$$\frac{R}{AB} = \frac{P}{BI} = \frac{Q}{AI}$$

REMARQUE II. — La résultante peut être appliquée en un point quelconque de sa direction, mais on choisit le point où cette direction coupe la barre rigide, parce que ce point jouit seul de cette propriété que la résultante y passe toujours, quelle que soit la direction des forces parallèles par rapport à la barre rigide, pourvu qu'elles conservent leurs intensités primitives.

REMARQUE III. — On peut trouver graphiquement la résultante de deux forces parallèles ; il suffit d'appliquer la construction donnée en géométrie pour diviser une droite en deux segments proportionnels à des lignes données.

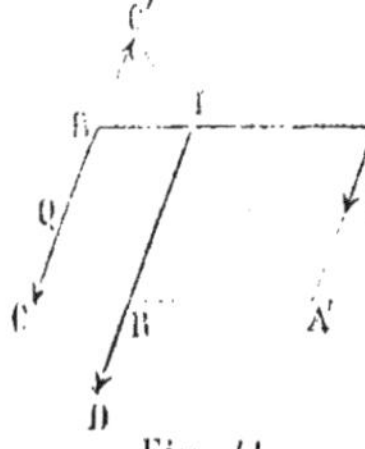
Fig. 41.

Dans le cas des forces de même sens (*fig.* 41), on prendra AA' = Q, BC' = P, et l'on joindra A'C' ; elle divisera AB au point I en deux segments additifs AI et BI proportionnels à Q et P. — Menant ensuite CD parallèle à A'C', on aura

$$ID = CC' = Q + P = R.$$

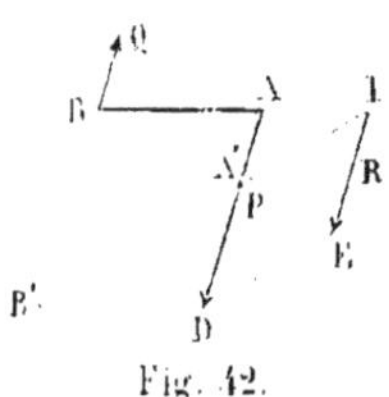
Fig. 42.

Dans le cas des forces de sens contraires (*fig.* 42), on prendra sur le prolongement de Q la ligne BB' = P et sur P la longueur AA' = Q ; on prolongera B'A', et son intersection avec AB donnera le point I. La parallèle aux forces menées par le point I sera la droite suivant laquelle agit la résultante ; son intensité étant égale à P — Q ou bien à A'D, il suffira de tracer DE parallèle à A'I. On aura donc

$$IE = R$$

40. Proposition III. — *Deux forces égales, parallèles et de sens contraires (fig. 43) n'ont pas de résultante.*

En effet nous avons trouvé, quand la force P est différente de Q,

$$\frac{P - Q}{P} = \frac{AB}{BI},$$

d'où

$$BI = AB \frac{P}{P - Q},$$

et, si $P = Q$, BI est infini. Ainsi la résultante se trouve, dans ce cas, transportée à l'infini, et son intensité est nulle. — Un pareil système de deux forces non réductibles à une seule se nomme *couple*; il tend à faire tourner le corps sur lui-même et non à l'entraîner dans telle direction plutôt que dans telle autre.

On appelle *bras de levier* d'un couple la distance ab (*fig.* 44) entre les deux forces du couple, c'est-à-dire la portion de la perpendiculaire commune comprise entre les deux forces.

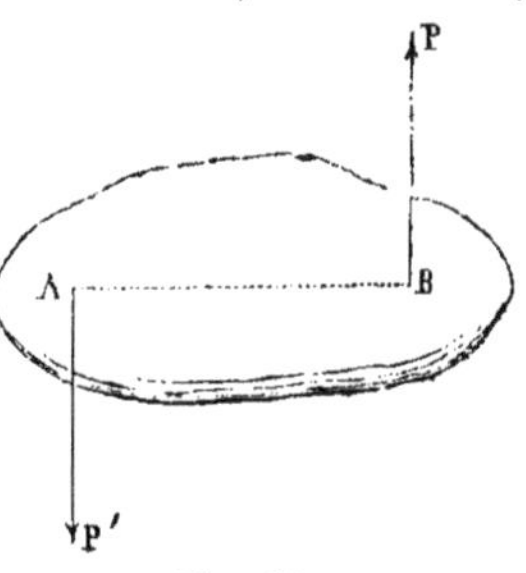

Fig. 43.

41. Proposition IV. — *Le moment de la résultante de deux forces parallèles, par rapport à un point quelconque du plan des forces, est égal à la somme des moments de ses composantes.*

DÉMONSTRATION. — 1° Soient P et Q (*fig.* 44) deux forces parallèles et de même sens, R leur résultante, et KL la perpendiculaire commune aux forces menées par le point I. On sait qu'on a

$$P \times IK = Q \times IL.$$

Soit O le centre des moments ; abaissons de ce point la perpendiculaire Oab sur les forces, nous aurons

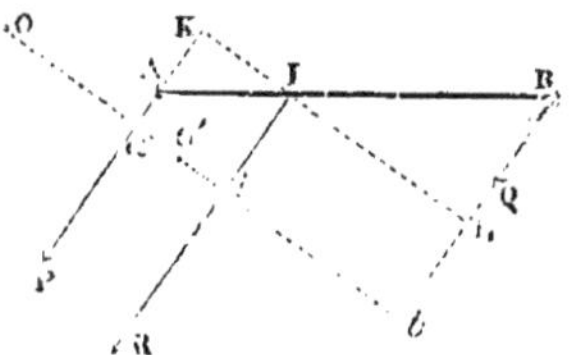

Fig. 44.

$$ai = IK, \qquad bi = IL,$$

et, par suite,

$$P \times ai = Q \times bi;$$

mais

$$ai = Oi - Oa, \qquad bi = Ob - Oi,$$

donc, en substituant,

$$P \times Oi - Oa = Q \times Ob - Oi,$$

ou

$$Oi \cdot P + Q = P \times Oa + Q \times Ob.$$

et, en désignant les distances Oa, Ob, Oi par les lettres p, q, r,

$$Rr = Pp + Qq. \qquad (1)$$

2° Si la force Q était de sens contraire à P et à R, l'on trouverait, de la même manière, que

$$Rr = Pp - Qq; \qquad (2)$$

et, si l'on regarde Q comme négatif, la formule (1) renferme la formule (2): on réduit les deux énoncés à un seul.

3° Si l'on prenait les moments par rapport au point O′, P et Q étant de même sens, on trouverait

$$Rr = Qq - Pp; \qquad (3)$$

mais, si l'on regarde p, q comme positifs quand les directions Oa, Ob sont de même sens que Oi, et comme négatifs dans le cas contraire, la formule (1) renferme la formule (3).

Ainsi l'énoncé du théorème est exact dans tous les cas, si l'on regarde comme négatives la force de sens contraire à R et la perpendiculaire de direction contraire à celle qui est abaissée sur la résultante.

42. Conséquence. — *Le moment d'un couple par rapport à un point quelconque de son plan est égal au produit du nombre qui représente l'intensité de l'une des forces par le nombre qui représente le bras de levier du couple.*

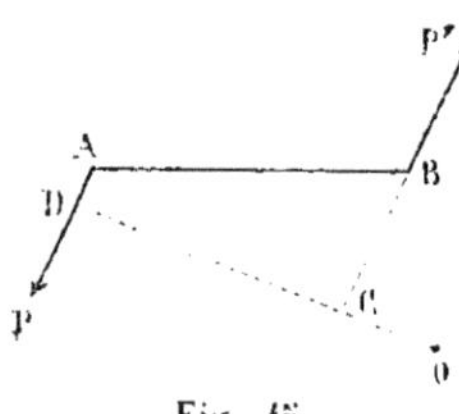

Fig. 45

En effet (*fig.* 45), le moment de P par rapport à O est

$$P \times OD,$$

celui de P′ est

$$- P \times OC;$$

la somme de ces deux moments, c'est-à-dire le moment de l'ensemble de ces deux forces ou le moment du couple, sera donc

$$P(OD - OC) = P \times DC.$$

Ainsi le moment d'un couple est indépendant du centre des moments.

§ 2. — Composition d'un nombre quelconque de forces parallèles.

43. Composition d'un nombre quelconque de forces parallèles. — Si plusieurs forces parallèles p, p', p'' et de même sens (*fig.* 46) sont appliquées aux points A, B, C, d'un corps solide, pour trouver leur résultante, on compose p et p', ce qui donne la résultante $r = p + p'$ appliquée au point D de AB; on compose ensuite r et p'', ce qui donne la résultante définitive $R = p + p' + p''$ appli-

quée au point O de la ligne CD. — S'il y avait un plus grand nombre de forces, on continuerait de même jusqu'à ce que l'on ait réduit toutes les forces à une seule.

Si les diverses forces parallèles ne sont pas de même sens, on les divi-sera en deux groupes, le premier formé des forces p, p', p''..., qui tirent dans un même sens, et le se-cond des forces q, q', q''..., qui ti-rent dans le sens contraire ; on ré-duira le premier groupe à une seule force

$$r = p + p' + p'' + ...$$

et le second à la force unique

$$r' = q + q' + q'' ....$$

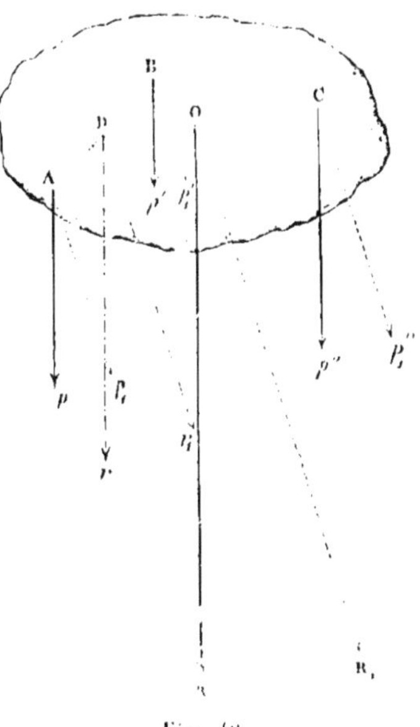

Fig. 46.

Alors trois cas se présentent :

1° r et r' sont inégales ; on les com-posera facilement, et l'intensité de la résultante définitive R sera égale à

$$p + p' + p'' + ... - (q + q' + q''...):$$

dans ce cas, le système est réductible à une force unique ; 2° r et r' sont égales et directement opposées, la résultante est nulle et les forces se font équilibre ; 3° r et r' sont égales mais non directement opposées, les forces proposées se réduisent à un couple et ne peuvent communiquer au corps un mouvement de translation.

44. Proposition I. — *Soit un système quelconque de forces paral-lèles appliquées à des points invariablement liés ; on incline successi-vement le système des forces dans diverses directions, de telle sorte qu'elles restent toujours parallèles entre elles et conservent leurs gran-deurs et leurs points d'application ; les résultantes du système dans ces diverses positions se coupent toutes au même point qu'on appelle centre des forces parallèles.*

DÉMONSTRATION. — En effet, soit p_1, p_1', p_1'' fig. 46, les positions nou-velles des forces p, p', p'' ; la résultante r_1 des deux premières passera encore par le point D de AB, car la position de ce point ne dépend pas de la direction des forces, mais de leurs intensités ; on verra de même que la résultante partielle suivante conservera le même point d'applica-tion.. Donc la nouvelle résultante définitive R_1 aura le même point d'application O que la première résultante R.

3.

La composition d'un nombre quelconque de forces parallèles est souvent simplifiée par la considération des *moments* par rapport à un plan

45) Définition. — *On appelle moment d'une force par rapport à un plan parallèle à sa direction le produit de cette force par sa distance au plan.* Soit P une force, p sa distance au plan; son moment sera Pp; c'est-à-dire le produit du nombre qui représente la force par le nombre qui représente sa distance au plan.

46. **Proposition II**. — *Le moment de la résultante de plusieurs forces parallèles par rapport à un plan quelconque parallèle à leur direction est égal à la somme des moments des composantes.*

Démonstration. — 1° Soit (*fig.* 47) P et Q deux forces de même sens et situées du même côté du plan V parallèle à leur direction; R leur résultante. Désignons par p, q, r les distances Aa, Bb, Cc de leurs points d'application A, B, C au plan V, il s'agit de faire voir que

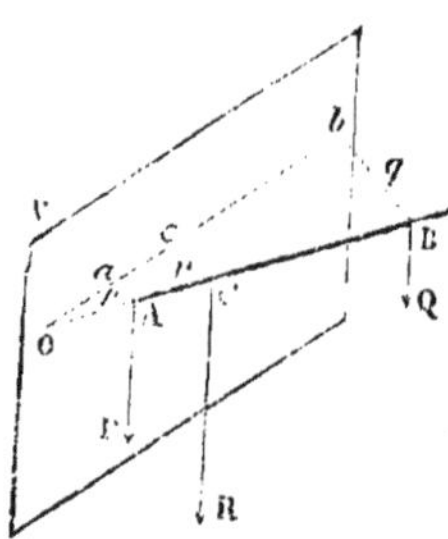

Fig. 47.

$$R.r = P.p + Q.q.$$

Soit O le point de rencontre du plan P avec la droite AB qui joint les points d'application des deux forces; nous avons vu (n° 41) que

$$R \times OC = P \times OA + Q \times OB;$$

mais

$$OA = OC \times \frac{Aa}{Cc},$$

$$OB = OC \times \frac{Bb}{Cc};$$

substituant et chassant le dénominateur, on a

$$R \times Cc = P \times Aa + Q \times Bb,$$

ou

$$Rr = Pp + Qq.$$

Remarque I. — Si les deux forces P et Q sont de sens contraires, l'énoncé précédent subsiste encore en considérant comme négative la force qui est de sens contraire à R.

Remarque II. — Si les forces P et Q étaient de part et d'autre du plan V, il faudrait donner le signe — à celle des deux perpendiculaires qui est de sens opposé à r.

2° Soient maintenant plusieurs forces P, Q, S..., parallèles dont la résultante est R, et V un plan quelconque parallèle à leur direction; l'on a

$$Pp + Qq + Ss + \ldots = Rr.$$

En effet, R_1, R_2,.. étant les résultantes partielles successives, l'on a

$$Pp + Qq = R_1 r_1,$$
$$R_1 r_1 + Ss = R_2 r_2,$$
$$\ldots \ldots \ldots \ldots$$

et par des substitutions successives on arrive à l'égalité ci-dessus.

REMARQUE III — Si les forces étaient de sens contraires et tombaient de côtés différents du plan, on considérerait : 1° chacune d'elles comme positive ou négative, suivant qu'elle tire dans un sens ou dans le sens opposé ; 2° chacune des distances p, q, s, comme affectée du signe $+$ ou du signe $-$, suivant que cette direction tombe d'un côté ou de l'autre du plan. Avec cette double convention, la formule précédente est générale, si l'on a soin d'appliquer à ces produits de deux facteurs les règles des signes de l'algèbre.

47. Application du théorème des moments pour déterminer la position de la résultante d'un système de forces parallèles. — Si l'on mène un premier plan V parallèle à ces forces, on aura pour la distance r de la résultante à ce plan

$$r = \frac{Pp + Qq + Ss + \ldots}{P + Q + S + \ldots},$$

et la résultante sera située dans un plan parallèle à V mené à la distance r. En menant un second plan V' parallèle aux forces l'on aura

$$r' = \frac{Pp' + Qq' + Ss' + \ldots}{P + Q + S + \ldots},$$

et la résultante sera située dans un plan parallèle à V', mené à la distance r' ; par conséquent elle se trouve à l'intersection des deux plans parallèles V et V'.

48. Déterminer par le calcul la position du centre des forces parallèles. — Soit P, P', P''... (*fig.* 48) les forces parallèles appliquées aux points A, A', A''... Rapportons-les à trois axes rectangulaires ox, oy, oz, dont l'un oz, soit parallèle aux forces. Ces trois axes pris deux à deux déterminent trois plans xoy, xoz, yoz appelés *plans de coordonnées*. Le point A sera déterminé si l'on connaît ses distances x, y, z à ces trois plans; ces distances x, y, z, sont les *coordonnées* du point A. — Soit, de même x', y', z', x'', y'', z'', x''', y''', z''' les coordonnées des points A', A'', A''', et x_1 y_1 z_1 celles

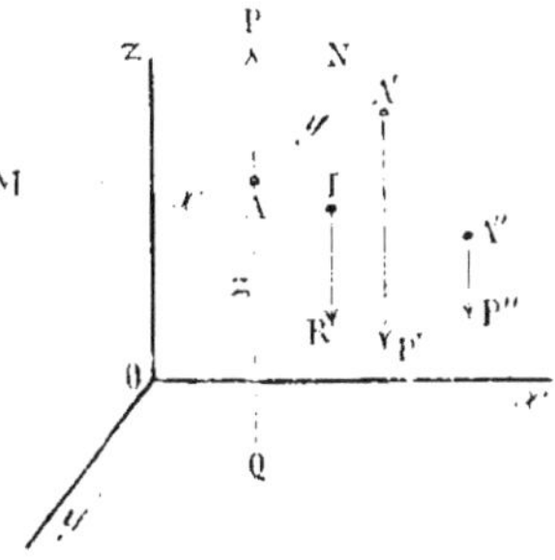

Fig. 48.

du point I d'application de la résultante; nous aurons, en prenant les moments par rapport au plan yoz

$$x_1 = \frac{Px + P'x' + P''x'' + \ldots}{P + P' + P'' + \ldots};$$

puis, par rapport au plan xoz,

$$y_1 = \frac{Py + P'y' + P''y'' + \ldots}{P + P' + P'' + \ldots}.$$

Pour obtenir la coordonnée z_1, inclinons toutes les forces de manière à les rendre parallèles au plan xoy, le point I restera le même, et le théorème des moments appliqué à ce plan fournit la relation

$$z_1 = \frac{Pz + P'z' + P''z'' + \ldots}{P + P' + P'' + \ldots}$$

qui achève de déterminer la position du centre des forces parallèles.

Remarque. — Si toutes les forces sont égales l'on a

$$x_1 = \frac{P(x + x' + \ldots)}{nP} = \frac{x + x' + \ldots}{n},$$

$$y_1 = \frac{y + y' + \ldots}{n}, \qquad z_1 = \frac{z + z' + \ldots}{n}$$

le point I est alors le *centre des moyennes distances* des points d'application A, A′, A″...

49. Décomposer une force en deux autres forces parallèles. — Soit R (*fig.* 35) la force donnée, A et B les points d'application des composantes inconnues ; il faut, pour que le problème soit possible, que la ligne qui joint les points d'application soit dans un même plan

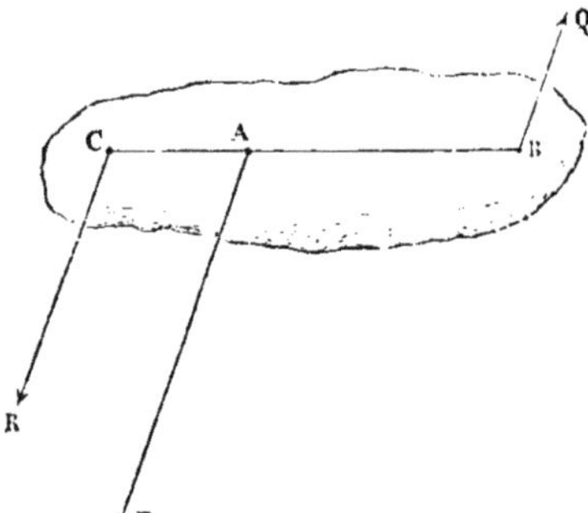

avec la force R. Si, de plus, la résultante R rencontre AB entre A et B, les deux composantes P et Q sont de même sens que R, et nous aurons pour les déterminer la relation

$$\frac{R}{AB} = \frac{P}{BC} = \frac{Q}{AC},$$

d'où

$$P = R \times \frac{BC}{AB}, \qquad Q = R \times \frac{AC}{AB}.$$

Fig. 49

Si R rencontre le prolongement (*fig.* 49) de AB, les deux composantes seront de sens contraires; la plus grande sera appliquée en A et tirera dans le même sens que R ; nous aurons encore

$$P = R \times \frac{BC}{AB}, \qquad Q = R \times \frac{AC}{AB}.$$

Remarque. — On peut aussi construire graphiquement les composantes comme des quatrièmes proportionnelles.

1° Si le point d'application I de la résultante *fig.* 50 est situé entre les points d'application des composantes on trace par le point A la droite AC égale et parallèle à R et on joint BC. Si par le point I on trace ID parallèle à BC, on voit par les triangles semblables que

$$AD = Q, \quad DC = P ;$$

on achèvera donc la décomposition en portant

$$BF = AD \text{ et } AK = DC,$$

ce qui peut s'indiquer à l'aide des parallèles AE, EF et KH.

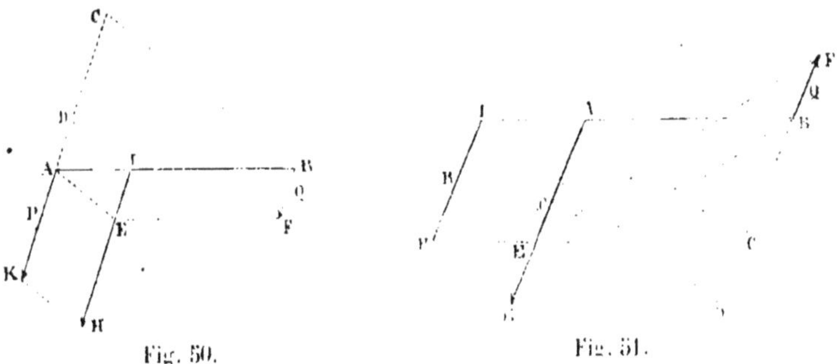

Fig. 50.   Fig. 51.

2° Si le point I (*fig.* 51 n'est pas entre les deux points d'application des composantes, on trace par le point B une ligne BC égale et parallèle à R et l'on joint AC. En menant par le point I la parallèle ID à AC on a

$$ID = P, \quad CD = Q.$$

et on porte ces distances en AK et BF.

50. Décomposer une force donnée en trois autres forces parallèles. — Soit R la force donnée *fig.* 52. A, B, C les trois points où doivent être appliquées les trois composantes inconnues parallèles à R. Prolongeons R jusqu'à sa rencontre en O avec le plan ABC, joignons AO, et décomposons cette force en deux autres P et S appliquées l'une en A, l'autre en D, point de rencontre de AO et BC; il suffit de décomposer la force S en deux autres Q et T appliquées en B et C, pour avoir les trois composantes cherchées P, Q et T.

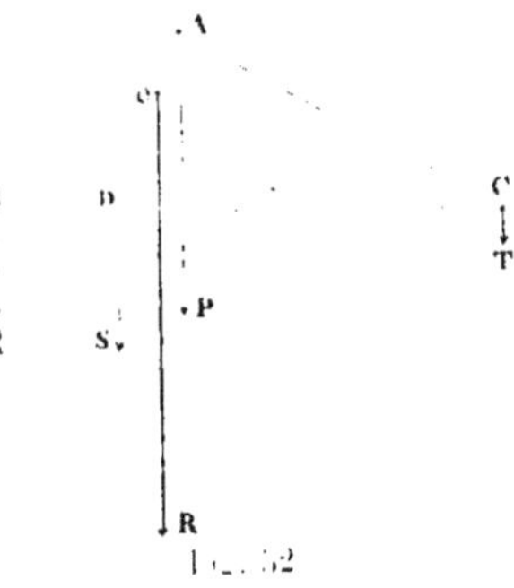

Fig. 52.

Si l'on se proposait de remplacer une force par quatre autres forces parallèles ou bien par un nombre plus considérable, le problème serait indéterminé.

PROBLÈMES A RÉSOUDRE.

1. Trois forces parallèles de 1^{kg}, 4^{kg}, 7^{kg} sont appliquées aux trois points A, B, C situés en ligne droite et tels que AB = BC = l; la troisième force est de sens contraire aux deux autres. Calculer la position du point I d'application de la résultante.

$$R. \qquad\qquad CI = 5l.$$

2. Une poutre AB de longueur $2l$ pèse p^{kg} par mètre courant et supporte un poids P à la distance d de son milieu O. Quelle est la charge des murs d'appui aux points A et B?

$$R. \qquad P' = pl + P\frac{l+d}{2l}; \quad P'' = pl + P\frac{l-d}{2l}.$$

3. On donne un parallélogramme ABCD, deux forces parallèles agissant dans le même sens suivant les côtés opposés AB, CD et une troisième suivant la diagonale BD de B vers D. On suppose ces forces proportionnelles à AB, CD, BD et l'on demande la force qui tiendrait le parallélogramme en équilibre.

4. On a n forces parallèles et de grandeur constante appliquées à n points; $n-1$ de ces points restent fixes pendant que le dernier décrit une courbe. Montrer que le centre des forces parallèles décrit une courbe semblable et semblablement placée. — Cas particulier de 2 points dont l'un décrit un cercle.

5. Trois forces agissant aux sommets A, B, C d'un triangle sont respectivement proportionnelles aux côtés opposés a, b, c; calculer la distance du centre des forces parallèles à chacun des côtés et à chacun des sommets.

$$R. \qquad \frac{bc\sin A}{a+b+c} = r; \qquad OA = \frac{a+b+c}{abc}\cos A.$$

6. Trois forces agissant aux sommets A, B, C d'un triangle sont inversement proportionnelles aux côtés opposés. Calculer la distance du centre des forces parallèles à chacun des côtés.

$$R. \text{ En posant } K = 2S\frac{abc}{ab+ac+bc} \text{ les distances sont } \frac{K}{a^2}, \frac{K}{b^2}, \frac{K}{c^2}.$$

7. Un cordon ABCD, dont les extrémités A et B sont fixes, supporte des poids P et Q suspendus aux nœuds C et D. On prolonge AC, BD jusqu'à leurs points de rencontre c, d, avec les directions des forces Q et P; montrer que l'on a

$$P : Q = Dd : Cc.$$

Déduire de cette propriété le moyen de construire une balance funiculaire.

8. Deux poids inégaux P et Q sont réunis par une barre rigide BC dont on néglige le poids. Un cordon de longueur l est attaché aux extrémités de la barre et passe sur un point fixe A. Déterminer la position d'équilibre.

R. $$AB = l\,\frac{Q}{P+Q}, \qquad AC = l\,\frac{P}{P+Q}.$$

9. Un levier coudé homogène BAC est suspendu librement par son extrémité B. En supposant que l'angle A soit droit, que $AC = 2a$, $AB = 2b$, trouver l'inclinaison de AC sur la verticale quand l'équilibre est établi.

R. $$\tan x = \frac{a^2}{2ab + b^2}.$$

CHAPITRE IV

CENTRES DE GRAVITÉ.

§ 1er. DÉFINITIONS ET PRINCIPES.

51. On doit considérer un corps pesant comme formé d'un nombre très-grand d'éléments matériels attirés chacun par la terre ; ce corps est alors soumis à l'action d'un grand nombre de forces dont les directions concourent au centre de notre globe. Mais comme le rayon terrestre a environ 6366 kilomètres, dans toute l'étendue d'un corps les forces attractives sont sensiblement parallèles, et l'on peut appliquer la théorie des forces parallèles exposée plus haut.

52. **Définition.** — On appelle *poids* d'un corps la résultante de toutes les actions que la pesanteur exerce sur les éléments matériels dont il est composé ; ces actions sont verticales et dirigées dans le même sens.

Le *centre de gravité d'un corps* est le point d'application de son poids ; c'est le point par lequel passe constamment la résultante des poids des diverses molécules du corps quand on le tourne successivement de différentes manières. On peut, en effet, appliquer ici le théorème sur le *centre des forces parallèles* : il est impossible, à la vérité, de changer la direction de la pesanteur, mais on peut faire quelque chose d'équivalent en changeant la position du corps par rapport à la verticale.

53. Centre de gravité d'une surface. — Lorsqu'un corps solide, tel qu'une lame métallique, ne présente en tous ses points qu'une épaisseur très-petite, on fait abstraction de cette épaisseur et on assimile le corps à une surface matérielle et pesante. Ainsi, lorsque nous parlerons du centre de gravité d'un triangle, d'un cercle, il s'agira d'une plaque triangulaire ou circulaire sans épaisseur appréciable.

54. Centre de gravité d'une ligne. — Si deux dimensions d'un corps, tel qu'un fil métallique, sont très-petites, on en fait abstraction et on assimile le corps à une ligne matérielle et pesante. Lorsque l'on parle du centre de gravité d'une circonférence, il s'agit du centre de gravité d'un fil très-fin qui aurait cette figure.

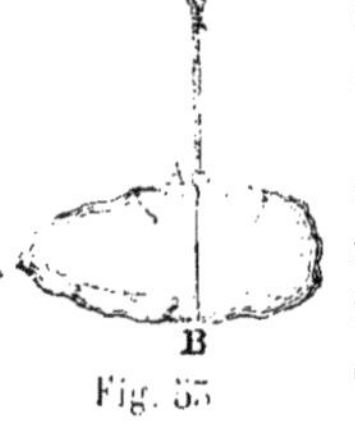

Fig. 53.

55. Détermination expérimentale du centre de gravité d'un corps. — Lorsque les corps n'ont pas une forme susceptible d'une définition mathématique, on peut trouver approximativement leur centre de gravité de la manière suivante :

En suspendant le corps à l'aide d'un fil (*fig.* 53 et 54) ; on ne peut voir, il est vrai, les lignes AB et CD, situées dans l'intérieur du corps, mais on obtient ainsi des indications presque toujours suffisantes sur la position du centre de gravité.

Il est plus commode, souvent, de placer le corps sur l'arête d'un prisme triangulaire (*fig.* 55), de manière qu'il soit en équilibre. Le plan vertical qui passe par l'arête contient le centre de gravité.

Fig. 54.

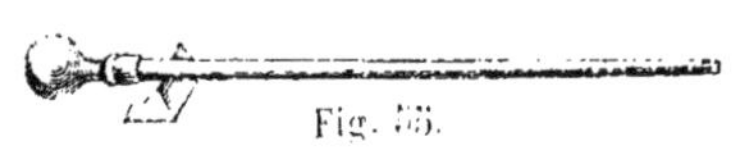

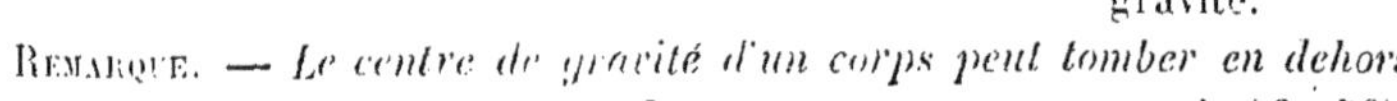

Fig. 55.

REMARQUE. — *Le centre de gravité d'un corps peut tomber en dehors de ce corps.* — Dans un anneau, par exemple (*fig.* 56), le centre de gravité est au centre, et quoique ce point ne fasse pas partie de l'anneau, il jouit de toutes les propriétés qui caractérisent le centre de gravité. Ainsi, lorsque l'anneau est suspendu par un point quelconque, le centre du cercle se trouve dans la verticale menée par le point de suspension. — Si des fils très-fins attachés à l'anneau viennent se réunir au centre du cercle, l'anneau restera en équilibre toutes les fois que le nœud sera soutenu.

Fig. 56.

56. Définition. — Un corps est *homogène* lorsque toutes ses parties ont la même composition chimique et la même structure moléculaire; au point de vue de la mécanique, il suffit que des volumes égaux du corps aient même poids pour qu'on l'appelle homogène. — Nous supposerons dans tout ce qui suit que les corps sont homogènes.

La détermination du centre de gravité est une question de pure géométrie lorsque son volume peut être défini exactement. Voici les principes sur lesquels elle repose.

57. Définition. — Une surface est symétrique par rapport à un plan lorsque tous ses points sont deux à deux sur la même perpendiculaire à ce plan et à égale distance de ce plan.

1er Principe. — *Si la surface d'un corps homogène est symétrique par rapport à un plan P, son centre de gravité est dans ce plan P.*

En effet, à une particule M du corps correspond une particule M' de même poids placée sur la même perpendiculaire au plan et à égale distance de ce plan; le point d'application de la résultante de ces deux poids sera donc au milieu de MM', c'est-à-dire dans le plan P.

Tous les couples de particules symétriques dans lesquels on peut décomposer le corps donneront, de même, des résultantes partielles ayant toutes leur point d'application dans le plan P. Le point d'application de la résultante totale sera aussi dans le plan P.

58. Définition. — On appelle *plan diamétral d'une surface* un plan qui divise en deux parties égales toutes les cordes parallèles à une direction fixe.

2e Principe. — *Si la surface d'un corps homogène a un plan diamétral P, le centre de gravité de ce corps est dans le plan.*

Il suffit de considérer, comme tout à l'heure, deux points M et M', situés sur une même corde et à la même distance du plan P. Le point d'application de la résultante de leurs poids sera dans le plan P. Il en sera de même pour toutes les résultantes partielles, et par suite, le centre de gravité sera dans le plan diamétral.

59. Définition. — Une ligne est *un axe de symétrie* d'une surface lorsque les points de cette surface sont deux à deux sur la même perpendiculaire à cette ligne et à égale distance.

3e Principe. — *Si la surface d'un corps homogène a un axe de symétrie AB, le centre de gravité de ce corps est sur cet axe.*

En effet, le corps peut être décomposé en un grand nombre de particules M et M' de même poids et situées à égale distance de l'axe AB; les résultantes partielles, et par suite la résultante totale, seront appliquées en des points de l'axe AB.

60. Définition. — Un point est le *centre d'une surface* lorsque toute droite qui y passe et limitée à cette surface est divisée par ce point en deux parties égales.

4ᵉ Principe. — *Si la surface d'un corps homogène a un centre O, ce point est le centre de gravité du corps.*

En effet, la résultante des poids des deux particules M et M′, également pesantes et situées à égale distance de O, passe par le point O. La résultante totale de toutes ces résultantes partielles y passera également.

De ces principes il résulte immédiatement que :

1° Le centre de gravité d'un cercle ou d'une sphère est son centre de figure ; même énoncé pour le parallélogramme et ses variétés.

2° Un cylindre droit a son centre de gravité au milieu de son axe (*fig.* 57).

3° Les polyèdres réguliers, tels que le cube ou l'octaèdre, ont pour centre de gravité leur centre de figure. Il en est de même pour le parallélipipède et ses variétés. On sait que le centre de figure d'un parallélipipède (*fig.* 58) est le point de rencontre de ses diagonales.

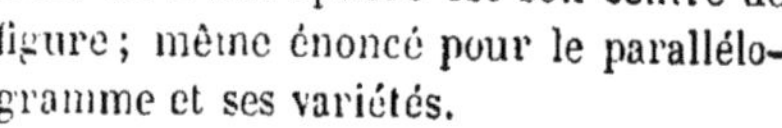
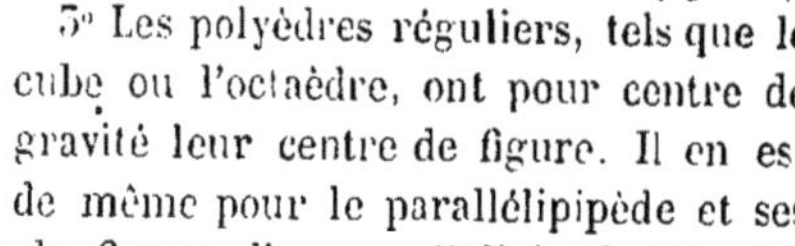

Fig. 57.   Fig. 58.

§ 2. Centres de gravité des lignes.

61. Centre de gravité du contour d'un triangle. — Soit ABC (*fig.* 59) un triangle dont le contour est formé par trois droites pesantes et homogènes ; les milieux de ses côtés seront les centres de gravité D, E, F des trois tiges ; il faudra donc, pour obtenir le centre de gravité du contour, composer trois forces parallèles appliquées aux points D, E, F et proportionnelles aux côtés BC, AC, AB. La résultante des deux premières divisera DE en deux segments additifs inversement proportionnels aux lignes BC et AC ; il est facile de voir que ce point de rencontre, H, s'obtiendra en menant la bissectrice FH de l'angle F du triangle DEF : en effet, l'on a, d'après le théorème sur la bissectrice d'un angle d'un triangle,

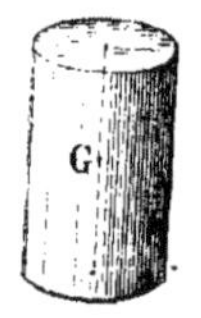

Fig. 59.

$$\frac{DH}{HE} = \frac{FD}{FE} = \frac{\frac{1}{2}AC}{\frac{1}{2}BC} = \frac{AC}{BC}.$$

Il ne reste plus qu'à composer le poids représenté par BC + AC et appliqué en H, avec le poids représenté par AB et appliqué en F ; le centre de gravité du contour sera donc en un point de la bissectrice FH; on démontrerait de même qu'il est aussi sur l'une quelconque des bissectrices KE et DL; il est donc au point de concours de ces trois bissectrices.

Ainsi, *le centre de gravité du contour d'un triangle est le centre du cercle inscrit à un second triangle ayant pour sommets les milieux des côtés du premier.*

62. Centre de gravité d'un arc de cercle. — Le centre de gravité de l'arc AB (*fig.* 60) est sur le rayon OC passant par le milieu C de l'arc. Pour trouver sa position inscrivons dans l'arc une ligne polygonale régulière AMN... FB d'un nombre pair de côtés et cherchons le centre de gravité de cette brisée ; l'ayant trouvé, pour résoudre la question proposée, il suffira de supposer que le nombre des côtés de la brisée régulière augmente indéfiniment.

Soit MN un côté quelconque de la brisée ; le moment de ce côté par rapport à l'axe OX parallèle à la corde AB est égal au produit, $MN \times IK$, IK étant la perpendiculaire abaissée sur OX du point I milieu de la corde MN. Il nous faut écrire que la somme de tous les produits analogues est égale au contour AMN... FB multiplié par la distance y du centre de gravité G de la brisée à l'axe OX.

Comme il est impossible d'évaluer la somme des produits tels que $MN \times IK$, nous

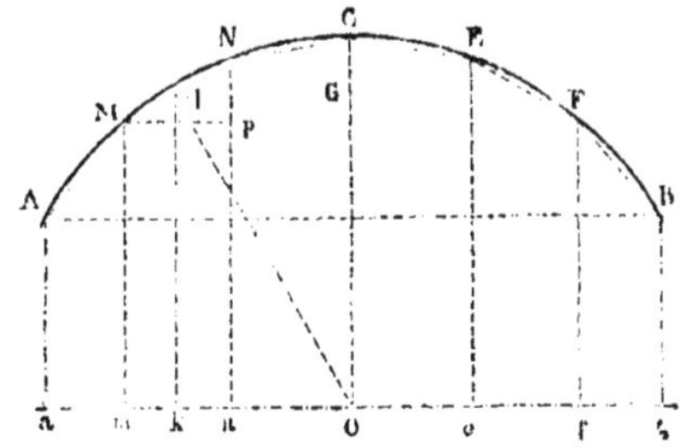

Fig. 60.

suivrons ici la même marche qu'en géométrie élémentaire quand on cherche la surface d'une zone. Traçons MP parallèle à OX ; les deux triangles semblables MNP et OIK donnent la proportion

$$\frac{MN}{OI} = \frac{MP}{IK},$$

d'où

$$MN \times IK = OI \times MP = OI \times mn.$$

Nous trouverons donc pour la somme des moments des côtés de la brisée

$$am \times OI + mn \times OI + On \times OI + \ldots bf \times OI,$$

c'est-à-dire

$$OI (am + mn + \ldots bf) = OI \times ab.$$

et l'équation des moments sera

$$OI \times ab = (AM + MN + CN + \ldots BF).\, y,$$

d'où

$$y = \frac{OI \times ab}{AM + MN + \ldots BF}.$$

Si le nombre des côtés de la brisée augmente indéfiniment, nous aurons pour la hauteur du centre de gravité de l'arc de cercle au-dessus de OX

$$y' = \frac{OC \times \text{corde AB}}{\text{arc AB}}.$$

car l'apothème OI a pour limite le rayon OC.

Ainsi, *le centre de gravité d'un arc de cercle est sur le rayon qui passe par le point milieu; sa distance au centre est une quatrième proportionnelle à l'arc, à sa corde et au rayon.*

Applications. — 1° Le centre de gravité d'une demi-circonférence est à une distance du centre égale aux $\frac{7}{11}$ du rayon; en effet

$$OG = \frac{2R}{\pi} = 2 \times \frac{7}{22} R = \frac{7}{11} R.$$

2° Le centre de gravité d'un quart de circonférence est à une distance du centre égale aux $\frac{7}{11}$ de la corde de cet arc; en effet

$$OG = \frac{R \times \text{corde}}{\frac{\pi}{2} R} = \frac{7}{11}. \text{corde}.$$

3° Si l'arc AB est le tiers de la circonférence l'on a

$$OG = R. \frac{\sqrt{3}}{\frac{2\pi}{3}} = R. \frac{3\sqrt{3}}{2\pi} = R. \frac{1,732.3}{6.28} = \frac{5,196}{6,28}.R,$$

ou

$$OG = 0,827\ R.$$

65. Centre de gravité de l'aire d'un triangle. — *Il est au point de concours des médianes;* soit ABC un triangle : menons la mé-

diane AD (*fig.* 61) ; c'est un diamètre de la figure, car elle partage en
deux parties égales les lignes
parallèles à la base BC : le
centre de gravité est donc
sur AD. — Pour la même
raison, il est aussi sur la médiane BE ; donc il est en G
à leur point de rencontre.
Or on sait que les trois médianes d'un triangle concourent au même point, qui est

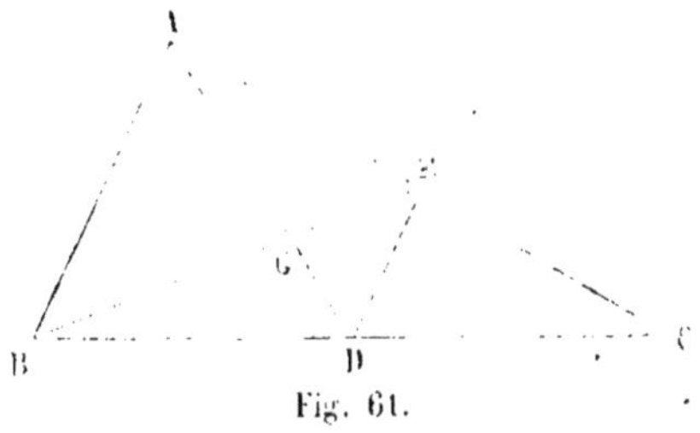

Fig. 61.

au tiers de chacune d'elles à partir de la base : telle est donc aussi
la position du centre de gravité.

64. Centre de gravité du trapèze. — Théorème. — *Le centre
de gravité d'un trapèze est sur la ligne qui joint les centres de gravité
des deux bases ; il divise cette droite en deux parties qui sont entre elles
comme la première base augmentée du double de la seconde est à la seconde augmentée du double de la première.*

Soit ABCD un trapèze ; menons la diagonale AD (*fig.* 62 qui le dé-

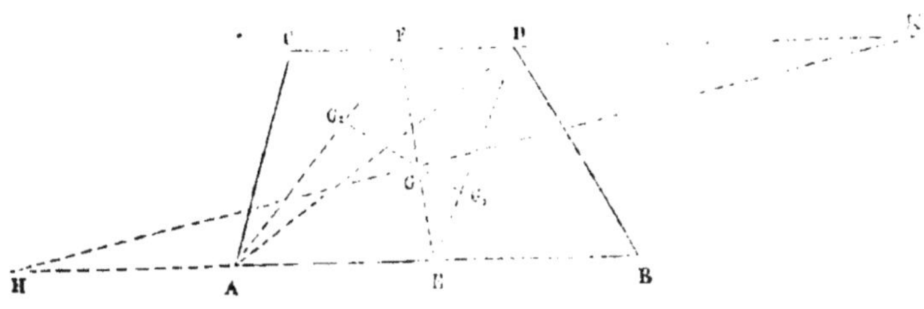

Fig. 62.

compose en deux triangles ; le centre de gravité de ABD est sur la médiane DE et au point G_1 situé au tiers à partir de AB ; le centre de gravité
de ADC est en G_2, sur la médiane AF et au tiers à partir de la base CD.
— Il résulte de là que le centre de gravité du trapèze est en un point de
la ligne G_1G_2 qui joint les centres de gravité des deux triangles. Mais,
d'autre part, ce centre de gravité du trapèze se trouve sur la ligne EF
qui joint les milieux des deux bases, puisque cette ligne est le diamètre
des cordes parallèles aux bases ; il est donc au point G.

Il est facile de déterminer la position du point G sur la ligne EF ; en
effet, supposons qu'on applique perpendiculairement au plan de la figure,
et aux points G_1, G_2, G, trois forces proportionnelles aux surfaces ABD,
ADC, ABCD, et prenons les moments de ces forces, 1° par rapport au plan
vertical mené par AB, 2° par rapport au plan vertical mené par CD. Nous

aurons, en désignant par x et y les distances de G à ces deux plans ou, ce qui revient au même, aux bases du trapèze,

$$\text{surf. ABCD} \times x = \text{surf. ABD} \times \frac{h}{3} + \text{surf. ACD} \times \frac{2h}{3}.$$

ou bien, en mettant à la place des surfaces leurs valeurs et supprimant le facteur commun $\frac{h}{2}$,

$$(\text{AB} + \text{CD})\,x = \text{AB} \times \frac{h}{3} + \text{CD} \times \frac{2h}{3};$$

de même on trouverait

$$(\text{AB} + \text{CD})\,y = \text{AB} \times \frac{2h}{3} + \text{CD} \times \frac{h}{3};$$

en divisant membre à membre ces deux égalités, l'on obtient

$$\frac{x}{y} = \frac{\text{AB} + 2\text{CD}}{2\text{AB} + \text{CD}}.$$

Cette relation conduit à la construction suivante : on prolonge CD d'une longueur DK égale à AB, et AE d'une longueur AH égale à CD ; la ligne HK passera par le centre de gravité du trapèze, car les triangles GHE, GFK ainsi obtenus sont semblables et donnent

$$\frac{\text{EG}}{\text{FG}} = \frac{\text{EH}}{\text{FK}} = \frac{\frac{1}{2}\text{AB} + \text{CD}}{\frac{1}{2}\text{CD} + \text{AB}} = \frac{\text{AB} + 2\text{CD}}{\text{CD} + 2\text{AB}}.$$

65. Centre de gravité d'un quadrilatère quelconque. — Soit un quadrilatère quelconque ABCD (*fig.* 65) ; menons la diagonale AC et cherchons les centres de gravité G_1 et G_2 des deux triangles ABC, ADC ainsi obtenus ; ces points se trouvent sur les médianes BE, DE, au tiers de chacune d'elles à partir de la base.

Le centre de gravité du quadrilatère sera quelque part sur la ligne G_1G_2, et, pour obtenir sa position, il faut partager cette distance en deux segments additifs inversement proportionnels aux surfaces des triangles ABC, ADC. Mais ces triangles ont même base AC, leurs surfaces sont donc entre elles comme les distances des points B et D à la diagonale AC, ou bien comme les segments BH, DH de l'autre diagonale. Comme la ligne G_1G_2 est parallèle à BD, il suffit de prendre DK = BH et de joindre EK ; le

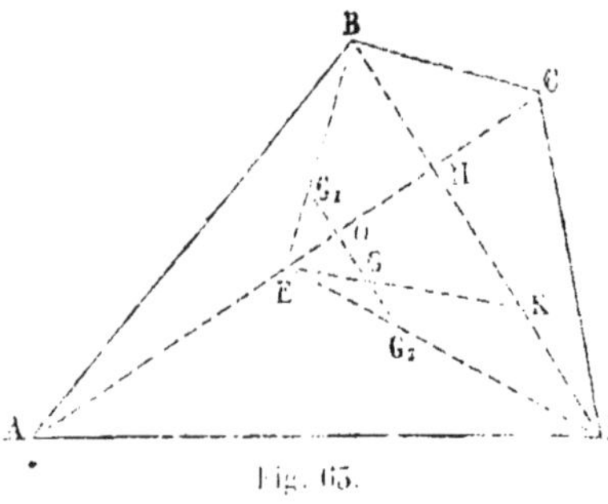

Fig. 65.

point G, où cette droite rencontre G_1G_2, est le centre de gravité cherché. En effet, l'on a

$$\frac{GG_1}{GG_2} = \frac{BK}{DK} = \frac{HD}{BH} = \frac{ACD}{ABC}.$$

Soit O le point de rencontre de G_1G_2 avec la diagonale AC, la construction précédente revient à prendre G_2G égale à OG_1, et il est inutile de tracer la droite EK.

66. Centre de gravité du secteur circulaire. — Inscrivons dans l'arc AB (*fig.* 64) une brisée régulière et joignons ses sommets au point O, nous partagerons le secteur poly-gonal en triangles égaux; les centres de gravité de tous ces triangles égaux sont à la même distance du centre égale aux deux tiers de l'apothème. Quand le nombre des côtés de la brisée augmente de plus en plus, cette distance a pour limite $\frac{2}{3}$ OA ; si donc on décrit du point O comme centre, avec un rayon $OC = \frac{2}{3}.OA$, un arc de cercle

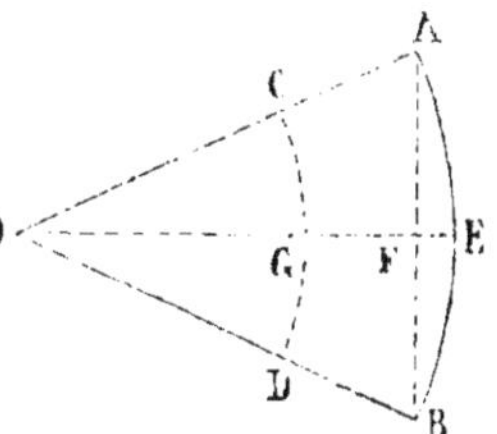

Fig. 64.

CD, on peut dire que le long de cet arc CD sont appliquées des forces parallèles égales agissant sur des points régulièrement distribués, et que le point d'application de la résultante de toutes ces forces sera le centre de gravité du secteur. La question revient à trouver le centre de gravité d'un arc de cercle, et nous aurons

$$OG = \frac{OC \times \text{corde CD}}{\text{arc CD}} = \frac{\frac{2}{3}OA \times \frac{2}{3}\text{corde AB}}{\frac{2}{3}\text{arc AB}} = \frac{2}{3}\frac{OA.AB}{\text{arc AB}}.$$

Ainsi, *le centre de gravité d'un secteur est sur la bissectrice de son angle, et sa distance au centre est une quatrième proportionnelle à l'arc, à sa corde et aux deux tiers du rayon.*

Applications. — 1° Centre de gravité de l'aire d'un demi-cercle :

$$OG = \frac{4}{3}\frac{R}{\pi} = \frac{14}{33}.R$$

2° Centre de gravité d'un quart de cercle :

$$OG = \frac{4}{3}\frac{R}{\pi}\sqrt{2} = \frac{14}{33}.R \times \sqrt{2}$$

67. Centre de gravité du segment de cercle. — Le centre de gravité G du segment de cercle ACBD (*fig.* 65) est sur le rayon OC

perpendiculaire à la corde AB. On trouve sa position sur ce rayon à l'aide
du théorème des moments. On a

$$\text{ACBD} = \text{sect}^r\,\text{OACB} - \text{tri.}\,\text{OAB} ;$$

si donc l'on prend les moments de ces trois poids par rapport au plan ver-

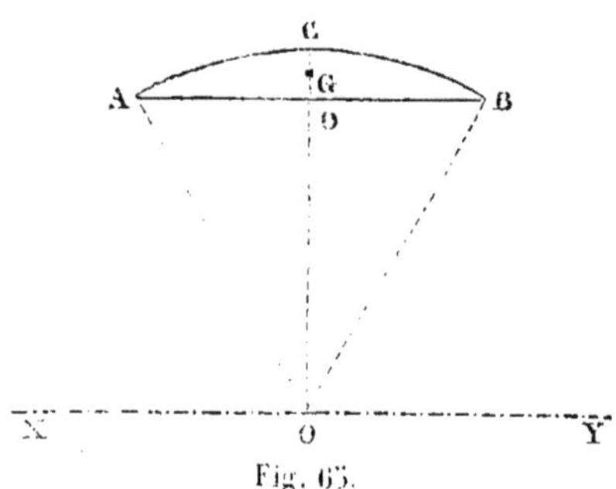

Fig. 65.

tical XY mené par O parallélement à AB, le moment du premier poids
sera égal à la différence des moments des deux autres, et l'on aura

$$\text{ACBD} \times \text{OG} = \frac{\text{R.arc AB}}{2} \times \frac{2}{3}\frac{\text{R.AB}}{\text{arc AB}} - \frac{\text{AB} \times \text{OD}}{2} \times \frac{2}{3}\text{OD},$$

ou

$$\text{ACBD} \times \text{OG} = \frac{\text{R}^2.\text{AB}}{3} - \frac{\text{OD}^2.\text{AB}}{3} = \frac{\text{AB}}{3}(\text{R}^2 - \text{OD}^2),$$

et, comme dans le triangle rectangle OAD l'on a

$$\text{R}^2 - \text{OD}^2 = \text{AD}^2 = \frac{\text{AB}^2}{4},$$

l'équation précédente devient

$$\text{ACBD} \times \text{OG} = \frac{\text{AB}^3}{12},$$

et l'on a

$$\text{OG} = \frac{\text{AB}^3}{12\,\text{segm}^t\text{ACBD}}.$$

Ainsi, *le centre de gravité d'un segment de cercle se trouve sur le
rayon perpendiculaire à sa corde, et à une distance du centre égale au
quotient obtenu en divisant le cube de la corde par 12 fois la surface.*

REMARQUE. — Cet énoncé convient encore pour un segment plus grand
qu'un demi-cercle *fig.* 66).

Désignons par g et par G les centres de gravité des deux segments

ACBA, ADBA. En composant leur poids, on obtiendra celui du cercle; si donc on prend les moments de ces trois forces par rapport au point O, on aura

$$ACBA \times Og = ABDA \times GO = \frac{AB^5}{12};$$

donc

$$GO = \frac{AB^5}{12 \text{ segm } ABDA}.$$

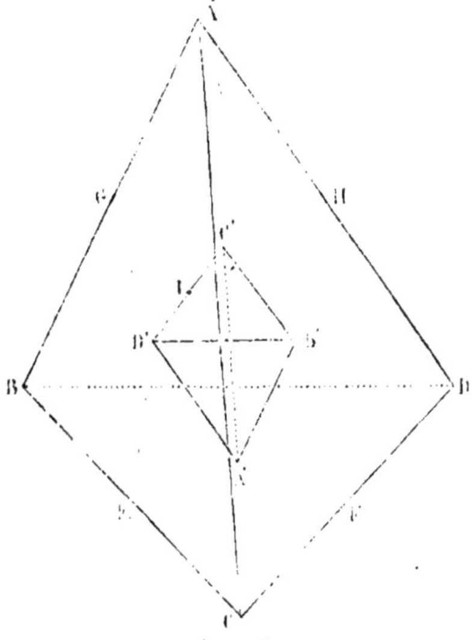

Fig. 66.

68. * Centre de gravité de la surface totale d'un tétraèdre. — Théorème. — *Le centre de gravité de la surface d'un tétraèdre coïncide avec le centre de la sphère inscrite dans le tétraèdre qui aurait pour sommets les centres de gravité des quatre faces.*

DÉMONSTRATION. — Soit ABCD *fig.* 67 le tétraèdre, A′, B′, C′, D′ les centres de gravité de ses faces; en les joignant on obtient le tétraèdre A′B′C′D′ semblable à ABCD, et le rapport de similitude des arêtes est de 1 à 5, puisque dans le triangle ABF l'on a

$$\frac{A'B'}{AB} = \frac{A'F}{BF} = \frac{1}{5}$$

Les forces appliquées aux sommets du petit tétraèdre sont égales aux poids des faces adjacentes du grand, et il faut les composer entre elles pour obtenir le centre de gravité de la surface totale. D'abord les forces C′ et D′ ont une résultante appliquée en un point I de C′D′ tel que

$$\frac{IC'}{ID'} = \frac{ABC}{ABD} = \frac{A'B'C'}{A'B'D'};$$

ainsi le point I divise D′C′ en deux segments additifs proportionnels aux faces contiguës; or, le plan bissecteur du dièdre A′B′ divise aussi D′C′ dans le même rapport, donc le point d'application de la résultante des poids C′ et D′ est dans ce plan bissecteur; donc le point d'application de la résultante des quatre forces A′, B′, C′, D′ est également dans ce plan.

4

Ainsi le centre de gravité de la surface latérale de ABCD est dans l'un quelconque des plans bissecteurs des dièdres de A'B'C'D' ; donc ce centre de gravité est au point de rencontre de ces six plans, c'est-à-dire est au centre de la sphère inscrite dans A'B'C'D'.

§ 4. — CENTRES DE GRAVITÉ DES VOLUMES.

69. Centre de gravité d'un prisme. — 1° Si le prisme est triangulaire (*fig.* 68), menons les médianes AQ et BR de la base ABC et les

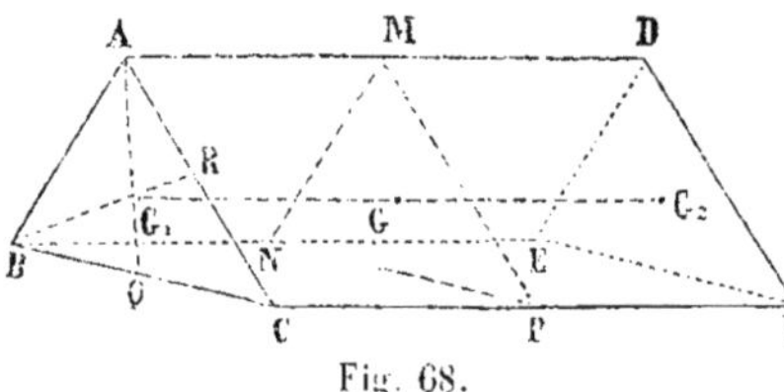

Fig. 68.

plans DAQ, EBR ; ce sont des plans diamétraux correspondant aux cordes parallèles à BC et à AC, le centre de gravité du prisme doit donc se trouver dans chacun d'eux, et par conséquent sur leur intersection. Il est clair que cette intersection est la parallèle $G_1 G_2$ menée par le point G_1 à l'arête AD, ou, ce qui revient au même, la ligne qui joint les centres de gravité des deux bases.

Menons maintenant le plan qui passe par les milieux M, N, P des arêtes AD, BE, CF ; ce plan est un plan diamétral correspondant aux cordes parallèles à ces arêtes ; le centre de gravité du prisme est donc dans ce plan et, par suite, ce centre est au point de rencontre de $G_1 G_2$ et de MNP, c'est-à-dire au *milieu de la droite qui joint les centres de gravité des deux bases.*

2° Si le prisme est quelconque (*fig.* 69), menons des plans par l'une des arêtes AF et les diagonales AC, AD de l'une des bases ; nous diviserons le prisme polygonal en prismes triangulaires dont les centres de gravité g, g', g'' seront dans le plan *abcde* mené par les milieux de toutes les arêtes latérales ; le centre de gravité du prisme polygonal sera donc aussi dans ce plan.

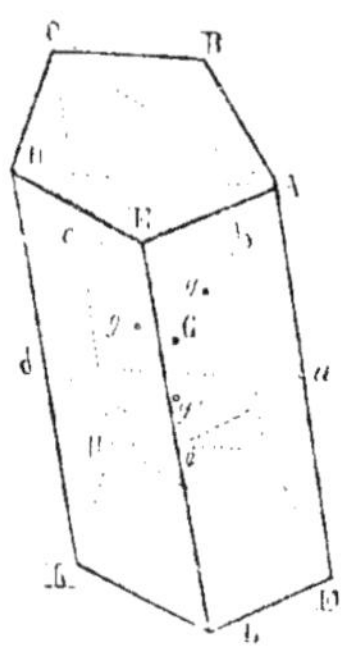

Fig. 69.

Pour l'obtenir il suffit de composer des forces parallèles appliquées aux points g, g'... et proportionnelles aux volumes des prismes triangulaires correspondants. Or il est clair que les points g, g', g''... sont les centres de gravité des triangles *abc*, *acd*, *ade*..., et que les surfaces de ces triangles sont proportionnelles aux volumes des prismes. Donc le centre de gravité du prisme polygonal coïncide avec celui du polygone *abcde* ; ceci revient à dire qu'il est *au milieu de la droite qui joint les centres de gravité des deux bases.*

70. Centre de gravité de la pyramide triangulaire. — Théorème. — *Le centre de gravité d'une pyramide triangulaire est situé sur la ligne menée de l'un des sommets au centre de gravité de la face opposée ; il est au quart de cette ligne, à partir de la base, ou aux trois quarts à partir du sommet.* — Soit ABCD (*fig.* 70) une pyramide triangulaire ; menons le plan qui passe par AB et le milieu E de l'arête opposée ; ce plan est un plan diamétral par rapport aux cordes parallèles à CD et doit, par conséquent, contenir le centre de gravité. On verrait, de même, que le centre de gravité de la pyramide est dans le plan AKD mené par AD et le milieu K de l'arête BC ; il doit donc se trouver sur la ligne AG_1, intersection de ces deux plans, et comme le point G_1 est le point de rencontre des médianes de la face BCD, on peut dire que *le centre de gravité d'une pyramide triangulaire se trouve au point de rencontre des lignes qui joignent chaque sommet au centre de gravité de la face opposée.*

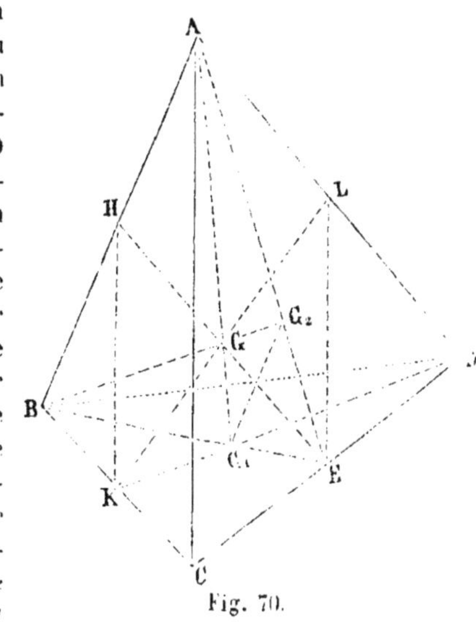

Fig. 70.

Cherchons la position de ce point de rencontre : d'abord les lignes AG_1 et BG_2 sont dans le plan ABE ; de plus, la ligne G_1G_2 est parallèle à AB, puisque $EG_1 = \frac{1}{3} BE$ et $EG_2 = \frac{1}{3} AE$; donc $G_1G_2 = \frac{1}{3} AB$.

Considérons maintenant les triangles semblables ABG et GG_1G_2 : ils donnent

$$\frac{G_1G_2}{AB} = \frac{GG_1}{AG} = \frac{1}{3} ;$$

il y a donc dans AG_1 quatre lignes égales à GG_1.

Ainsi l'une quelconque des lignes BG_2, CG_3, DG_4 rencontre AG_1 au quart à partir de la base ; ces quatre lignes passent donc par le même point situé au quart de chacune d'elles à partir de la base.

71. Centre de gravité d'une pyramide polygonale. — Théorème. — *Le centre de gravité d'une pyramide quelconque est sur la droite menée du sommet au centre de gravité de la base et au quart de cette ligne à partir de la base.*

En effet, cette ligne contient les centres de gravité de toutes les sections parallèles à la base; elle doit donc contenir le centre de gravité de la pyramide. De plus, si l'on décompose la pyramide en pyramides triangulaires en menant les diagonales du polygone de base issues d'un même sommet, les centres de gravité de ces pyramides partielles seront tous dans un plan parallèle à la base situé au quart de la hauteur. Le centre de gravité de la pyramide totale sera donc dans ce plan.

Remarque. — Le centre de gravité d'un *cône* est situé sur la ligne qui joint le sommet au centre de gravité de la base et au quart de cette ligne à partir de la base; car un cône peut être considéré comme une pyramide ayant un nombre très-grand de faces très-petites.

72. ' Centre de gravité d'un tronc de pyramide. — Théorème. — *Le centre de gravité d'un tronc de pyramide est sur la ligne qui joint les centres de gravité des deux bases; il divise cette ligne en deux segments additifs proportionnels aux deux sommes qu'on trouve en prenant d'un côté : une fois la grande base, trois fois la petite et deux fois une moyenne proportionnelle entre ces deux bases ; et d'un autre côté : la petite base, trois fois la grande et deux fois la moyenne géométrique.*

Soit (*fig.* 71) B et b les deux bases d'un tronc de pyramide ACDEFKLM,

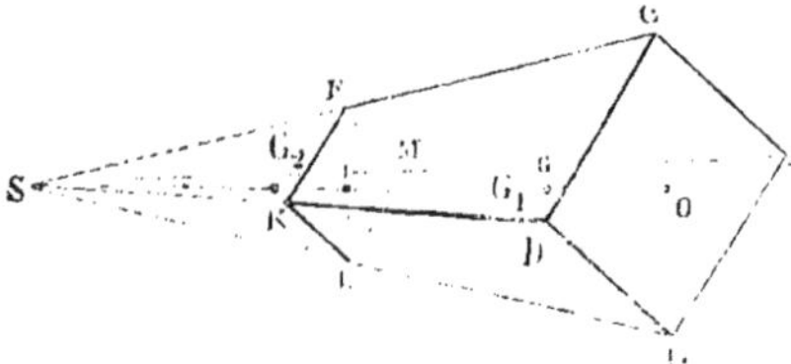

appelons H et h les hauteurs des deux pyramides dont ce tronc est la différence. Le centre de gravité G du tronc est sur la ligne qui joint les centres de gravité O et I des deux bases, car cette ligne contient les centres de gra-

Fig. 71.

vité G_1 et G_2 des deux pyramides SACDE, SFKLM; il ne reste donc plus qu'à trouver la position du point G sur la ligne G_1G_2, ou, ce qui revient au même, le rapport $\frac{x}{y}$ de ses distances x et y à la grande base et à la petite base. On y parvient à l'aide du théorème des moments : Les volumes des trois corps qui sont proportionnels à leurs poids ont respectivement pour expression de leurs mesures :

$$\frac{1}{3} \cdot BH, \qquad \frac{1}{3} \cdot bh, \qquad \frac{1}{3} \cdot (BH - bh).$$

les distances des centres de gravité G_1, G_2, G au plan ACDE sont égales à

$$\frac{H}{4}, \qquad \frac{h}{4} + H - h \quad \text{ou} \quad H - \frac{3}{4}h, \quad x$$

et les moments ont pour expression les produits des facteurs qui se correspondent dans les deux lignes précédentes.

Si l'on écrit que le premier moment est égal à la somme des deux autres, l'on obtient, en supprimant le facteur $\frac{1}{3}$, l'équation

$$\frac{BH^2}{4} = bh \left(H - \frac{3}{4} h \right) + x (BH - bh),$$

et, comme

$$\frac{B}{H^2} = \frac{b}{h^2},$$

cette équation devient

$$\frac{BH^2}{4} = B.\frac{h^2}{H^2} h. \left(H - \frac{3}{4} h \right) + x. B \left(H - \frac{h^2}{H^2}. h \right).$$

En supprimant le facteur commun B, puis chassant le dénominateur H^2, l'on trouve

$$x. (H^3 - h^3) = \frac{1}{4} (H^4 - 4 H. h^3 + 3 h^4).$$

Si l'on prenait de même les moments par rapport à la petite base l'on trouverait

$$y. (H^3 - h^3) = \frac{1}{4} \left(h^4 - 4 h H^3 + 3 H^4 \right),$$

par conséquent

$$\frac{x}{y} = \frac{H^4 - 4 H h^3 + 3 h^4}{h^4 - 4 h H^3 + 3 H^4}.$$

Il est facile de voir que les deux termes de cette fraction sont divisibles deux fois de suite par $H - h$; en faisant ces divisions l'on obtient

$$\frac{x}{y} = \frac{H^2 + 2 Hh + 3 h^2}{h^2 + 2 Hh + 3 H^2},$$

dans cette expression, à la place de H^2 et de h^2 on peut mettre les quantités B et b qui leur sont proportionnelles et l'on a

$$\frac{x}{y} = \frac{B + 3 b + 2 \sqrt{Bb}}{b + 3 B + 2 \sqrt{Bb}}.$$

Remarque I. — Il n'est pas nécessaire de mesurer les bases; désignons par A et a deux arêtes homologues de ces polygones semblables, nous aurons

$$\frac{B}{A^2} = \frac{b}{a^2},$$

et par suite

$$\frac{x}{y} = \frac{A^2 + 2 Aa + 3 a^2}{a^2 + 2 Aa + 3 A^2}.$$

Remarque II. — La même formule convient au tronc de cône, car les bases de ce nouveau solide peuvent être considérées comme des polygones d'un nombre infini de côtés.

4.

73. Centre de gravité d'une zone sphérique.

— Le centre de gravité d'une zone sphérique à deux bases, matérielle et homogène, est situé sur la ligne qui joint les centres de ces bases. Pour trouver sa position sur cette ligne, divisons la hauteur h de la zone ABCD (*fig.* 72) en un grand nombre de parties égales, et menons des plans parallèles aux bases; nous partagerons ainsi la zone en parties d'égale surface, ayant pour mesure

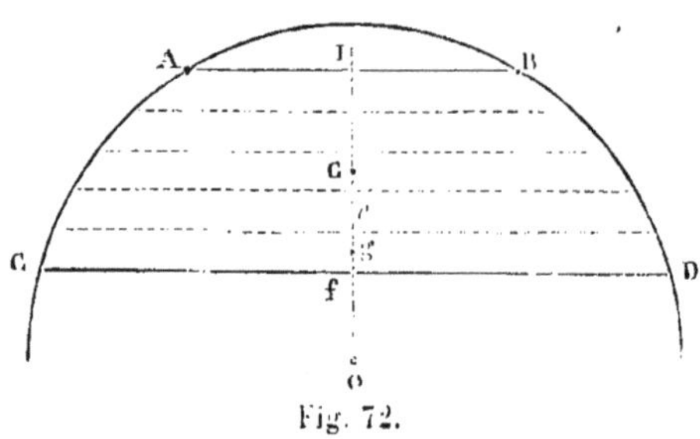

Fig. 72.

$$2\pi R \times \frac{h}{n}.$$

La somme des moments de ces diverses parties par rapport au plan de la base inférieure CD est plus grande que l'expression

$$2\pi R.\,\frac{h}{n}\left(\frac{h}{n}+\frac{2h}{n}+\ldots\frac{(n-1)h}{n}\right),$$

car le centre de gravité g de la première zone est plus haut que le point f; de même le centre de gravité de la seconde tranche est plus haut que le point e; par conséquent, en prenant l'aire de cette zone $2\pi R\times\frac{h}{n}$ et la multipliant par $\frac{h}{n}$, nous aurons un produit

$$2\pi R\,\frac{h}{n}\times\frac{h}{n},$$

plus petit que le moment de la seconde tranche, et ainsi de suite.

Soit x la hauteur du centre de gravité G de la zone entière au-dessus du plan vertical mené par CD, nous aurons donc

$$2\pi R.h.x > 2\pi R\,\frac{h}{n}.\frac{h}{n}(1+2+\ldots n-1),$$

ou

$$x > \frac{h}{n^2}.\frac{n\;n-1}{2}=\frac{h}{2}\left(1-\frac{1}{n}\right).$$

Si nous supposions que le centre de gravité de la première tranche est en e, et celui de chacune des suivantes dans le plan de la base supérieure, nous trouverions de même

$$2\pi R.h.x < 2\pi R.\frac{h}{n}.\frac{h}{n}(1+2+\ldots n).$$

ou

$$r = \frac{h}{2}\left(1 + \frac{1}{n}\right).$$

A mesure que n augmente indéfiniment, chacune de ces deux limites tend

vers $\frac{h}{2}$; par suite l'on a rigoureusement

$$r = \frac{h}{2}.$$

Ainsi, *le centre de gravité d'une zone est au milieu de sa hauteur.*

74. ' Centre de gravité d'un segment de sphère à une seule base. — Ce centre de gravité G se trouve sur le rayon OC perpendiculaire au plan AB *(fig. 75)*. Il faut trouver sa position sur cette ligne, c'est-à-dire sa distance OG au centre; posons

$$OG = x, \qquad OC = R, \qquad CD = h.$$

Le volume ACBA est la différence entre le volume du secteur sphérique AOBC et le cône AOB. Le centre de gravité de ce cône est au point g tel que

$$Og = \frac{3}{4}OD = \frac{3}{4}(R - h).$$

Le secteur sphérique peut être considéré comme la somme d'une infinité de pyramides ayant le point O pour sommet et pour bases des élé-

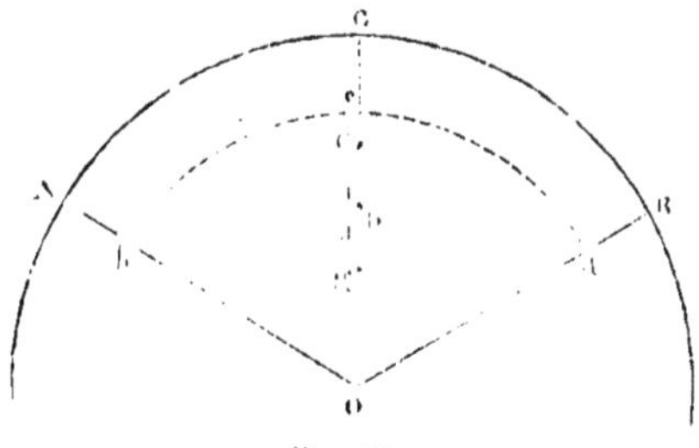

Fig. 75.

ments très-petits de la zone ACB. La série des centres de gravité de ces

pyramides est située sur une sphère dont le rayon est $\frac{3}{4}$. R; ils sont

donc uniformément répartis sur la zone *acb*, et le centre de gravité du secteur sphérique coïncide avec le centre de gravité de cette zone : il est donc au point f, milieu de *cd* et l'on a

$$Of = Oc - \frac{cd}{2} = \frac{3}{4}R - \frac{3}{8}h = \frac{3}{8}(2R - h).$$

Appliquons maintenant le théorème des moments ; le moment du secteur sphérique par rapport au centre est égal à la somme des moments du segment et du cône.

$$2\pi Rh . \frac{1}{3}R . \frac{3}{8}(2R - h) = \pi\left(\frac{1}{2}AD^2.h + \frac{1}{6}h^3\right)x +$$

$$+ \frac{1}{3}\pi AD^2 . (R - h) . \frac{3}{4}(R - h),$$

et comme $AD^2 = h.(2R - h)$, on obtient, en supprimant les facteurs communs,

$$R^2 h (2R - h) = \left[2h^2 (2R - h) + \frac{2}{3} h^3 \right] x + h (2R - h)(R - h)^2,$$

d'où

$$x = 3 \frac{R^2 (2R - h) - (2R - h)(R - h)^2}{h [6(2R - h) + 2h]} = 3.(2R - h) \frac{2R - h}{12R - 4h},$$

$$x = \frac{3}{4} \frac{(2R - h)^2}{3R - h},$$

et par suite,

$$CG = R - x = \frac{h (8R - 3h)}{4 (3R - h)}.$$

— Si $h = R$, l'on a

$$CG = \frac{3}{8} R, \qquad OG = \frac{5}{8} R.$$

Ainsi, *le centre de gravité d'un hémisphère est à une distance de la base égale aux trois huitièmes du rayon.*

Remarque. — Nous avons trouvé dans le cours de cette démonstration que : *la distance du centre de gravité d'un secteur sphérique au centre de la sphère est égale aux* $\frac{3}{8}$ *de la différence entre le diamètre et la hauteur de la calotte.*

75. Centre de gravité d'un ensemble de corps. — Le centre de gravité commun à plusieurs corps se trouve facilement d'après la règle de la composition des forces parallèles.

Exemple. — *Soit (fig. 74) une barre de longueur d qui réunit deux boules A et B de poids P, p, et de rayons R, r; on demande de trouver la position du centre de gravité de l'ensemble.*

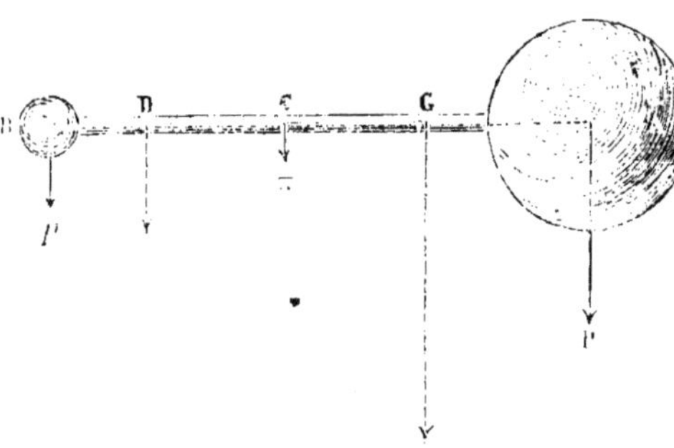

Fig. 74.

Soit π le poids de la tige supposée homogène; on doit considérer les poids P et p comme appliqués aux centres A et B des deux boules et le poids π comme appliqué au point C milieu de la tige. En composant les poids

p et π on obtient une force $p + \pi$ appliquée en un point D, tel que

$$BD = \left(\frac{d}{2} + r \right) \frac{\pi}{p + \pi}, \quad \text{ou} \quad AD = \left(\frac{d}{2} + R \right) + \left(\frac{d}{2} + r \right) \frac{p}{p + \pi}.$$

En composant ensuite cette force avec la force P, on obtiendra une force $P + p + \pi$ appliquée en un point G tel que

$$AG = AD \frac{p + \pi}{P + p + \pi},$$

ou, en substituant à AD sa valeur,

$$AG = \frac{(d + 2R)(p + \pi) + (d + 2r)p}{2(P + p + \pi)}.$$

§ 5. — THÉORÈMES DE GULDIN ET LEURS APPLICATIONS [1].

Ces théorèmes, qui sont parmi les plus beaux de la géométrie à cause de leur généralité, permettent de mesurer les surfaces et les volumes engendrés par la rotation d'une figure autour d'un axe fixe. — Ils ont été entrevus par Pappus, mais leurs démonstrations sont dues au P. Guldin, qui a indiqué de plus leurs nombreuses applications.

76. Théorème I. — *Quand une courbe plane fait une révolution entière autour d'un axe fixe situé dans son plan et qui ne la coupe pas, la surface engendrée a pour mesure le contour générateur multiplié par la circonférence décrite par son centre de gravité.*

DÉMONSTRATION. — Soient (*fig.* 75) XY l'axe, AB la ligne génératrice, et G son centre de gravité. Je dis que l'aire engendrée par AB est égale à

$$AB \times 2\pi GO,$$

GO étant le rayon du cercle décrit par le point G.

En effet, décomposons le contour AB en un très-grand nombre de petits éléments mn, np, pq.... dont les milieux sont g, g', g''..., et calcu-

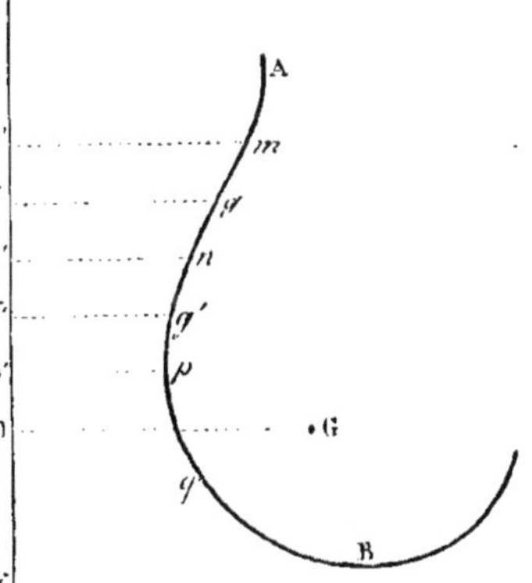

Fig. 75.

[1] Guldin, né à Saint-Gall en 1577; il abjura la religion protestante et entra dans la Compagnie de Jésus en 1597. Les talents qu'il manifesta pour les mathématiques ayant frappé ses supérieurs, on l'envoya les cultiver à Rome où il professa les mathématiques pendant quelques années. Il les enseigna ensuite successivement à Gratz et à Vienne, et publia, en 1635, un ouvrage intitulé : *De centro gravitis.*

lons la somme des surfaces latérales des troncs de cône engendrés par ces éléments :

$$\text{surf. } mnm'n' = 2.\pi.gi \times mn$$
$$\text{surf. } npn'p' = 2.\pi.g'i' \times np$$
$$\cdot \quad \cdot \quad \cdot \quad \cdot \quad \cdot \quad \cdot \quad \cdot \quad \cdot$$
$$\text{somme.} \quad \cdot \quad = \overline{2\,\pi\,(mn \times gi + np \times g'i' + \ldots)}$$

Or la somme entre parenthèses est la somme des moments des côtés de la brisée $mnp\ldots$ par rapport au plan perpendiculaire à celui de la figure mené suivant XY; elle est donc égale au moment de la brisée entière; quand on passera à la limite, l'on aura donc

$$S = 2\pi \times \text{mom}^t AB = 2\pi \times GO \times AB.$$

REMARQUE. — Si la courbe AB ne faisait pas un tour complet et tournait seulement d'un angle $\theta°$, la surface engendrée serait

$$S' = \frac{\theta}{360} \times 2\pi GO \times AB.$$

77. Théorème II. — *Quand une surface plane fait une révolution entière autour d'un axe fixe situé dans son plan, le volume du corps engendré a pour mesure l'aire génératrice multipliée par la circonférence décrite par son centre de gravité.*

DÉMONSTRATION. — Soient S la figure qui engendre le volume V en tournant autour de XY, G le centre de gravité de S (*fig.* 76); je dis que l'on a

$$V = S \times 2\pi GO.$$

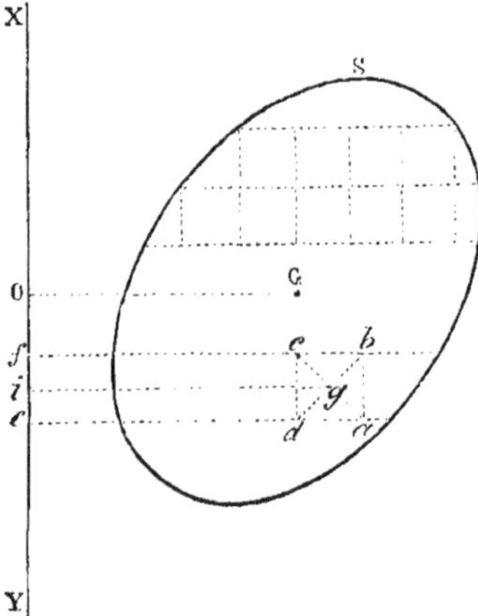

Fig. 76.

En effet, décomposons la surface S en un très-grand nombre de petits rectangles, tels que *abcd*, par deux séries de droites parallèles et perpendiculaires à l'axe; soient g, g', $g''\ldots$ les centres de gravité de ces rectangles, gi, $g'i'$, $g''i''\ldots$ les rayons des circonférences que ces points décrivent; calculons la somme des volumes engendrés par ces rectangles.

L'anneau engendré par *abcd* est la différence entre les deux cylindres *abef* et *cdef*, c'est-à-dire

$$\pi\,ab \times ae^2 - \pi\,ab \times cd^2 = \pi \times ab\,(ae^2 - cd^2),$$

ou

$$\pi\,ab\,(ae + cd)\,(ae - cd),$$

ou
$$\pi \times ab \times 2\,ig \times ad.$$

Ainsi
$$\text{vol } abcd = 2\pi\,ig \times abcd,$$

de même
$$\text{vol } a'b'c'd' = 2\pi\,i'g' \times a'b'c'd',$$

$$\cdots\cdots\cdots$$

$$\text{somme des vol.} = 2\pi\,(ig \times abcd + i'g' \times a'b'c'd' + \ldots)$$

Mais la somme entre parenthèses est la somme des moments de tous les rectangles par rapport au plan mené par XY perpendiculaire à la figure; elle est donc égale, à la limite, au moment de la surface S par rapport au même plan, c'est-à-dire à
$$S \times GO\,;$$

donc, à la limite, on a
$$V = 2\pi \times GO \times S.$$

78. Application à la recherche des volumes et des surfaces. — 1° *Tore.* — Le tore est le volume engendré par un cercle tournant autour d'un axe situé dans son plan.

Soient R le rayon de ce cercle, d la distance OI du centre à l'axe. On a

$$\text{vol. tore} = 2\pi d \times \pi R^2 = 2\pi^2 R^2 d\,;$$
$$\text{surf. tore} = 2\pi d \times 2\pi R = 4\pi^2 R d.$$

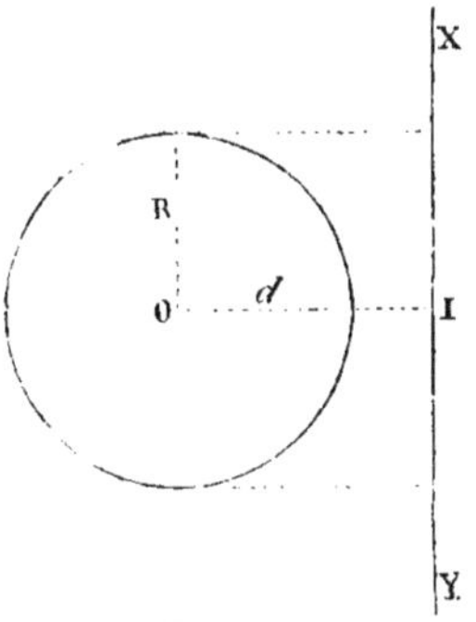

Quand le cercle est tangent à l'axe, alors $R = d$ et l'on a

$$\text{vol. tore} = 2\pi^2 R^3$$
$$\text{surf. tore} = 4\pi^2 R^2$$

Fig. 77.

2° *Volume engendré par un triangle.*

Soit ABC (*fig.* 78) un triangle tournant autour de l'axe XY qui est situé dans son plan et qui passe par le sommet A. D'après ce qui précède,

$$\text{vol ABC} = \text{surf ABC} \times 2\pi GG',$$

ou

$$\frac{1}{2}BC \times AH \times 2\pi \times \frac{2}{3}DD',$$

ou

$$\frac{2}{3}\pi\,BC\cdot AH \times DD' = 2\pi DD' \times BC \times \frac{AH}{3},$$

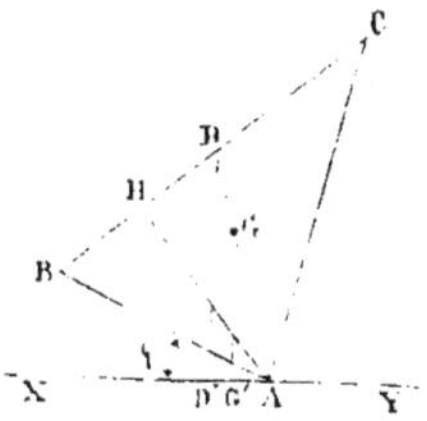

Fig. 78.

ce qui conduit à l'énoncé de la géométrie : Le volume engendré par le triangle est égal à la surface engendrée par le côté opposé à l'axe multiplié par le tiers de la hauteur correspondante.

Le volume ABC est variable avec l'angle φ que fait AB avec XY ; on peut demander quelle doit être la position du triangle pour que le volume engendré soit maximum.

Le théorème de Guldin montre que ceci aura lieu quand la circonférence décrite par le centre de gravité G sera la plus grande possible, c'est-à-dire lorsque la médiane sera verticale.

3° *Surface et volume engendrés par un polygone régulier tournant autour d'un de ses côtés.*

Soit n le nombre des côtés du polygone régulier ABCD, dont le centre de gravité est O et qui tourne autour de AB prolongé (*fig.* 79); l'on a, en désignant par R le rayon du cercle circonscrit,

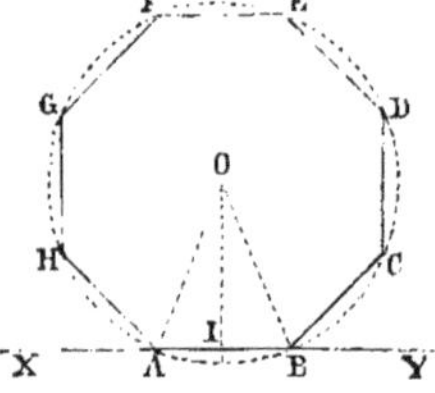

Fig. 79.

$$AB = 2R\sin\frac{\pi}{n}, \qquad n.AB = 2nR\sin\frac{\pi}{n}.$$

$$OI = R\cos\frac{\pi}{n}.$$

$$AOB = R^2\sin\frac{\pi}{n}\cos\frac{\pi}{n}, \qquad n.AOB = nR^2\sin\frac{\pi}{n}\cos\frac{\pi}{n}.$$

Donc la surface engendré par ABCD... a pour expression

$$n.AB \times 2_\pi OI = 4nR^2\pi.\sin\frac{\pi}{n}\cos\frac{\pi}{n} = 2nR^2\pi\sin\frac{2\pi}{n}.$$

Quant au volume engendrée par ABCD..., il a pour expression

$$n.AOB \times 2_\pi OI = nR^2.\sin\frac{\pi}{n}\cos\frac{\pi}{n} \times 2\pi R\cos\frac{\pi}{n},$$

ou

$$n\pi R^3 \sin\frac{2\pi}{n}\cos\frac{\pi}{n}.$$

Si $n = 6$,

$$S = 6\pi R^2\sqrt{3}, \qquad V = \frac{9\pi R^3}{2}.$$

Si n augmente indéfiniment, on trouve à la limite la surface et le volume du tore tangent à son axe ; en effet, l'on peut écrire

$$S = 2R^2\pi \times 2_\pi \times \frac{\sin\frac{2\pi}{n}}{\frac{2\pi}{n}},$$

et pour $n = \infty$, le rapport du sinus à son arc étant égal à 1, l'on a

$$S = 4\pi^2 R^2.$$

Quant au volume, on peut écrire son expression

$$V = \pi R^3 \times 2\pi \times \frac{\sin\dfrac{2\pi}{n}}{\dfrac{2\pi}{n}}\cos\frac{\pi}{n};$$

et, comme pour $n = \infty$ les deux derniers facteurs se réduisent à l'unité on obtient à la limite

$$V = 2\pi^2 R^3.$$

79. **Application à la recherche des centres de gravité.**

1° *Centre de gravité d'un arc de cercle.*

Soit l'arc AB dont le centre de gravité est G (*fig.* 80); en tournant autour du diamètre AO, il engendre une zone ACBE dont la surface a pour expressions :

1° $2\pi R \times AE$ (Géométrie),

2° $2\pi GG' \times$ arc AB (Th. Guldin).

Les triangles semblables GG'O et ABE donnent

$$\frac{AB}{AE} = \frac{GO}{GG'},$$

d'où

$$GG' = \frac{AE \times OG}{AB}.$$

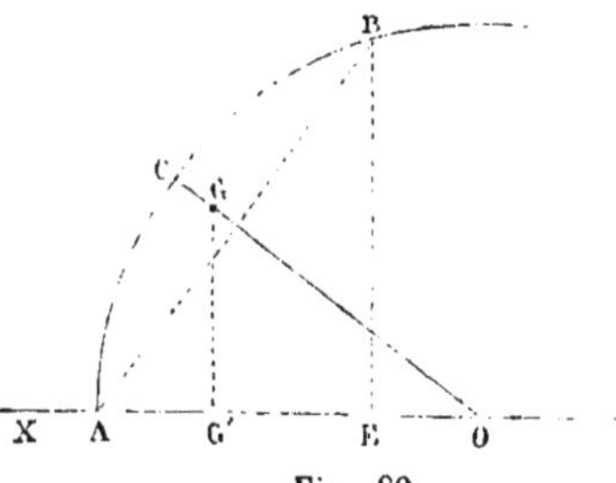

Fig. 80.

La seconde expression de la zone peut donc s'écrire

$$2\pi.AE \times \frac{\text{arc AB}}{AB} \times OG;$$

et comme elle est égale à la première, l'on a

$$OG = R\,\frac{\text{corde AB}}{\text{arc AB}}.$$

2° *Centre de gravité d'un segment de cercle.*

Soit (*fig.* 65) ACBDA un segment de cercle dont le centre de gravité est G et qui tourne autour de l'axe XY passant par son centre et parallèle à la corde AB; il engendre un anneau dont le volume est donné par les deux expressions suivantes :

1° $\dfrac{1}{6}\pi AB^3$ (Géométrie),

2° $2\pi OG \times$ surf ACBDA   (Th. Guldin),

en les égalant, on trouve la valeur

$$OG = \frac{AB^3}{12 . \text{seg } ACBDA}$$

déjà trouvée au n° 67.

§ 6. — SOLUTIONS DE QUELQUES PROBLÈMES.

Problème I. — *Étant donné un carré* ABCD *(fig. 81), on demande de trouver dans l'intérieur de ce carré un point* M, *tel qu'en retranchant du carré la surface* AMB, *le point* M *soit le centre de gravité de la partie restante.*

SOLUTION.

Le point cherché M ne peut se trouver que sur la médiane EF. Soit I le centre de gravité du triangle AMB, et G celui de la figure ADCBMA, points tous deux situés sur EF; posons AB $= a$, OM $= x$; calculons la distance OG en fonction de x, et écrivons que dans le cas actuel OG est égale à x, nous aurons l'équation du problème.

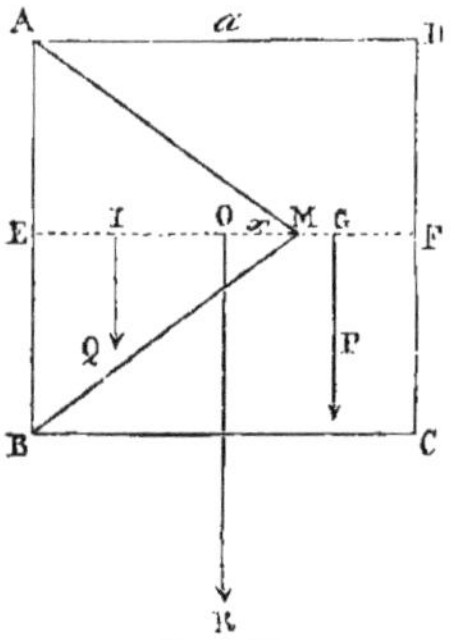

Comme les poids sont proportionnels aux surfaces, on peut dire que les forces appliquées sont : en G la force P égale à la surface ADCBMA, en I la force Q égale au triangle AMB. Ces deux forces doivent avoir pour résultante R le poids du carré appliqué en O. Il est clair que

Fig. 81.

$$R = a^2, \qquad Q = \frac{a}{2}\left(\frac{a}{2} + x\right) = \frac{a(a + 2x)}{4},$$

$$P = R - Q = \frac{3a^2 - 2ax}{4}.$$

Comme le point O divise IG en segments additifs inversement proportionnels aux forces P et Q, il vient

$$OG = OI \times \frac{Q}{P};$$

mais

$$OI = \frac{2}{3}EM - x = \frac{2}{3}\left(\frac{a}{2} + x\right) - x = \frac{a - x}{3},$$

donc

$$OG = \frac{a - x}{3} \times \frac{a(a + 2x)}{a(3a - 2x)} = \frac{a^2 + ax - 2x^2}{9a - 6x}.$$

On a, par conséquent, pour déterminer x, l'équation

$$x = \frac{a^2 + ax - 2x^2}{9a - 6x},$$

qui se réduit à

$$4x^2 - 8ax + a^2 = 0.$$

On en tire

$$x = \frac{a\left(2 \pm \sqrt{3}\right)}{2};$$

comme l'inconnue doit être moindre que $\frac{a}{2}$, la solution correspondante au signe $+$ du radical doit être rejetée, et l'on doit adopter la solution

$$x = \frac{a}{2}\left(2 - \sqrt{3}\right) = 0,134 \, . \, a.$$

Problème II. — *Soit une sphère homogène* A *dans laquelle se trouve une cavité sphérique* B. *Trouver le centre de gravité* G *du système, connaissant les rayons* a *et* b *des deux sphères et la distance* d *des centres* A *et* B (*).

SOLUTION.

Le centre de gravité G se trouve nécessairement sur le prolongement de la ligne des centres AB. Soit ρ le poids de l'unité de volume de la sphère A; en composant le poids $\frac{4}{3}\pi\left(a^3 - b^3\right)\rho$, appliqué en G, avec le poids $\frac{4}{3}\pi b^3\rho$ appliqué en B, on doit obtenir le poids $\frac{4}{3}\pi a^3\rho$ de la grande sphère A. Par conséquent,

$$\mathrm{AG} \times \frac{4}{3}\pi\left(a^3 - b^3\right)\rho = \mathrm{AB} \times \frac{4}{3}\pi b^3\rho,$$

ou

$$\mathrm{AG}\left(a^3 - b^3\right) = \mathrm{AB} \times b^3,$$

d'où l'on déduit

$$\mathrm{AG} = d\,\frac{b^3}{a^3 - b^3}\cdot$$

— Si les deux sphères sont en contact, l'on a $d = a - b$; alors

$$\mathrm{AG} = \frac{(a - b)\,b^3}{a^3 - b^3},$$

la distance du centre de gravité au point de contact est

$$\mathrm{AG} + a = \frac{a\left(a^3 - b^3\right) + (a - b)\,b^3}{a^3 - b^3},$$

* Question proposée au concours de 1865.

ou

$$\frac{a(a^2 + ab + b^2) + b^3}{a^2 + ab + b^2},$$

ou

$$\frac{a^3 + a^2 b + ab^2 + b^3}{a^2 + ab + b^2}.$$

— Soit, plus généralement, ρ' la densité d'une substance qui remplirait la cavité sphérique B ; on aura

$$\text{AG}\,[a^3\rho - b^3(\rho - \rho')] = \text{AB}.b^3(\rho - \rho'),$$

$$\text{AG} = d\,\frac{b^3(\rho - \rho')}{a^3\rho - b^3(\rho - \rho')},$$

et cette formule est générale si l'on compte AG de A vers B lorsque la valeur donnée par cette formule est négative ; si $\rho' = 2\rho$,

$$\text{AG} = -\,d\,.\,\frac{b^3}{a^3 + b^3}.$$

Problème III. — *Trouver le centre de gravité d'un demi-segment de cercle de rayon R dont l'arc est de 60°.*

Soit G le centre de gravité de la figure ACBD (*fig.* 82) ; nous cherchons sa distance GI au rayon AO.

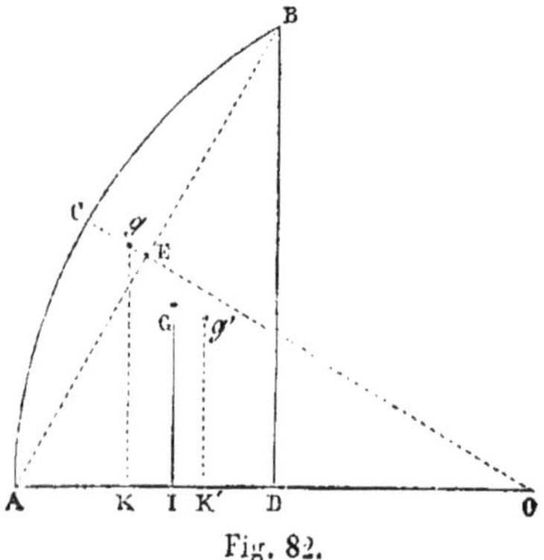

Fig. 82.

Comme,

$$\text{ACBD} = \text{segm}^t\text{ACB} + \text{tri ABD},$$

nous aurons, en prenant les moments par rapport au plan horizontal mené par AO,

$$\text{mom}^t\text{ACBD} = \text{mom}^t\text{ACB} + \text{mom}^t\text{ABD},$$

— Soit g le centre de gravité du segment ; nous avons

$$\text{mom}^t\, ACB = \text{segm}^t\, ACB \times g\text{K},$$

et, comme les triangles semblables AEO, gKO donnent

$$\frac{g\text{K}}{\text{EA}} = \frac{g\text{O}}{\text{AO}}, \quad \text{ou} \quad g\text{K} = \frac{1}{2}g\text{O},$$

il vient, d'après ce que l'on a vu au n° 67,

$$\text{mom}^t\, ACB = \frac{1}{2}\, g\text{O} \times \text{segm}^t\, ACB = \frac{1}{2}\frac{\text{R}^5}{12} = \frac{1}{24}\text{R}^5.$$

— Soit g' le centre de gravité du triangle ABD, nous avons :

$$\text{mom}^t\, ABD = \text{AD} \times \frac{\text{BD}}{2} \times g'\text{K}' = \frac{\text{AD}.\text{BD}}{2}\frac{\text{BD}}{3},$$

ou

$$\text{mom}^t\, ABD = \frac{1}{6}\, \text{BD}^2 \times \text{AD} = \frac{1}{6}\cdot\frac{3\text{R}^2}{4} \times \frac{\text{R}}{2} = \frac{\text{R}^5}{16}.$$

— La surface du demi-segment ACBD étant

$$\frac{\text{R}^2}{24}\left(4\pi - 3\sqrt{3}\right),$$

l'équation des moments devient

$$\text{GI} \times \frac{\text{R}^2}{24}\left(4\pi - 3\sqrt{3}\right) = \text{R}^5\left(\frac{1}{24} + \frac{1}{16}\right) = \frac{5\text{R}^5}{48},$$

et nous en tirons

$$\text{GI} = \frac{5\text{R}}{2\left(4\pi - 3\sqrt{3}\right)} = 0,3592\,\text{R}.$$

D'autre part, la position du point I est connue ; prolongeons, en effet, GI d'une quantité égale à elle-même, nous aurons le point G', centre de gravité de l'autre moitié du segment ; donc le point I est le centre de gravité du segment tout entier, et, d'après le n° 67,

$$\text{OI} = \frac{8\,\overline{\text{BD}}^5}{24 \times \text{ACBD}} = \frac{\text{BD}^5}{3 \times \text{ACBD}} = \frac{3\,\text{R}\sqrt{3}}{4\pi - 3\sqrt{3}} = 0,7049\,\text{R}.$$

Ainsi, en résumé, pour trouver le centre de gravité du demi-segment, il faut prendre

$$\text{OI} = 0,7049\,\text{R},$$

puis élever en ce point une perpendiculaire

$$\text{IG} = 0,3592\,\text{R} ;$$

l'extrémité de cette ligne sera le point cherché.

PROBLÈMES SUR LES CENTRES DE GRAVITÉ.

1° On donne trois forces représentées en grandeur et en direction par les lignes GA, GB, GC ; elles tiennent le point G en équilibre, démontrer que ce point coïncide avec le centre de gravité du triangle formé en joignant les extrémités de ces lignes.

2° Un triangle isocèle formé par trois barres homogènes a pour côtés 20^{cm} et pour base 12^{cm}. Trouver la distance du sommet du triangle au centre de gravité du contour.

R. 11^{cm},74.

3° Aux angles d'un carré dont le côté a 20 centimètres, sont placés quatre poids proportionnels aux nombres 1, 3, 5, 7. Trouver la distance du centre de gravité au sommet le moins pesant.

R. 18^{cm},028.

4° Deux triangles isocèles dont les hauteurs sont h et h' ont même base. Trouver la distance à cette base du centre de gravité de l'aire comprise entre les côtés de ces triangles : 1° lorsqu'ils sont situés du même côté de la base ; 2° lorsqu'ils sont placés de côtés différents.

R. $$\frac{h+h'}{3} \quad \text{ou} \quad \frac{h-h'}{3}.$$

5° On a une plaque carrée de côté c ; on la coupe suivant la ligne qui joint les milieux des deux côtés contigus. Trouver le centre de gravité du pentagone restant.

R. $$OG = \frac{c}{21}\sqrt{2}.$$

6° On donne un carré ; on enlève le triangle ABO. Trouver le centre de gravité de la partie restante.

R. $$OG = \frac{c}{9}.$$

7° Dans un carré on joint les milieux de deux côtés consécutifs, et l'on enlève le triangle ainsi formé. — On opère ainsi pour trois sommets consécutifs, et il reste un pentagone. Quel est le centre de gravité de la surface de ce pentagone et celui de son contour ?

R. $$OG = \frac{c}{15}\sqrt{2}, \qquad OG' = \frac{c}{32}\sqrt{2}.$$

8° On donne un hexagone régulier ABCDEF ; on joint le centre O aux points C et E, et on enlève la figure DEOC. Trouver le centre de gravité de la partie restante.

R. $$OG = \frac{c}{4}.$$

9° Dans un parallélogramme ABCD on mène les diagonales AO, BO, et on enlève le triangle AOB. Trouver le centre de gravité de la partie restante.

R.
$$OG = \frac{1}{9} AD,$$

AD étant le côté parallèle à OG.

10° Trouver le centre de gravité du contour d'un demi-hexagone régulier, d'un demi-octogone régulier.

R.
$$OG = \frac{c}{3}\sqrt{3}, \qquad OG' = R \times \frac{1 + \sqrt{2}}{4}.$$

11° Centre de gravité de la surface latérale d'une pyramide, d'un tronc de pyramide, d'un cône, d'un tronc de cône.

12° Un cône dont l'axe est horizontal et dont le poids P est suspendu par deux supports placés aux extrémités de cet axe. Déterminer la charge de chacun des points d'appui.

R.
$$\frac{3}{4}P, \qquad \frac{1}{4}P.$$

13° Un triangle est coupé par une parallèle à la base, et la surface du petit triangle est la n^{me} partie de l'aire totale. Trouver le centre de gravité de la partie restante.

R.
$$\text{Dist. à base} = \frac{h}{3}\left(1 - \frac{2}{n + \sqrt{n}}\right).$$

14° Trouver la position d'équilibre d'un angle droit pesant CAB dont les deux côtés sont l et l' et qui est suspendu par l'extrémité C du côté CA = l'. Quelle est l'inclinaison que prend le côté CA?

R.
$$\tan x = \frac{l}{l'} \times \frac{l}{2l + l'}.$$

15° Une boîte cubique sans couvercle est suspendue par un des sommets de la base supérieure; elle est vide et ses parois sont d'épaisseur uniforme, mais négligeable. Trouver sa position d'équilibre.

R.
$$\tan x = \frac{5\sqrt{2}}{6}.$$

16° Étant donné un rectangle homogène ABCD, tracer par le sommet A une ligne AE telle, qu'en suspendant le trapèze ABCE par le sommet E de l'angle obtus, le côté AB demeure horizontal.

R.
$$CE = \frac{AB}{2}\left(\sqrt{3} - 1\right).$$

17° Sur les trois côtés d'un triangle rectangle on construit trois carrés. Trouver la position du centre de gravité de cette figure.

18° Une table de poids P d'épaisseur uniforme a la forme d'un hexagone régulier dont le côté est c; elle repose sur un pivot par un point de la surface inférieure. On place aux sommets A, B, C,... les poids 7^{kg}, 11^{kg}, 15^{kg}, 19^{kg}, 23^{kg}, 27^{kg}. Trouver la position du point d'appui lorsqu'il y a équilibre.

R.   Le point cherché est sur BE; $OG = \dfrac{24c}{P + 102}$.

19° Trouver le centre de gravité de cinq poids égaux placés à cinq des sommets d'un hexagone régulier.

R. $AO = \dfrac{6}{5}\, c$, A étant le sommet libre.

20° Si les lignes PA, PB, PC, tirées d'un même point P aux sommets A, B, C d'un triangle, représentent trois forces angulaires agissant dans un même plan, la résultante de ces trois forces passe par le centre de gravité du triangle ABC.

21° On joint un même point P à tous les sommets d'un polygone ABCD, et ces lignes PA, PB, PC représentent pour leur grandeur et leur direction autant de forces concourantes. Leur résultante passe par le centre de gravité G d'un système de points également placés aux sommets du polygone, et son intensité est égale à PG multiplié par le nombre des forces données.

22° Deux cônes ont même base et leurs sommets sont situés du même côté de cette base. A quelle distance de la base commune se trouve le centre de gravité du solide compris entre ces surfaces?

R. $\dfrac{1}{4}(h + h')$.

23° Le rayon intérieur d'une coupe en forme d'hémisphère est a et son épaisseur est e. A quelle distance de la base se trouve le centre de gravité du solide ?

R. $\dfrac{3}{8}\,\dfrac{4a^3 + 6a^2 e + 4ae^2 + e^3}{3a^2 + 3ae + e^2}$.

24° Etant donné un cube, on détache un de ses angles par le plan qui passe par les milieux de trois arêtes contiguës. Trouver la position du centre de gravité du cube tronqué.

R. $OG = \dfrac{191}{576} \sqrt{3}$.

25° On détache d'un cube la pyramide qui a pour base le triangle formé par les diagonales de trois faces adjacentes. Trouver la position du centre de gravité du solide restant. Quelle est la distance de ce point au sommet du cube opposé à celui qui a été enlevé ?

R. $AG = \dfrac{9}{20} \sqrt{3}$.

26° Les bras d'un levier sont a et b et l'angle qu'ils comprennent est α. Trouver la distance du centre de gravité de ce levier au sommet C de l'angle des bras. On suppose les bras homogènes.

R.
$$CG = \frac{\sqrt{a^4 + b^4 + 2\,a^2 b^2 \cos\alpha}}{2\,(a + b)}.$$

27° Appliquer le théorème de Guldin à la recherche de la surface et du volume : 1° du cône droit; 2° du tronc de cône.

CHAPITRE V

§ 1er. COMPOSITION D'UN NOMBRE QUELCONQUE DE FORCES APPLIQUÉES A UN CORPS SOLIDE ET SITUÉES DANS LE MÊME PLAN.

80. Considérons (*fig.* 83) les forces P, P′, P″... appliquées aux points A, B, C... et dirigées toutes dans le même plan. Traçons dans ce plan deux axes rectangulaires Ox et Oy, et décomposons chacune des forces en deux autres parallèles à ces axes ; la force P fournira deux composantes AM $=$ X et AN $=$ Y; la force P′ les deux composantes BM′ $=$ X′, BN′ $=$ Y′, et ainsi de suite.

Prolongeons les composantes X, X′... jusqu'à leurs points de rencontre en E, H... avec l'axe Oy, et les composantes Y, Y′... jusqu'à leurs points d'intersection en F, G... avec l'axe Ox. Nous n'aurons

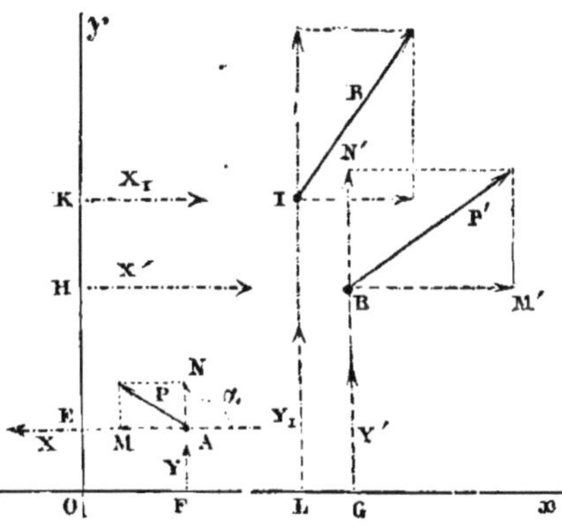

Fig. 83.

plus qu'à composer deux groupes de forces parallèles : le premier, formé des forces X, X′... appliquées en des points de Oy, le second, des forces Y, Y′... appliquées en des points de Ox. Ici plusieurs cas se présentent :

1° Les forces X, X′... ont une résultante unique X_1 appliquée au point K, et les forces Y, Y′... une résultante Y_1 appliquée en L.

Comme les directions de ces forces se rencontrent au point I, on peut supposer qu'elles sont appliquées en ce point et les composer en une seule R. *Le système des forces proposées admet alors une résultante unique.*

2° Les forces X, X'... (*fig.* 84) donnent lieu à un couple $(X_1, -X_1)$, et le second groupe Y, Y'... admet une résultante unique Y_1.

Les composantes X_1 et Y_1 donnent une résultante partielle R', appliquée en I', et qui rencontre en I la direction de $-X_1$; on peut en ce point I remplacer R' par ses deux composantes X_1 et Y_1, mais $-X_1$ et X_1 se détruisent, il ne reste donc plus que la force R égale à Y_1 et appliquée au point I.

Dans ce cas le système des forces proposées admet encore une résultante unique.

3° Chacun des deux groupes des forces X, X'... et Y, Y'... se réduit à un couple.

Soit $(X_1, -X_1)$ et $(Y_1, -Y_1)$ ces deux couples (*fig.* 85); les deux forces X_1 et Y_1 se composent en une seule R appliquée en I et les deux autres $-X_1$ et $-Y_1$, en une seule $-R$ appliquée en I'.

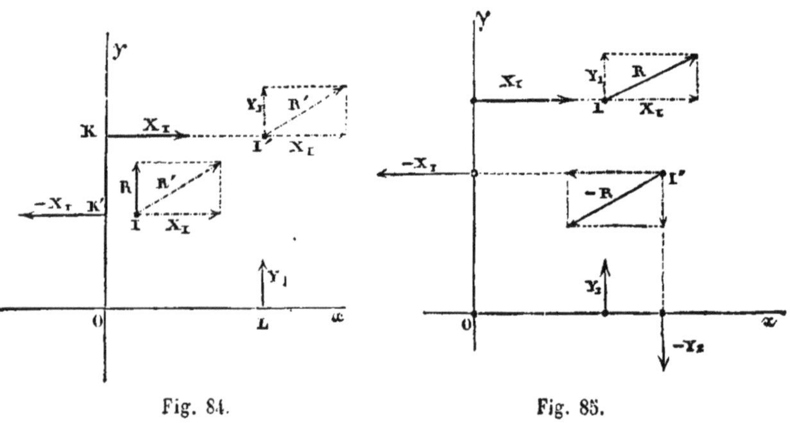

Fig. 84.　　　　　Fig. 85.

Il est clair que ces deux résultantes R et $-R$ sont égales, parallèles et opposées, elles forment donc un couple.

Ainsi, *dans ce cas, le système des forces se réduit à un couple unique.*

Remarque I. — La composante de la force P parallèle à l'axe Ox n'est autre chose que la projection de cette force sur Ox; quand l'angle α que forme P avec l'axe Ox est obtus, cette projection est dirigée suivant le prolongement Ox' de Ox; on la considère comme négative. De même les projections des forces sur Oy sont regardées comme positives quand elles tirent de O vers y, et comme négatives lorsqu'elles tirent en sens contraire.

Avec cette convention l'on peut dire *que la projection de la résultante ou du couple résultant sur un quelconque des deux axes est égale à la somme algébrique des projections des forces proposées sur ce même axe.*

REMARQUE II. — *Le moment de la résultante ou du couple résultant, par rapport au point 0, est égal à la somme algébrique des moments des forces proposées.*

En effet (n° 26) lorsqu'on a décomposé chaque force P en deux autres, la somme des moments des composantes est égale au moment de cette force; la même égalité a lieu encore quand on réduit à une force unique toutes les forces parallèles à une même direction. Donc la somme des moments des forces proposées par rapport au point 0 est égale à celle des moments de X_1 et Y_1 et, par suite, est égale aussi au moment de la résultante définitive R.

Il faut regarder comme positifs les moments des forces qui tendent à ramener l'axe de x vers l'axe de y, et comme négatifs ceux qui produiraient une rotation en sens inverse.

81. Problème. — *Déterminer analytiquement la résultante d'un système de forces dirigées dans un même plan.*

SOLUTION. — Soient x et y, x' et y',... les coordonnées des points d'application A, B, ..., α, α', ... les angles que forment les directions des forces avec Ox, ces angles étant comptés de 0° à 360° à partir de Ox, dans le sens contraire de la rotation des aiguilles d'une montre.

Les projections des forces sur l'axe Ox sont

$$P.\cos\alpha, \qquad P'.\cos\alpha', \dots$$

et ces expressions représentent toujours avec leurs signes les projections des forces. Considérons, en effet, la force P; si l'angle α est compris entre 90° et 270°, $\cos\alpha$ est négatif et par suite $P.\cos\alpha$ l'est aussi; or, c'est bien ce qui doit avoir lieu puisque la projection sur l'axe est dirigée suivant le prolongement Ox' de Ox.

Les projections des forces proposées sur l'axe Oy sont représentées, dans tous les cas et avec leurs signes, par les produits

$$P\sin\alpha, \qquad P'\sin\alpha', \dots$$

et l'on aura, d'après ce qui précède (*remarque* 1 du n° 80), pour les projections de la résultante sur les axes Ox, Oy,

$$X_1 = X + X' + \dots = P\cos\alpha + P'\cos\alpha' + \dots,$$
$$Y_1 = Y + Y' + \dots = P\sin\alpha + P'\sin\alpha' + \dots$$

La grandeur de la résultante R sera

$$R = \sqrt{X_1^2 + Y_1^2}$$

et l'angle a que sa direction fait avec l'axe des x sera donné sans ambiguïté par les formules

$$\cos a = \frac{X_1}{R}, \qquad \sin a = \frac{Y_1}{R}.$$

Il reste encore à calculer la distance r de la résultante à l'origine O des coordonnées. Il faut appliquer ici le théorème des moments ; nous aurons, d'après la *Remarque II* qui précède (n° 80), l'égalité

$$Rr = Pp + P'p' + \dots,$$

de laquelle on peut tirer r. Si maintenant du point O comme centre nous traçons une circonférence de rayon r, la résultante R lui sera tangente ; comme on peut mener deux tangentes parallèles à une direction donnée, il faudra choisir celle dont le moment a le même signe que Rr.

Application numérique. — Soit un système de forces (*fig.* 86) déterminé par les données suivantes :

$$P = 3^{kg}, \qquad P' = 2^{kg}, \qquad P'' = 4^{kg},$$
$$p = -1^m, \qquad p' = +3^m, \qquad p'' = \quad 4^m,$$
$$\alpha = 45°, \qquad \alpha' = 300°, \qquad \alpha'' = 300°;$$

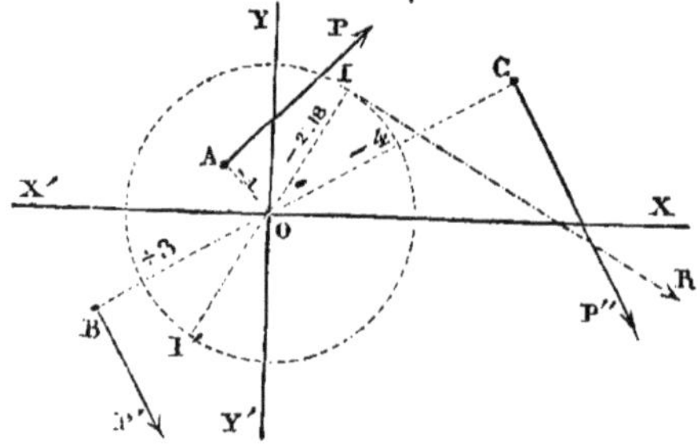

Fig. 86.

Il s'agit de déterminer sa résultante. Ici, l'on a

$$\cos \alpha = \frac{1}{2}\sqrt{2}, \quad \cos \alpha' = \frac{1}{2}, \qquad \cos \alpha'' = \frac{1}{2},$$

$$\sin \alpha = \frac{1}{2}\sqrt{2}, \quad \sin \alpha' = -\frac{1}{2}\sqrt{3}, \quad \sin \alpha'' = -\frac{1}{2}\sqrt{3}.$$

Par conséquent :

$$X_1 = \frac{3}{2}\sqrt{2} + 1 + 2 = 3 + \frac{3}{2}\sqrt{2} = 5,121,$$

$$Y_1 = \frac{3}{2}\sqrt{2} - \sqrt{3} - 2\sqrt{3} = \frac{3}{2}\sqrt{2} - 3\sqrt{3} = -3,075,$$

$$R = \sqrt{(5,121)^2 + (3,075)^2} = \sqrt{35,68} = 5,97.$$

Maintenant, pour déterminer la direction de R, nous avons :

$$\cos a = \frac{X_1}{R} = \frac{5,121}{5,97} = +0,858,$$

$$\sin a = \frac{Y_1}{R} = -\frac{3,075}{5,97} = -0,515,$$

donc : $a = 360° - 50° 56' = 529° 4'$.

Enfin, pour avoir la position de cette résultante, il faut recourir au théorème des moments ; il donne

$$\mathrm{R}r = -3 + 6 - 16 = -13,$$

$$r = \frac{-13}{5,97} = -2^{m},18.$$

Ainsi la résultante fait un angle de 529° avec l'axe des x et est située à $2^{m},18$ de l'origine ; comme son moment est négatif, cette résultante tend à ramener l'axe des y vers l'axe des x, et c'est la tangente IR qui représente cette résultante ; la tangente parallèle menée au point I′ aurait un moment positif.

82. Remarque. — On donne souvent à l'équation des moments une forme différente en y introduisant les coordonnées des points d'application, A, B,... des forces proposées.

Considérons (*fig.* 87) la force P, dont les composantes parallèles aux deux axes sont X et Y ; les moments de ces composantes sont

$$\mathrm{Y}x \quad \text{et} \quad \mathrm{X}y,$$

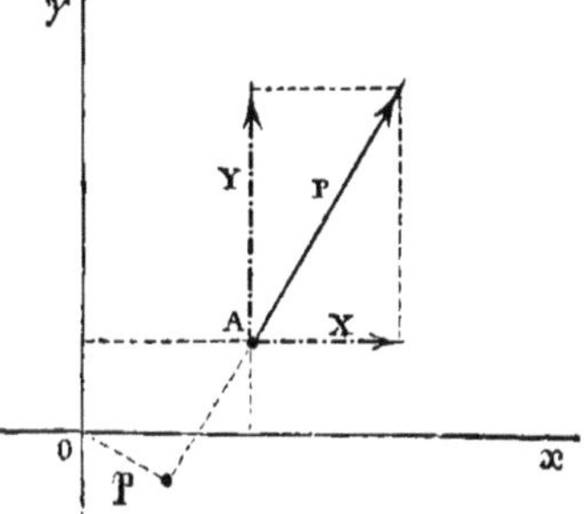

Fig. 87.

ils sont de sens contraires, et l'on a

$$\mathrm{P}p = \mathrm{Y}x - \mathrm{X}y ;$$

il est facile de s'assurer que cette formule est générale et qu'elle donne toujours la valeur et le signe du moment $\mathrm{P}p$, si l'on fait attention aux signes de X, Y, et à ceux des coordonnées : ainsi, dans la figure 88, le moment de $\mathrm{P}p$ est négatif ; or x

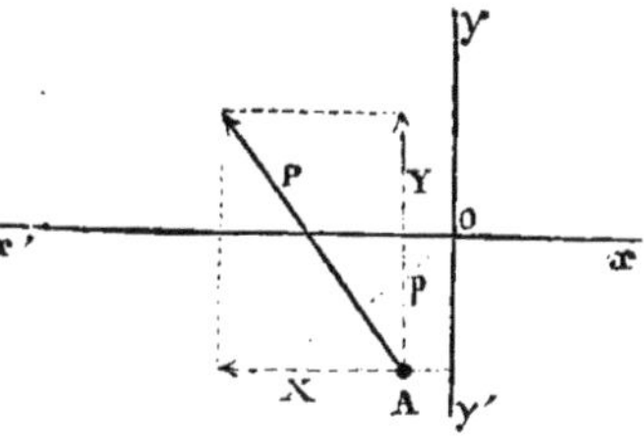

Fig. 88.

est négatif ainsi que X et y, donc $\mathrm{Y}x$ est négatif et $\mathrm{X}y$ est positif, par suite le second membre donne bien pour $\mathrm{P}p$ la somme de deux moments négatifs.

On trouvera de même pour les moments $P'p'$, $P''p''$,... des forces suivantes les égalités

$$P'p' = Y'x' - X'y',$$
$$P''p'' = Y''x'' - X''y'',$$
$$\cdot \quad \cdot \quad \cdot \quad \cdot \quad \cdot \quad \cdot$$

on aura donc pour le moment de la résultante :

$$R r = (Y x - X y) + (Y'x' - X'y') + (Y''x'' - X''y'') + \ldots$$

85. De l'équilibre des forces qui agissent dans un même plan suivant des directions quelconques. — Proposition. — *Pour qu'un corps sollicité par plusieurs forces situées dans un même plan soit en équilibre, il faut et il suffit que les deux conditions suivantes aient lieu à la fois :*

1° La somme algébrique des projections de toutes les forces sur deux axes quelconques qui se coupent dans le plan, doit être nulle pour chacun de ces axes.

2° La somme des moments des forces par rapport au point de rencontre de ces axes doit être égale à zéro.

Démonstration. — Pour que le corps soit en équilibre, il faut et il suffit (n° 6) que les forces appliquées se réduisent à deux forces égales et directement opposées.

Or, quand ceci a lieu, la somme des projections sur un axe quelconque est nulle ainsi que la somme des moments, par rapport à un point quelconque du plan; donc les deux conditions énoncées ci-dessus sont nécessaires.

Je dis de plus qu'elles sont suffisantes. En effet, si la première est remplie, les forces ont une résultante nulle ou se réduisent à un couple; et si la seconde condition est remplie, les forces appliquées au corps ne peuvent se réduire à un couple. Donc, quand les forces satisfont à la fois aux deux conditions énoncées, la résultante unique du système est égale à zéro, ce qui revient à dire que le corps est en équilibre.

Conséquences. — Dans ce cas, les trois équations d'équilibre sont :

$$P \cos \alpha + P' \cos \alpha' + \ldots = 0,$$
$$P \sin \alpha + P' \sin \alpha' + \ldots = 0,$$
$$P (x \sin \alpha - y \cos \alpha) + P' (x' \sin \alpha' - y' \cos \alpha') + \ldots = 0.$$

Ici les quantités P, P'... sont essentiellement positives, les facteurs $\sin \alpha$, $\cos \alpha$,... ont les signes convenus en trigonométrie; y, y', ..., sont positifs ou négatifs, suivant que les points d'application sont au-dessus de Ox, ou bien au-dessous; x, x',.... ont le signe plus ou le signe moins, suivant que ces points d'application sont à droite ou à gauche de l'axe Oy.

Avec les conventions, les produits $y \cos \alpha$, $x \sin \alpha$,... prendront des signes convenables si l'on applique les règles de calcul sur les quantités négatives et les équations précédentes seront générales.

§ 2. SOLUTIONS DE QUELQUES PROBLÈMES.

Problème I. — *Au milieu des côtés d'un parallélogramme ABCD et dans son plan (fig. 89), on applique des forces* P, P′, Q, Q′ *perpendiculaires à ces côtés et proportionnelles à leurs longueurs ; faire voir que le parallélogramme est en équilibre* (*).

SOLUTION.

Les projections des forces P et P′ sur un axe Ox, parallèle à AB supposé horizontal, sont nulles ; celles de Q et Q′ se détruisent également. — De même, sur un axe vertical Oy, les projections de ces quatre forces se détruisent deux à deux.

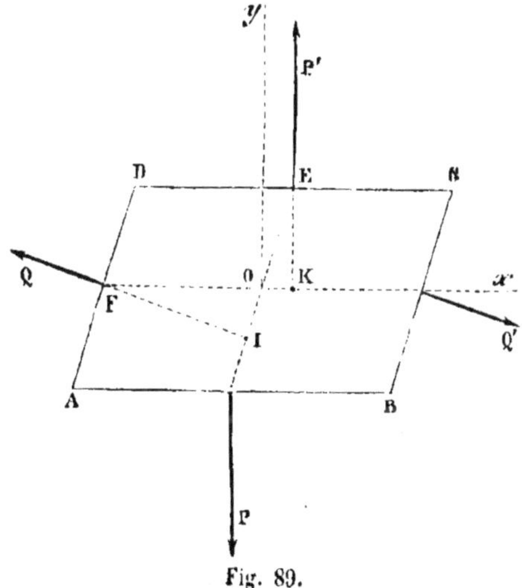

Fig. 89.

Ainsi, les deux premières équations d'équilibre sont satisfaites. Mais il faut que la troisième le soit aussi et que la somme des moments des quatre forces, par rapport au centre O, soit nulle. Or cette somme est

$$2Q \times OI - 2P \times OK = 2(Q \times OI - P \times OK),$$

(*) Cas particulier du théorème général énoncé page 56 à la fin des exercices Il présente une application simple de la théorie précédente.

et la quantité entre parenthèses doit se réduire à zéro. En effet, les triangles KOE, FOI sont semblables et donnent la proportion

$$\frac{FO}{EO} = \frac{OI}{OK}, \quad ou \quad \frac{P}{Q} = \frac{OI}{OK}, \quad ou \quad P \times OK = Q \times OI;$$

le parallélogramme est donc en équilibre.

Problème II. — *Une échelle homogène AB (fig. 90) de poids P et de longueur l repose sur un plan horizontal poli et s'appuie sans frottement, par son extrémité supérieure, sur un mur incliné à 60° sur l'horizon. Sachant que l'inclinaison de l'échelle est de 30°, calculer : 1° la force horizontale S qu'il faut appliquer à son pied pour l'empêcher de glisser; 2° la pression T exercée sur le sol.*

SOLUTION.

La réaction (*) du mur BC est une force R normale à BC, et la réaction — T du sol est verticale. Les quatre forces P, R, S et — T doivent

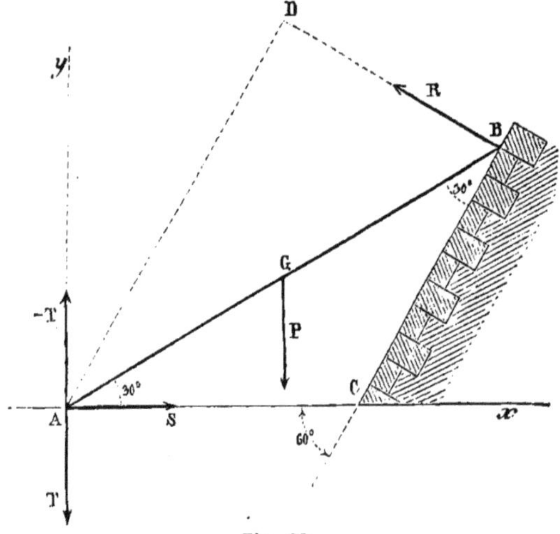

Fig. 90.

se faire équilibre; nous écrirons donc : 1° que les sommes des projections de ces forces sur les deux axes Ax, et sur Ay sont séparément nulles,

$$S = R \cos 30° = R \frac{\sqrt{3}}{2}, \tag{1}$$

$$P = T + R \cos 60° = T + \frac{R}{2}; \tag{2}$$

(*) Voir page 104.

2° que la somme des moments de ces forces par rapport au point A est égale à zéro, c'est-à-dire

$$P \frac{l}{2} \cos 30° = R \times AD = R . l \sin 60°,$$

ou

$$R = \frac{P}{2}. \qquad (3)$$

Ces trois équations déterminent les inconnues S et T; l'on trouve

$$S = P \frac{\sqrt{3}}{4} = 0,433 P, \quad T = \frac{3}{4} P = 0,75 P.$$

Problème III. — *Une barre homogène* AB *(fig. 91), de longueur* 2 *l et de poids* P, *est mobile dans l'angle droit* AOB *dont le côté* OB *est vertical; un cordon* OC *relie le point* C *de* AB *au sommet* O *et la barre glisse sans frottement jusqu'à ce que le cordon soit tendu. Lors de l'équilibre, on mesure les angles* α *et* β *que la barre et le cordon font avec l'horizontale; quelle est la tension* T *du cordon?*

SOLUTION.

La réaction du sol est une force verticale R et celle du mur une force

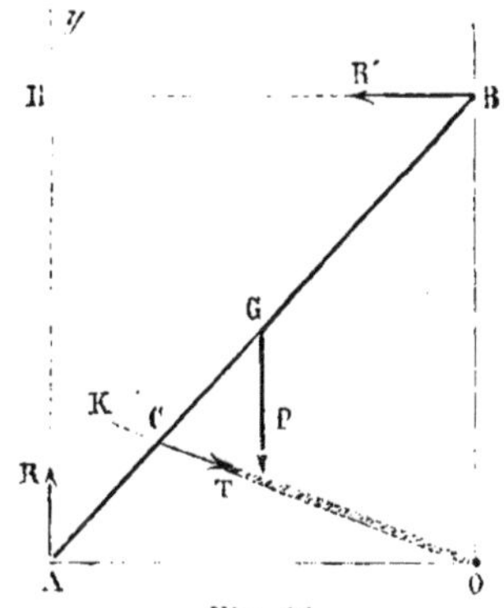

Fig. 91.

horizontale R'; les forces R, R', T et P devant se faire équilibre, nous aurons d'abord les deux équations

(1) $\qquad\qquad$ $R' - T \cos \beta = 0,$ $\qquad$ (proj. sur Ax),

(2) $\qquad\qquad$ $R - T \sin \beta = 0,$ $\qquad$ (proj. sur Ay),

puis l'équation des moments pris par rapport au point A :

$$- P \times AI - T \times AK + R' \times AH = 0.$$

Mais

$$AI = AG \cos \alpha = l \cos \alpha, \qquad AK = AO \sin \beta = 2 l \cos \alpha \sin \beta,$$
$$AH = 2 l \sin \alpha,$$

l'équation des moments deviendra donc, en supprimant le facteur l,

$$(3) \qquad - P\cos\alpha - 2T\sin\beta\cos\alpha + 2R'\sin\alpha = 0.$$

Ces trois équations déterminent R, R′ et T. Éliminant R et R′, il vient

$$T = \frac{P\cos\alpha}{2(\sin\alpha\cos\beta - \sin\beta\cos\alpha)} = \frac{P\cos\alpha}{2\sin(\alpha - \beta)}.$$

Si $\alpha = \beta$, $T = \infty$ et l'équilibre est impossible; alors les points C et G se confondent et la longueur du cordon est suffisante pour que la barre puisse descendre jusque sur le plan horizontal.

Si $\alpha < \beta$, la tension T est négative, et comme le cordon peut tirer la barre mais non pas la pousser, l'équilibre est impossible. Ainsi, pour l'équilibre, α doit être toujours plus grand que β.

CHAPITRE VI

§ 1ᵉʳ. COMPOSITION D'UN NOMBRE QUELCONQUE DE FORCES DIRIGÉES ARBITRAIREMENT
DANS L'ESPACE ET APPLIQUÉES A UN CORPS SOLIDE.

84. Proposition I. — *Un système quelconque de forces* P, P′, P″,... *appliquées à un corps solide peut toujours se réduire à trois forces* F, F′. F″ *appliquées en trois points* M, M′, M″ *donnés à volonté dans le corps ou liés invariablement avec lui.*

DÉMONSTRATION. — Prenons dans le corps solide (*fig.* 92) trois points arbitraires M, M′, M″, non situés en ligne droite; nous pouvons décomposer la force P appliquée au point A en trois autres forces p, p_1, p_2, dirigées suivant AM, AM′, AM″ et appliquées aux points M, M′, M″; remplaçons de même la force P′ par trois forces $p′$, p'_1, p'_2, et faisons la même décomposition pour les autres. Nous substituerons ainsi au système des forces proposées les trois groupes suivants:

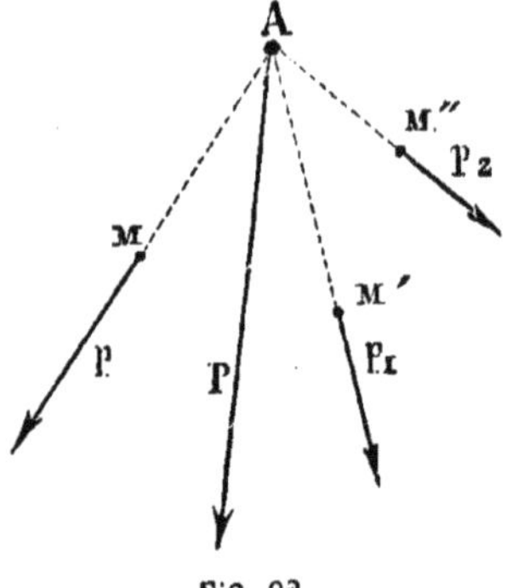

Fi3. 92.

$$\text{1ᵉʳ groupe, forces } p, \ p′, \ p″,... \text{ en M,}$$
$$\text{2ᵉ} \dots\dots\dots\dots p_1, \ p'_1, \ p''_1,... \text{ en M′,}$$
$$\text{3ᵉ} \dots\dots\dots\dots p_2, \ p'_2, \ p''_2,... \text{ en M″.}$$

Comme chacun d'eux aura une résultante unique, nous aurons réduit le système de forces proposées aux trois forces F, F′, F″, appliquées en des points M, M′, M″ arbitrairement choisis dans le corps ou bien pris en dehors, mais invariablement liés avec lui.

Conséquence I. — *La somme des projections des forces* P, P′, P″, ... *sur un axe quelconque est égale à la somme des projections sur le même axe des trois résultantes partielles* F, F′, F″.

En effet, la projection de P sur cet axe est égale (n° 21) à la somme des projections de p, p_1, p_2; celle de P′ est égale à la somme des projections de p', p'_1, p'_2, et ainsi de suite. Donc la somme des projections des forces P, P′, P″,... est égale à la somme des projections de

$$p, p', p'', \dots \quad p_1, p'_1, p''_1, \dots \quad p_2, p'_2, p''_2, \dots$$

mais l'on a toujours, en s'appuyant sur le même théorème,

projection de F $=$ somme des projections de p, p', p'', ...
. . . . F′ $=$ . . . . p_1, p'_1, p''_1, ...
. . . . F″ $=$ . . . . p_2, p'_2, p''_2, ...

donc la somme des projections de F, F′, F″, est égale à celle de P, P′, P″,...

Conséquence II. — *La somme des moments des forces* P, P′, P″,... *par rapport à un axe quelconque est égale à la somme des moments des forces* F, F′, F″, *par rapport au même axe.*

Nous savons, en effet (n° 30), que le moment de plusieurs forces concourantes par rapport à un axe est égal à la somme des moments de leur résultante, et il n'y a qu'à répéter la démonstration précédente en remplaçant le mot projection par le mot moment.

85. Proposition II. — *Un système quelconque de forces appliquées à un corps solide est toujours réductible à deux forces* R₁, R₂ *dont l'une passe par un point donné.*

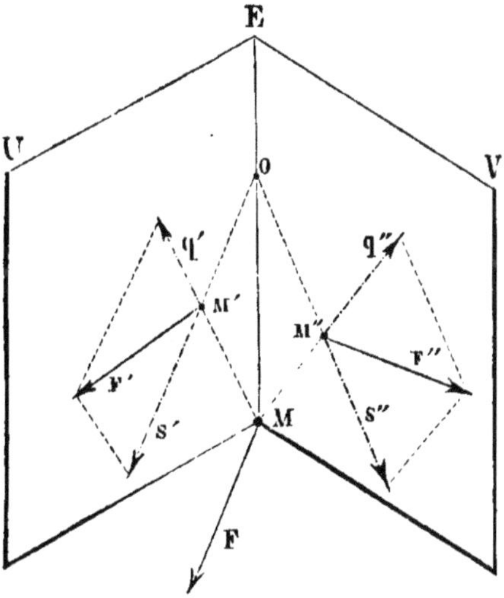

Démonstration. — Soit, en effet, F, F′, F″ (*fig.* 95), les trois résultantes partielles auxquelles nous

Fig. 95.

venons de réduire le système proposé. Faisons passer un plan par le point d'application M de la première force F et chacune des deux autres forces F', F''; soit U et V ces deux plans, EM leur intersection et O un point quelconque de cette droite ; joignons M'O, M''O, MM', MM''. Nous pouvons décomposer la force F' en deux autres q' et s' dirigées suivant MM' et OM'; de même nous pouvons remplacer la force F'' par les deux composantes q'', s'' dirigées suivant MM'' et OM''. De cette manière, le système des forces F, F', F'' est remplacé : 1° par les forces F, q', q'' appliquées en M, et qui ont pour résultante unique R_1; 2° par les forces s', s'', appliquées en O, et qui se réduisent à la force R_2. Donc, en définitive, les forces P, P', P''... qui agissent sur le corps peuvent être réduites aux deux résultantes R_1 et R_2, dont l'une R_1 passe par le point M choisi arbitrairement dans le corps.

Il est clair que cette réduction peut se faire d'une infinité de manières, puisque la direction et l'intensité des deux résultantes partielles dépend de la position des points M, M', M'' et O,

CONSÉQUENCE. — Lorsqu'on a réduit le système des forces appliquées à un corps solide à deux résultantes, 1° *la somme des projections de ces deux résultantes sur un axe quelconque est égale à la somme des projections des forces primitives; 2° la somme des moments de ces deux résultantes par rapport à un axe quelconque est égale à la somme des moments des forces proposées.* — En effet, les opérations que nous venons de faire pour substituer aux forces F, F', F'' les résultantes R_1, R_2, n'altèrent ni la somme des projections des forces, ni la somme de leurs moments par rapport à un axe.

86. Problème. — *Trouver les conditions d'équilibre d'un corps solide libre et sollicité par des forces quelconques.*

SOLUTION. — Pour qu'il y ait équilibre, il faut et il suffit que les deux résultantes partielles R_1 et R_2 auxquelles peut se réduire le système de ces forces soient égales et directement opposées ; par conséquent la somme de leurs projections sur un axe quelconque doit être nulle, ainsi que la somme de leurs moments. Donc, d'après ce qui a été dit (n° 85), il faut pour l'équilibre :

1° *Que la somme des projections des forces proposées sur un axe quelconque soit égale à zéro.*

2° *Que la somme des moments de ces forces par rapport à un axe quelconque soit également nulle.*

Ces conditions sont d'ailleurs suffisantes; en effet, du moment que la première est satisfaite, les forces R_1 et R_2 sont égales, parallèles et dirigées en sens contraires, elles se détruisent donc ou bien forment un couple; mais si la seconde condition est remplie, ces forces R_1 et R_2 ne peuvent former un couple. Donc, lorsque les projections des forces et leurs moments satisfont à la fois aux deux conditions précédentes, le corps est en équilibre.

87. ★ Des six équations d'équilibre. — Rapportons le corps solide et les forces P, P''... qui lui sont appliquées à trois axes rectangulaires fixes Ox, Oy, Oz. Soit (X, Y, Z), $(X'\ Y', Z')$... les projections de ces forces sur ces trois axes; soit (x, y, z), (x', y', z')... les coordonnées de leurs points d'application. Avec ces données on peut exprimer analytiquement les conditions précédentes.

Remarquons d'abord que si, pour chacun de ces trois axes rectangulaires, la somme des projections des forces appliquées ou la somme de leurs moments, est séparément nulle, il en sera certainement de même pour un axe quelconque (n° 22). Il résulte de là qu'il faut et il suffit pour l'équilibre :

1° *Que la somme des projections des forces appliquées sur trois axes rectangulaires fixes menés par un point arbitraire de l'espace, soit nulle pour chacun de ces axes;* ce qui donne les trois équations :

$$X + X' + X'' + \ldots = 0,$$
$$Y + Y' + Y'' + \ldots = 0,$$
$$Z + Z' + Z'' + \ldots = 0.$$

2° *Que la somme des moments de ces forces par rapport à chacun de ces trois axes soit égale à zéro,* ce qui fournit les trois nouvelles équations :

$$(Xy - Yx) + (X'y' - Y'x') + \ldots = 0 \quad (\text{Mom}^\text{t}\ \text{axe}\ Oz),$$
$$(Yz - Zy) + (Y'z' - Z'y') + \ldots = 0 \quad (\text{Mom}^\text{t}\ \text{axe}\ Ox),$$
$$(Zx - Xz) + (Z'x' - Y'x') + \ldots = 0 \quad (\text{Mom}^\text{t}\ \text{axe}\ Oy).$$

Nous avons vu (n° 82) comment on obtient la première ; les deux autres s'en déduisent facilement à l'aide d'une permutation tournante; on change X en Y, Y en Z, et Z en X ; de même pour les coordonnées.

Ces formules sont générales si l'on attribue aux composantes X, Y, Z..., aux coordonnées x, y, z..., les signes convenables ; nous connaissons déjà les signes qu'il faut attribuer aux composantes et aux coordonnées. Quant aux signes des moments, il est aisé de les déterminer en supposant un observateur successivement couché le long des trois axes et regardant les projections des forces sur les plans perpendiculaires à ces axes; si ces forces tendent à produire autour de l'origine O une rotation fictive de sens contraire à celle des aiguilles d'une montre, les moments correspondants seront positifs. — On peut dire encore que les composantes dont les moments sont positifs tendent à ramener l'axe des y sur l'axe des x, l'axe des x sur l'axe des z et l'axe des z sur l'axe des y.

Remarque. — On écrit souvent les six équations d'équilibre de la manière suivante :

$$\sum X = 0, \qquad \sum Y = 0, \qquad \sum Z = 0,$$

$$\sum (Yz - Zy) = 0, \quad \sum (Zx - Xz) = 0, \quad \sum (Xy - Yx) = 0,$$

le signe $\sum$ signifiant : somme de quantités analogues à celle que renferme la parenthèse.

Souvent encore on représente par les lettres L, M, N, les trois sommes de moments par rapport aux trois axes $0x$, $0y$, $0z$, et l'on écrit les six équations d'équilibre de cette manière abrégée :

$$\sum X = 0, \qquad \sum Y = 0, \qquad \sum Z = 0,$$

$$L \quad = 0, \qquad M \quad = 0, \qquad N \quad = 0.$$

88. ⋆ **Problème.** — *Dans le cas où un système de forces se réduit à une résultante unique, déterminer analytiquement la grandeur de cette résultante et la ligne suivant laquelle elle agit.*

Solution. — Il faut et il suffit que les forces R_1 et R_2 se rencontrent, ou bien soient parallèles sans former un couple. Soit X_1, Y_1, Z_1 les composantes parallèles aux trois axes de cette résultante unique R, et x_1, y_1, z_1 les coordonnées de son point d'application I; nous aurons, d'après le n° 85 :

$$(1), (2), (3) \quad X_1 = \sum X, \quad Y_1 = \sum Y, \quad Z_1 = \sum Z,$$

$$(4) \qquad Y_1 z_1 - Z_1 y_1 = L,$$

$$(5) \qquad Z_1 x_1 - X_1 z_1 = M,$$

$$(6) \qquad X_1 y_1 - Y_1 x_1 = N.$$

Les trois premières équations détermineront l'intensité de la résultante

$$R = \sqrt{X_1^2 + Y_1^2 + Z_1^2};$$

elles donneront aussi sa direction, puisque l'on a :

$$\cos a = \frac{X_1}{R},$$

$$\cos b = \frac{Y_1}{R},$$

$$\cos c = \frac{Z_1}{R}.$$

Quant aux trois équations des moments, elles déterminent la ligne suivant laquelle agit la résultante ; en effet, ces équations nous font connaître les projections sur trois plans fixes du triangle ayant O pour sommet et pour base la résultante R et nous avons vu (n° 51) que de ces trois projections l'on peut déduire la grandeur et la position de ce triangle OIR, puisque l'on a :

$$G = \sqrt{L^2 + M^2 + N^2}, \quad \cos \lambda = \frac{L}{G}, \quad \cos \mu = \frac{M}{G}, \quad \cos \nu = \frac{N}{G},$$

λ, μ, ν étant les angles que la normale au plan fait avec les trois axes. Dans ce plan, de l'origine pris pour centre avec un rayon égal à $\frac{G}{R}$, nous décrirons un cercle et, parallèlement à la direction donnée, nous mènerons une tangente à ce cercle ; il faudra choisir celle des tangentes dont les moments, par rapport aux axes, ont les signes donnés par les formules précédentes.

89. ★ Remarque.—La résultante R qui fait avec les axes les angles a, b, c, est perpendiculaire à la normale au plan du triangle OIR ; comme cette normale fait avec les mêmes axes les angles λ, μ, ν, l'on aura (n° 23),

$$\cos a . \cos \lambda + \cos b . \cos \mu + \cos c . \cos \nu = 0,$$

ou bien, en remplaçant ces cosinus par leurs expressions et supprimant le facteur commun RG qui se trouve au dénominateur,

$$(7) \qquad LX_1 + MY_1 + NZ_1 = 0.$$

Telle est la condition à laquelle doivent satisfaire les résultantes partielles X_1, Y_1, Z_1 et les trois moments résultants partiels, pour que le système de ces forces ait une résultante unique ; cette condition doit être satisfaite, sans que l'on ait, séparément

$$X = 0, \qquad Y = 0, \qquad Z = 0.$$

Nous verrons plus loin (n° 91) que cette condition est suffisante pour qu'il y ait une résultante unique.

On peut arriver également à cette condition (7) de la manière suivante :

Il semble, au premier abord, que les équations (4), (5), (6) détermineront les coordonnées x_1, y_1, z_1 du point I d'application de la résultante R; mais comme une force peut être appliquée, en un point quelconque de sa direction; une de ces trois coordonnées doit être arbitraire et le système des équations (4), (5), (6) doit être indéterminé.

Si donc de (4) et (5) nous tirons x_1 et y_1 en fonction de z_1 pour les substituer dans (6), l'équation en z_1 ainsi obtenue doit donner pour cette coordonnée une expression de la forme $\frac{0}{0}$.

Or l'on a

$$x_1 = \frac{M + X_1 z_1}{Z_1},$$

$$y_1 = \frac{Y_1 z_1 - L}{Z_1},$$

et substituant dans (6), il vient

$$X_1 \frac{Y_1 z_1 - L}{Z_1} - Y \frac{M + X_1 z_1}{Z_1} = N ;$$

ou

$$z_1 (X_1 Y_1 - X_1 Y_1) = LX_1 + MY_1 + NZ_1.$$

Comme le coefficient de z_1 est nul, il faut que l'on ait aussi

$$LX_1 + MY_1 + NZ_1 = 0,$$

pour que les équations soient compatibles, ou bien qu'il y ait une résultante unique.

90. ★ **Problème.** — *Lorsqu'un système de forces n'admet pas une résultante unique, réduire ce système à un couple et à une force.*

SOLUTION. — Soit R_1 et R_2 (*fig.* 94) les deux résultantes auxquelles les forces appliquées au corps peuvent se réduire, O et M, leurs points d'application. Au point O, qui peut être choisi arbitrairement, appliquons parallèlement à R_1 deux forces R_1, — R_1, égales et opposées; les forces R_1 et R_2 appliquées en O se composent en une seule R et le système des forces est ramené de la sorte à la force R et au couple $(R_1, — R_1)$.

La résultante R *offre cette particularité remarquable qu'on peut l'obtenir en transportant en* O *parallèlement à elles-mêmes toutes les forces primitives et les composant en une seule* (n° 15); en effet, l'introduction des forces

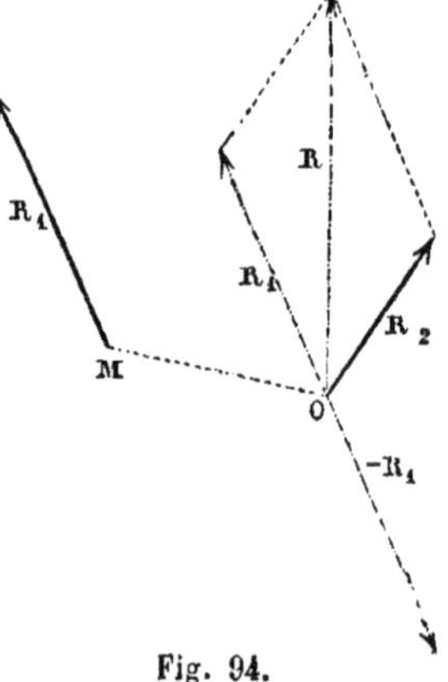

Fig. 94.

R_1 et $-R_1$ appliquées au point O ne change pas la somme des projections sur un axe quelconque des forces appliquées en O et en M; on peut donc dire que la somme des projections de R et du couple $(R_1, -R_1)$ est égale à la somme des projections des forces primitives; mais la somme algébrique des projections des deux forces du couple est nulle, donc les trois projections de R sur les trois axes rectangulaires menés par le point O sont précisément

$$X_1 = \sum X, \qquad Y_1 = \sum Y, \qquad Z_1 = \sum Z.$$

Quant au couple, son moment par rapport à un axe quelconque passant par l'origine O est égal à la somme des moments des forces primitives; en effet, la somme des moments, par rapport à un axe quelconque Ox, du couple $(R_1 - R_1)$ et de la force R est égale à la somme des moments des forces primitives, mais la force R passe par le centre O des moments, son moment est donc nul et l'on peut dire que le moment du couple est égal à la somme des moments des forces primitives. Il résulte de là que si nous appelons comme précédemment L, M, N les trois moments de ces dernières forces par rapport aux trois axes Ox, Oy, Oz, issus du point O, ce seront aussi par rapport à ces mêmes axes, les moments du couple $(R_1, -R_1)$.

Par conséquent nous aurons pour déterminer la grandeur et la direction de la résultante R appliquée en O les équations

$$R = \sqrt{X_1^2 + Y_1^2 + Z_1^2},$$

$$\cos a = \frac{X_1}{R}, \qquad \cos b = \frac{Y_1}{R}, \qquad \cos c = \frac{Z_1}{R}.$$

Quant au couple $(R_1, -R_1)$, on obtiendra son moment G, par rapport au point O, à l'aide de la formule

$$G^2 = L^2 + M^2 + N^2;$$

et de plus, son axe, c'est-à-dire la perpendiculaire à son plan menée dans le sens convenable (n° 31), sera déterminé par les équations

$$\cos \lambda = \frac{L}{G}, \qquad \cos \mu = \frac{M}{G}, \qquad \cos \nu = \frac{N}{G}.$$

91. ★ Remarque 1. — L'angle que forme la force R avec l'axe du couple est donné par la formule (n° 25)

$$\cos V = \cos a \cos \lambda + \cos b \cos \mu + \cos c \cos \nu,$$

ou bien, en substituant à ces cosinus leurs expressions écrites plus haut,

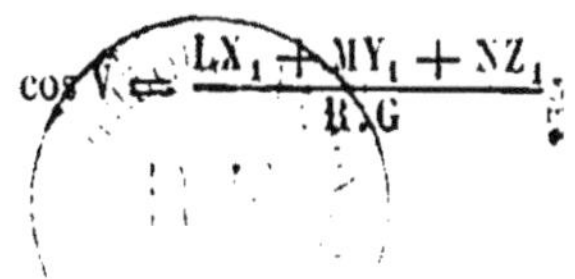

$$\cos V = \frac{LX_1 + MY_1 + NZ_1}{R \cdot G}.$$

Pour que cet angle soit égal à 90°, c'est-à-dire pour que la force R soit dans le plan du couple il faut que l'on ait

$$LX_1 + MY_1 + NZ_1 = 0;$$

mais R ne peut être dans le plan du couple sans que les forces R $(R_1, - R_1)$, et par suite les forces primitives, aient une résultante unique; on voit donc que si l'on a la relation

$$LX_1 + MY_1 + NZ_1 = 0,$$

les forces appliquées au corps admettent une résultante unique; la condition exprimée par cette équation que nous avions trouvée nécessaire (n° 89) est donc suffisante.

92. ★ Remarque II. — Le plan du couple $(R_1, - R_1)$ déterminé par les formules précédentes n'est autre que le plan mené par R_1 et l'origine O; ceci nous conduit à une observation importante sur l'indétermination que l'on rencontre quand on réduit un système de forces à deux résultantes partielles :

Nous avons vu (n° 85) que, d'une infinité de manières, l'on pouvait réduire ce système à une force R_2 passant par un point O choisi arbitrairement et à une seconde force R_1; on aura donc une infinité de systèmes

$$(R_1, R_2), \qquad (R'_1, R'_2), \quad ....$$

que l'on peut appeler *équivalents*, car chacun d'eux pouvant remplacer les forces primitives produit le même effet sur le corps. *Toutes les forces R_1, R'_1, R''_1,.... sont dans un même plan passant par l'origine O, et leurs moments par rapport à ce point O sont égaux.*

De même, quand on remplace les forces primitivement appliquées au corps par une force unique et un couple, à chacun des systèmes de résultantes partielles

$$(R_1, R_2), \qquad (R'_1, R'_2) ......$$

correspondra un système équivalent formé d'une force et d'un couple :

$$\left\{ R, (R_1 - R_1) \right\}, \qquad \left\{ R, (R'_1 - R'_1) \right\}, \quad ....$$

La *résultante R est invariable*, puisqu'on l'obtient en transportant les forces primitives parallèlement à elles-mêmes au point O et en les composant comme un système de forces concourantes.

Quant aux différents couples, ils ont tous même moment : considérons par exemple le couple $(R_1, - R_1)$; son moment par rapport à O est égal à la somme des moments des forces R_1 et $- R_1$, mais la force $- R_1$ passe par l'origine O, son moment est donc égal à zéro et le moment du couple se réduit à celui de la force R_1. Ainsi les moments de ces divers couples sont égaux à ceux des forces R_1, R'_1, R''_1 ... et ont la même valeur. Ces couples sont d'ailleurs situés dans le même plan (*).

§ 2. SOLUTIONS DE QUELQUES PROBLÈMES.

Problème I. — *On donne un trièdre trirectangle* Oxyz *(fig. 95), dont la face* x0y *est horizontale, et un triangle isocèle pesant* ABC; *ce triangle repose, par son sommet* C, *sur la face horizontale en un point de la bissectrice de l'angle* x0y *et s'appuie, par ses deux autres sommets, sur les deux plans verticaux; de plus, un fil* OC *relie le point* O *au sommet* C *et maintient le triangle en équilibre. On demande :* 1° *la tension* T *du fil;* 2° *la pression exercée par le triangle sur chacune des faces* x0z, y0z.

SOLUTION.

Soit $x = a$, $y = a$ les deux coordonnées du point C,

$$x = b, \qquad z = c, \qquad \text{celles du point B,}$$
$$y = b, \qquad z = c, \qquad \text{celles du point A.}$$

Ces données déterminent complètement la grandeur et la position d'équilibre du triangle. Les coordonnées de son centre de gravité sont

$$x = \frac{a+b}{3}, \qquad y = \frac{a+b}{3}, \qquad z = \frac{2}{3}c.$$

Nous pouvons considérer ce triangle comme entièrement libre et sollicité par les forces :

P poids du triangle appliqué au centre de gravité G ;
X_1 réaction du plan z0y, normale à ce plan ;
Y_1 . . . . z0x . . . .
Z_1 . . . . x0y . . . .
R tension du fil dirigé de C vers O ;

les composantes X_2 et Y_2 de cette tension sont égales entre elles puisque le point C est sur la bissectrice de l'angle O

Les trois premières équations d'équilibre sont

$$(1) \qquad\qquad X_1 + X_2 = 0,$$
$$(2) \qquad\qquad Y_1 + Y_2 = 0,$$
$$(3) \qquad\qquad Z_1 - P = 0;$$

(*) Cette dernière propriété correspond aux théorèmes sur la translation et la transformation des couples que l'on trouve dans la *Statique* de Poinsot.

les trois suivantes, relatives aux moments, sont

$$(4) \qquad Y_1 c - Z_1 a + \frac{a+}{3}\, P = 0,$$

$$(5) \qquad Z_1 a - X_1 c - \frac{a+b}{3}\, P = 0,$$

$$(6) \qquad X_1 b - Y_1 b + Y_2 a - X_2 a = 0,$$

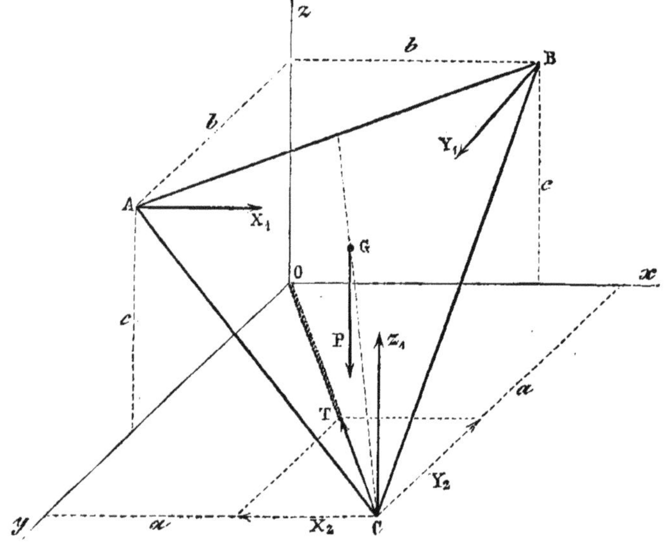

Fig. 95.

Cette dernière se réduit à une identité puisque, d'après l'énoncé, $X_2 = Y_2$ et que, par symétrie, $X_1 = Y_1$; nous ne nous occuperons donc que des cinq premières. Substituant à Z_1 sa valeur tirée de (3), il vient

$$Y_1 c = P\left(a - \frac{a+b}{3}\right) = P\,\frac{2a-b}{3},$$

d'où

$$Y_1 = P\,\frac{2a-b}{3c}.$$

L'équation (5) fournit, pour X_1, la même valeur

$$X_1 = P\,\frac{2a-b}{3c}.$$

Les composantes de la tension du fil seront, d'après les deux premières équations,

$$X_2 = Y_2 = - P \frac{2a - b}{3c},$$

la tension du fil sera donc

$$T = P \frac{2a - b}{3c} \times \sqrt{2}.$$

Problème II. — *Si, aux centres de gravité* G, G', G″, G‴ *des
faces d'un tétraèdre SABC, on applique des forces* P, P', P″, P‴ *normales à ces faces et proportionelles à leurs surfaces, le tétraèdre est en
équilibre.*

SOLUTION.

Les centres de gravité G', G″, G‴ des trois faces SAB, SAC, SBC, sont
dans un plan parallèle à ABC mené au tiers de la hauteur à partir de la

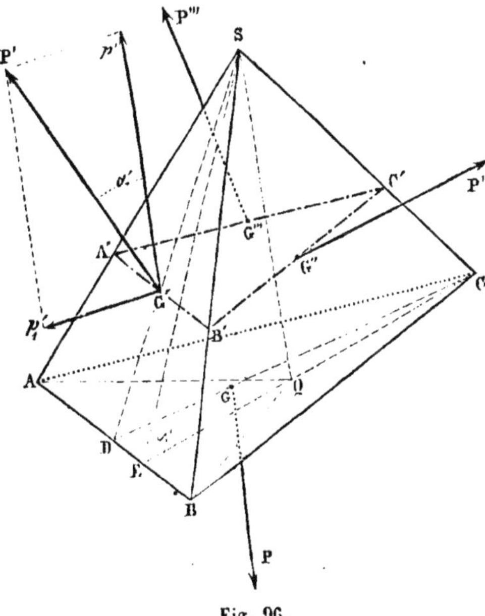

Fig. 96.

base et qui coupe le tétraèdre suivant le triangle A'B'C', semblable
à ABC; décomposons chacune des forces P', P″, P‴ en deux autres,
l'une parallèle à P, l'autre située dans le plan A'B'C'.

6.

Soit α', α'', α''' les angles rectilignes des dièdres suivant AB, AC, BC; nous aurons, pour les composantes parallèles à P,

$$p' = \mathrm{P}' \cos\alpha', \qquad p'' = \mathrm{P}'' \cos\alpha'', \qquad p''' = \mathrm{P}''' \cos\alpha''';$$

et pour les composantes situées dans le plan A'B'C'

$$p_1' = \mathrm{P}' \sin\alpha', \qquad p_1'' = \mathrm{P}'' \sin\alpha'', \qquad p_1''' = \mathrm{P}''' \sin\alpha'''.$$

Il est facile de voir que les composantes du premier groupe sont proportionnelles aux projections orthogonales

$$\mathrm{AQB}, \qquad \mathrm{AQC}, \qquad \mathrm{BQC},$$

des trois faces ASB, ASC, BSC, sur la quatrième ABC.

En effet,
$$\mathrm{P}' = k \times \mathrm{ASB},$$
donc
$$p' = k \times \mathrm{ASB}\cos\alpha'.$$

Mais
$$\mathrm{AQB} = \mathrm{ASB}\cos\alpha',$$
donc
$$p' = k \times \mathrm{AQB}.$$

De même, on aurait
$$p'' = k \times \mathrm{AQC},$$
$$p''' = k \times \mathrm{BQC}.$$

En ajoutant, on aura
$$p' + p'' + p''' = k \times (\mathrm{AQB} + \mathrm{AQC} + \mathrm{BQC}) = k.\mathrm{ABC},$$
par conséquent
$$p' + p'' + p''' = \mathrm{P}.$$

De plus, les composantes p', p'', p''' sont appliquées aux centres de gravité g', g'', g''' des triangles AQB, AQC, BQC qui composent ABC, donc leur résultante est égale et directement opposée à P qui est appliquée au centre G de gravité de ABC.

Ainsi, les forces P, p', p'', p''' se détruisent et il ne reste plus à faire voir que les composantes

$$p_1', \qquad p_1'', \qquad p_1''',$$

du second groupe se détruisent également.

Or l'on a
$$p_1' = k.\mathrm{ABS}.\sin\alpha',$$
et si l'on mène la hauteur SE du triangle SAB,
$$\mathrm{ABS} = \frac{\mathrm{AB} \times \mathrm{SE}}{2}, \quad \text{et} \quad \sin\alpha' = \frac{\mathrm{SQ}}{\mathrm{SE}},$$
donc
$$p_1' = k \times \frac{\mathrm{AB} \times \mathrm{SE}}{2} \times \frac{\mathrm{SQ}}{\mathrm{SE}},$$

ou,

$$p'_1 = \frac{k}{2} \cdot AB \times SQ.$$

On trouverait de même

$$p''_1 = \frac{k}{2} \cdot AC \times SQ.$$

$$p'''_1 = \frac{k}{2} \cdot BC \times SQ.$$

Ainsi, les composantes p'_1, p''_1, p'''_1 sont proportionnelles aux trois côtés du triangle ABC, ou bien aux trois côtés du triangle semblable A'B'C'; elles sont, de plus, perpendiculaires aux côtés A'B', A'C', B'C, et en leurs milieux; il est facile de voir qu'elles se font, par conséquent, équilibre.

En effet, ces forces p'_1, p''_1, p'''_1 concourant au point O, il suffit de faire voir que leurs projections sur deux directions rectangulaires ont une somme égale à zéro.

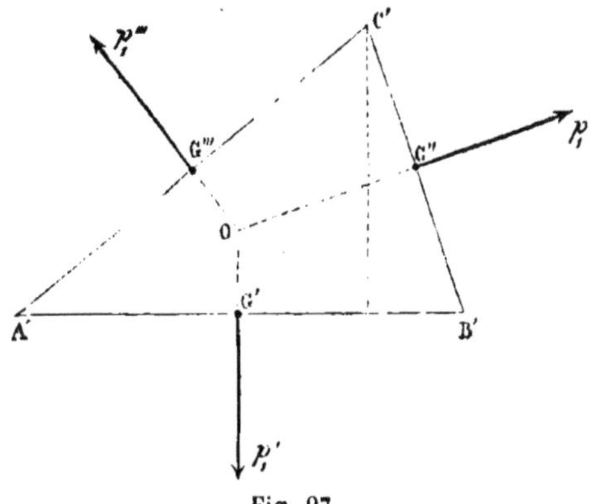

Fig. 97.

Si l'on prend d'abord A'B' pour l'un des axes, l'on a

$$p''_1 \sin B' - p'''_1 \sin A' = 0,$$

puisque cette égalité n'est autre que la suivante

$$k'.B'C' \sin B' - k'.A'C' \sin A' = 0,$$

qui revient à

$$\frac{A'C'}{B'C'} = \frac{\sin B'}{\sin A'},$$

laquelle est bien connue.

De même, projetant ces forces sur la direction perpendiculaire à A'B', l'on aura

$$p'_1 = p''_1 \cos B' + p'''_1 \cos A',$$

ou

$$k'.\text{A}'\text{B}' = k'.\text{B}'\text{C}'\cos\text{B}' + k'.\text{A}'\text{C}'\cos\text{A}',$$

puisque dans un triangle un côté est égal à la somme des projections des deux autres.

Donc, les deux groupes de composantes sont séparément en équilibre, et en définitive le tétraèdre doit rester en repos sous l'action des forces P, P′, P″, P‴.

Il est facile d'étendre ce théorème au cas d'un polyèdre quelconque; il suffit de le décomposer en tétraèdre par des plans diagonaux et d'appliquer au centre de gravité de chaque face diagonale deux forces égales et contraires normales proportionnelles à sa surface. Les tétraèdres partiels seront séparément en équilibre et le polyèdre total le sera aussi.

CHAPITRE VII

CONDITIONS D'ÉQUILIBRE D'UN CORPS GÊNÉ PAR UN OBSTACLE.

95. Principe de l'égalité de l'action et de la réaction. — Lorsqu'une force exerce une pression sur un corps, le corps plie, fléchit, et ses ressorts moléculaires réagissent en sens contraire, avec un effort précisément égal à la pression exercée. Il en est de même lorsqu'on tire sur un ressort dont l'une des extrémités est fixe; le ressort exerce une traction juste égale et contraire à celle qu'il subit. Ces effets égaux et réciproques paraissent évidents lorsqu'il s'agit de corps visiblement élastiques, tels qu'une masse de caoutchouc; on les admet avec moins de facilité pour les corps durs; mais, par une analyse attentive des phénomènes naturels et des expériences les plus vulgaires, on peut se convaincre que, dans tous les cas, *la réaction est égale à l'action.*

Nous remarquerons d'abord que tous les corps sont élastiques et que, dans tous, une force de compression ou de traction fait toujours fléchir les ressorts moléculaires, bien que cette flexion soit souvent très-petite et difficile à constater : lorsqu'on marche sur un parquet, les lames de bois fléchissent sous le poids du corps, d'une quantité très-faible à la vérité, mais suffisante pour que le poids du corps soit détruit par la force du ressort ainsi produite; dans le tir au pistolet, la réaction de la plaque de fonte réduit la balle sphérique à l'état d'un disque peu épais ; c'est la réaction de l'eau frappée par les rames qui détermine le mouvement d'un canot; lorsqu'un nageur, en étendant et reployant en arrière les mains et les pieds, repousse l'eau qui l'entoure, cette eau réagit et porte le corps en avant.

Les phénomènes astronomiques, ceux de l'électricité et du magnétisme, montrent que les corps s'attirent ou se repoussent avec des énergies précisément égales et contraires : si, par exemple, la terre attire la lune et la retient dans son orbite elliptique, la lune attire aussi la terre et produit le phénomène des marées.

Ainsi, nous admettrons ce principe de mécanique énoncé pour la première fois par Newton : *Les actions de deux corps l'un sur l'autre sont toujours égales et dirigées en sens contraires.*

§ I⁰ʳ. — DE L'ÉQUILIBRE D'UN CORPS DONT UN SEUL POINT EST FIXE ET QUI NE PEUT QUE TOURNER EN TOUS SENS AUTOUR DE CE POINT.

94. Proposition. — *Il faut et il suffit, pour l'équilibre d'un pareil corps, que la somme des moments des forces par rapport à trois axes rectangulaires menés par ce point soit nulle d'elle-même par rapport à chacun de ces trois axes.*

DÉMONSTRATION. — Toutes les forces appliquées peuvent se réduire à deux forces, R_1, R_2, dont l'une passe par un point arbitrairement choisi; nous pouvons donc supposer que la force R_1 passe par le point fixe O; l'autre force R_2 doit y passer également, sans quoi le corps, mobile autour d'un point fixe, serait en équilibre sous l'action d'une force qui ne passerait pas par ce point, ce qui est absurde (axiome 2).

Ceci revient à dire que, pour l'équilibre, il faut *que les forces aient une résultante unique dont la direction passe par le point fixe.*

Cette condition est d'ailleurs suffisante, parce que, dès l'instant qu'elle est remplie, les forces appliquées au corps sont détruites par la réaction du point fixe.

★ Cette condition se traduit analytiquement par les équations $L = 0$, $M = 0$, $N = 0$; en effet, puisque la résultante des forces appliquées rencontre le point fixe, son moment par rapport à un axe quelconque issu de ce point est nul, et, par conséquent, ses moments par rapport à trois axes rectangulaires Ox, Oy, Oz, sont nuls séparément; il en est de même des moments des forces appliquées, et l'on a $L = 0$, $M = 0$, $N = 0$.

Réciproquement, si $L = 0$, $M = 0$, $N = 0$, les forces qui sollicitent le corps ont une résultante unique qui passe par le point fixe; d'abord elles ont une résultante unique, puisque la condition

$$LX_1 + MY_1 + NZ_1 = 0$$

est satisfaite; de plus, puisque $L = 0$, $M = 0$, $N = 0$, c'est que la résultante unique rencontre un quelconque des axes ou bien lui est parallèle : comme elle ne peut être parallèle qu'à une seule de ces directions, il faut qu'elle les rencontre toutes les trois, c'est-à-dire qu'elle passe par le point O.

REMARQUE I. — *La pression exercée sur le point fixe est égale à la résultante des forces proposées, transportées parallèlement à elles-mêmes en ce point.*

La réaction de ce point est une force égale et contraire; au lieu d'attribuer au point fixe une résistance indéfinie, il suffit de lui supposer une résistance égale à cette réaction. De plus, on peut regarder le corps comme entièrement libre pourvu que l'on remplace le point fixe par une force égale à cette résistance.

REMARQUE II. — *Si le corps n'est sollicité que par son poids, il faut et il suffit, pour l'équilibre, que le centre de gravité se trouve dans la verticale passant par le point fixe.*

§ 2. DE L'ÉQUILIBRE D'UN CORPS QUI NE PEUT QUE TOURNER AUTOUR DE LA LIGNE QUI JOINT DEUX POINTS.

95. Proposition. — *Il faut et il suffit, pour l'équilibre d'un pareil corps, que la somme des moments des forces par rapport à cet axe soit nulle d'elle-même.*

DÉMONSTRATION. — Soit encore R_1 et R_2 les deux résultantes des forces qui sollicitent le corps; nous pouvons supposer que R_1 soit appliquée en un point de l'axe fixe, et cette force est alors détruite par la résistance de l'axe. Pour l'équilibre, il faut que l'autre force R_2 soit dans un même plan avec l'axe fixe (axiome 2).

Cette condition est d'ailleurs suffisante; dès qu'elle est remplie, toutes les forces sont détruites par la résistance de l'axe et le corps est en équilibre.

★ Si nous prenons l'axe fixe pour l'un des axes, Ox, de coordonnées, la condition précédente se traduit analytiquement par l'équation $L = 0$; en effet, si R_1 rencontre l'axe fixe et si R_2 se trouve dans un même plan avec cet axe, la somme des moments des forces R_1 et R_2, par rapport à l'axe fixe, est égale à zéro et il en est de même de la somme des moments des forces appliquées. Réciproquement, si $L = 0$, les projections des forces appliquées sur un plan perpendiculaire à l'axe ont une résultante dont la direction rencontre l'axe, donc les résultantes partielles R_1 et R_2 sont chacune dans un même plan avec l'axe.

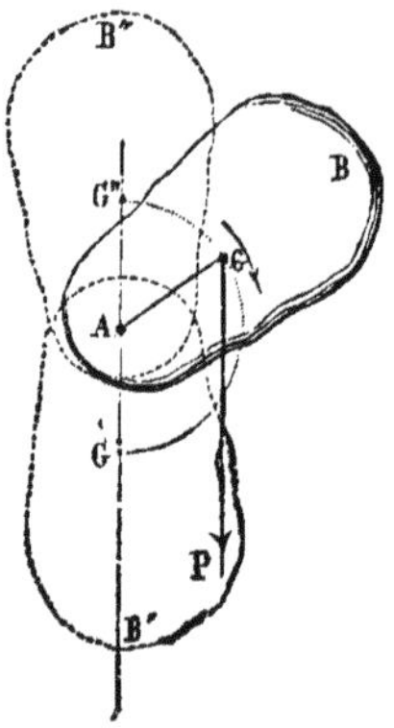

Fig. 98.

CONSÉQUENCE. — *Si le corps est seulement sollicité par son poids, il faut, pour l'équilibre, que la verticale du centre de gravité G passe par l'axe.* Dans ce cas, en effet, l'action de la pesanteur est détruite. Cette condition peut être remplie de plusieurs manières :

1° *Le centre de gravité G coïncide avec l'axe projeté en A (fig. 98); l'équilibre est indifférent :* le corps restera immobile, quelle que soit la position qu'on lui donne.

2° G est au-dessous de A en G'; *l'équilibre est stable;* une petite force perturbatrice fera simplement osciller le corps autour de la position d'équilibre B'.

3° G est au-dessus de A en G''; *l'équilibre est instable,* c'est-à-dire que le corps chavirera, pour peu qu'on l'écarte de la position B''.

§ 3. DE L'ÉQUILIBRE D'UN CORPS QUI S'APPUIE CONTRE UN PLAN FIXE PAR UN OU PLUSIEURS POINTS.

96. **Proposition I.** — *Pour qu'un point matériel sollicité par plusieurs forces soit en équilibre sur un plan fixe, il faut et il suffit que la résultante de ces forces soit normale au plan et presse ce corps contre le plan.*

DÉMONSTRATION. — Considérons d'abord un point matériel A pressé contre un plan fixe par une force normale à ce plan, cette force sera détruite par la réaction du plan et le corps sera en équilibre. Si le point A est pressé par une force oblique au plan fixe, on pourra décomposer cette force en deux autres, l'une normale au plan et l'autre parallèle à sa direction; la première composante sera détruite par la réaction du plan et la seconde fera glisser le corps sur le plan.

97. **Proposition II.** — *Si un corps repose sur un plan par un seul point, il faut et il suffit, pour l'équilibre, que toutes les forces P, P', P''... qui le sollicitent aient une résultante unique, perpendiculaire au plan M (fig. 99), qui passe par le point d'appui et qui presse le corps contre le plan.*

DÉMONSTRATION. — Cette condition est nécessaire : en effet, puisqu'un plan fixe ne peut détruire que des forces normales à sa surface, sa réaction, r, est également dirigée suivant la perpendiculaire menée par le point O. Or les forces proposées, P, P', P'', peuvent se réduire à deux résultantes partielles, R_1, R_2, et l'on peut supposer que l'une d'elles, R_1, passe par le point O. Si l'on joint à ces deux forces la réaction r, le corps peut être regardé comme entièrement libre et ces trois forces R_1, R_2, r doivent se faire équilibre;

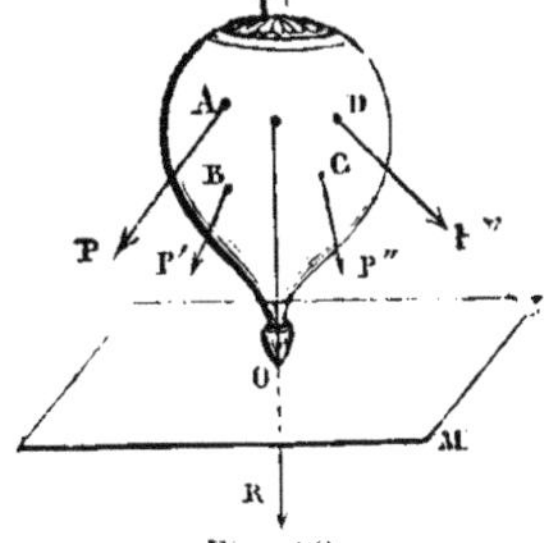

Fig. 99.

par conséquent elles sont dans un même plan (p. 7, n° 5) et l'une d'elles *r*, doit être égale et directement opposée à la résultante des deux autres. Ainsi R_1 et R_2, et par suite, les forces P, P', P'',.... ont une résultante unique normale au plan et passant par le point d'appui.

Il est clair, d'ailleurs, que cette résultante doit appuyer le corps sur le plan; sans quoi elle ne ferait naître aucune réaction et le plan ne servirait à rien pour l'équilibre.

Les conditions qui précèdent sont suffisantes, puisqu'on suppose au plan fixe une résistance indéfinie.

98. Polygone de sustentation. — Soit, maintenant, un corps appuyé contre un plan fixe par tant de points que l'on voudra et sollicité par des forces quelconques; on peut toujours former un polygone convexe dont plusieurs de ces points soient les sommets et qui comprenne dans son intérieur tous les autres points d'appui. On donne à ce polygone le nom de *polygone de sustentation*.

99. Proposition III. — *S'il y a plusieurs points d'appui, il faut et il suffit, pour l'équilibre, que les forces appliquées aient une résultante unique normale au plan et qui le rencontre dans l'intérieur du polygone de sustentation.*

Démonstration. — En effet, on peut considérer le corps comme entièrement libre si l'on a soin de remplacer les points fixes A, B, C, D par des forces *r*, *r'*, *r''*..... appliquées en ces points, normales au plan, et égales aux réactions du plan fixe. La résultante unique de ces forces parallèles est normale au plan et le traverse dans l'intérieur du polygone de sustentation; pour qu'il y ait équilibre, il faut et il suffit que cette force soit égale et directement opposée à la résultante des forces qui sollicitent le corps, ce qui revient à la condition énoncée.

Conséquence I. — Si le corps repose sur le plan par deux points, il faut et il suffit, pour l'équilibre, que la résultante des forces appliquées soit normale au plan fixe et rencontre ce plan entre les deux points d'appui.

Conséquence II. — Si le corps a trois points A, B, C de contact avec le plan, il faut et il suffit, pour l'équilibre, que la résultante des forces qui sollicitent le corps soit normale au plan et rencontre le plan fixe dans l'intérieur du triangle ABC formé par les trois points d'appui.

100. Stabilité d'un corps soumis à la seule action de la pesanteur et qui repose sur un plan horizontal.

Soit (*fig.* 100) un cylindre dont la base repose sur une table; pour qu'il soit en équilibre, il faut que la verticale menée par le centre de gravité G, tombe dans l'intérieur de cette base; si elle tombe en dehors, le cylindre se couchera sur le côté en tournant autour du point O de la base, le plus voisin de la verticale issue du point G.

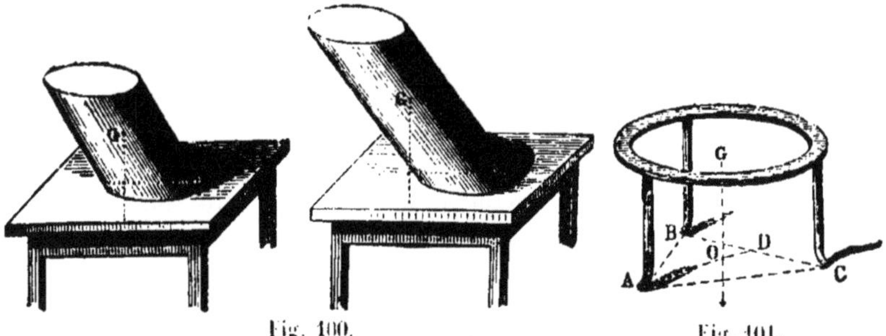

Fig. 100.   Fig. 101.

Lorsque le corps (*fig.* 101) repose seulement par plusieurs points, il faut pour équilibre que la verticale issue du centre de gravité ne tombe pas en dehors du polygone de sustentation.

Le degré de stabilité des corps se détermine en considérant : 1° la plus courte distance, *d*, de la verticale du point G au contour de la base de sustentation; 2° la hauteur, *h*, du centre de gravité au-dessus de cette base. — Le degré de stabilité du corps est mesuré par l'angle dont il pourrait tourner autour d'un des côtés de sa base sans chavirer; il est facile de voir que cet angle, *z*, est donné par la formule

$$\text{tg } z = \frac{d}{h}.$$

On voit, par là, que la stabilité des voitures est liée à leur mode de chargement : une voiture chargée de fourrage ou de gerbes de blé (*fig.* 102) est plus exposée à verser qu'une voi- ture chargée de barres de fer, les inégalités de la route étant d'ailleurs les mêmes.

Charges sur les points d'ap- pui. — On peut les déterminer lors- que le corps ne repose sur le plan horizontal que par trois points; la question revient à décomposer une force en trois autres parallèles à sa direction et appliquées aux points A, B et C (*fig.* 101).

101. Proposition.—*Si l'on joint aux trois points d'appui A, B, C la projection horizontale O du centre de gravité du corps (fig.* 101 *et* 103*,*

Fig. 102.

l'on obtient trois triangles OBC, OAC, OAB, proportionnels aux charges que supportent les points A, B, C (*).

DÉMONSTRATION. — En effet, décomposons le poids P appliqué au point O . en deux poids p et q appliqués aux points A et D; nous aurons pour la charge sur le point A

$$p = P \times \frac{DO}{AD} = P \times \frac{BOC}{ABC},$$

car les triangles BOC, ABC, ayant même base, sont entre eux comme leurs hauteurs ou comme DO et AD.

Nous avons de même, pour la composante q,

$$q = P \times \frac{AO}{AD},$$

et comme

$$\frac{AO}{AD} = \frac{ABO}{ABD} = \frac{ACO}{ACD} = \frac{ABO + ACO}{ABC},$$

l'on a

$$q = P \times \frac{ABO + ACO}{ABC},$$

proportion que l'on peut écrire

$$\frac{q}{AOB + AOC} = \frac{P}{ABC}.$$

Il faut maintenant décomposer le poids q en deux autres appliqués aux points B et C; ces deux composantes p' et p'' seront les charges sur les deux. autres points d'appui. L'on a :

$$\frac{p'}{p''} = \frac{DC}{BD},$$

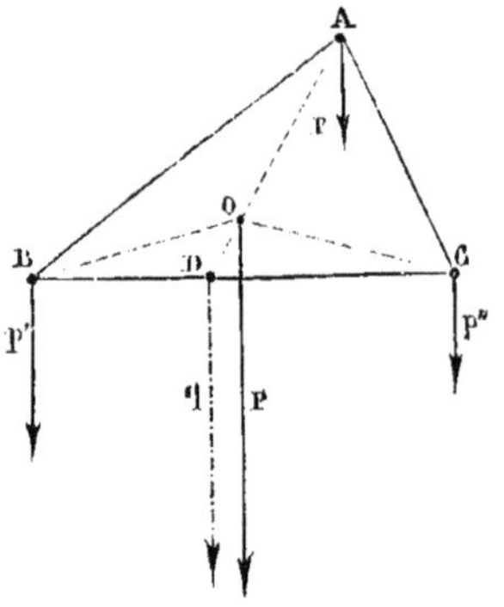

et comme les triangles AOC et AOB ont même base AO, ils sont entre eux comme les distances des points C et B à cette base AO, c'est-à-dire comme DC et BD; nous aurons donc

$$\frac{p'}{AOC} = \frac{p''}{AOB} = \frac{q}{AOC + AOB} = \frac{P}{ABC},$$

Fig. 105.

par conséquent

$$\frac{p}{BOC} = \frac{p'}{AOC} = \frac{p''}{AOB} = \frac{P}{ABC}.$$

CONSÉQUENCE. — Une table triangulaire homogène supportée par des pieds à ses trois sommets, pressera également sur tous, quelle que soit la forme

* Cette élégante proposition est due à Euler.

du triangle; en effet le point O est alors le centre de gravité du triangle ABC et l'on a, dans ce cas, AOB = AOC = BOC.

Si l'on place un poids sur cette table, *en son centre de gravité*, la pression de ce poids sera également répartie entre les pieds. — Il n'en est plus de même si le poids est placé sur la table en un point quelconque.

Lorsqu'il y a quatre points d'appui, ou plus, le problème revient à décomposer une force en plus de trois autres parallèles à sa direction, et nous avons vu que la question était indéterminée. Ainsi, l'on ne peut déterminer sûrement les pressions exercées par les quatre pieds d'une table sur un parquet; elles dépendent du degré de flexibilité du parquet en ces points.

§ 4. SOLUTIONS DE QUELQUES PROBLÈMES

102. Problème I. — *Une tige rectiligne, pesante et homogène, est appuyée sur deux plans; trouver sa position d'équilibre. — De plus, α et β étant les inclinaisons respectives des deux plans, AD, AC sur le plan horizontal, calculer les pressions exercées par la tige sur chacun d'eux, ainsi que l'angle θ que forme la tige avec la verticale.*

SOLUTION

Soit MN (*fig. 104*) la tige appuyée sur les deux plans C et D;

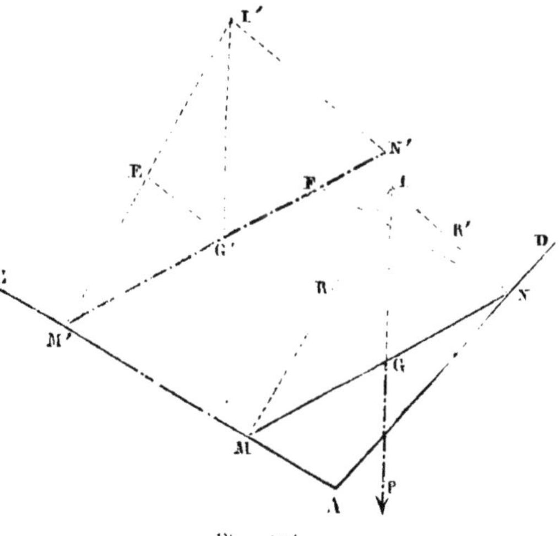

Fig. 104.

il doit y avoir équilibre entre le poids P de cette tige appliquée en son point milieu, G, et les deux réactions, R et R', des plans, qui sont normales aux deux surfaces aux points M et N; ces trois forces P, R, R' doivent par conséquent être dans un même plan. Ce plan doit être perpendiculaire à C et à D puisqu'il contient les normales R et R', il est donc perpendiculaire à l'intersection AB; mais il contient aussi la force P, donc il est vertical et l'intersection AB doit être horizontale. Ainsi la tige pesante ne peut être en équilibre entre les deux plans que si leur intersection est horizontale et la position d'équilibre cherchée se trouve dans l'angle rectiligne du dièdre compris entre les plans C et D.

Soit CAD cet angle; il faut inscrire entre ses côtés une droite MN de longueur donnée et telle qu'en joignant à son milieu, G, le point I de rencontre des perpendiculaires MI, NI, cette ligne GI soit verticale. Pour cela, supposons le problème résolu, traçons M'N' parallèle à MN, mais de longueur arbitraire, et les droites M'I', N'I' respectivement parallèles à MI et NI. Le triangle M'N'I' sera semblable à MNI et la droite I'G' qui va du point I' au point G', milieu de M'N', sera parallèle à IG, c'est-à-dire verticale; de plus en menant G'E parallèle à I'N', le point E sera le milieu de M'I'.

De ces remarques il résulte que l'on peut construire le triangle auxiliaire M'I'N' et en déduire le triangle MIN.

Pour cela menons M'I' perpendiculaire à AC et de longueur arbitraire, traçons la verticale I'G' et par le point E, milieu de M'I', la perpendiculaire EG' à AD; en joignant M'G' nous aurons une droite parallèle à la ligne inconnue MN. Si donc nous prenons M'F égale à la longueur de la tige, il suffira de mener FN parallèle à AC et MN parallèle à M'N' pour obtenir la position d'équilibre demandée.

Calculons maintenant les pressions que supporte chacun des plans. Elles sont égales et directement opposées aux réactions R et R'; leur résultante est donc le poids P de la tige et nous aurons (n° 13)

$$\frac{R}{\sin GIN} = \frac{R'}{\sin GIM} = \frac{P}{\sin MIN},$$

ou bien,

$$\frac{R}{\sin \alpha} = \frac{R'}{\sin \beta} = \frac{P}{\sin(\alpha + \beta)},$$

d'où

$$R = P \frac{\sin \alpha}{\sin(\alpha + \beta)}, \qquad R' = P \frac{\sin \beta}{\sin(\alpha + \beta)}.$$

Quant à l'angle $\theta = IGN$, nous le déduirons de la construction précédente. En effet, IG, étant la médiane du triangle MIN dans lequel les angles en I sont

$$NIG = \alpha, \qquad MIG = \beta,$$

nous aurons l'égalité de rapports

$$\frac{GN}{IG} = \frac{\sin \alpha}{\sin(\theta + \alpha)} = \frac{\sin \beta}{\sin(\theta - \beta)},$$

ou

$$\sin \alpha \, (\sin \theta \cos \beta - \cos \theta \sin \beta) = \sin \beta \, (\sin \theta \cos \alpha + \cos \theta \sin \alpha),$$

résolvant cette équation par rapport à tgθ, on trouve

$$\operatorname{tg}\theta = \frac{2\sin\alpha\sin\beta}{\sin(\alpha-\beta)}.$$

Ayant ainsi l'angle θ, l'on connaîtra si l'on veut, les angles aigus formés par la tige avec les deux plans inclinés

$$N = \alpha - (90° - \theta) = \alpha + \theta - 90°,$$
$$M = \beta + 90° - \theta,$$

et l'on voit que nous avons, soit par la géométrie, soit par le calcul, tous les éléments de la figure formée lors de la position d'équilibre.

103. Problème II. — *Une barre homogène AB (fig. 105) repose par l'une de ses extrémités, A, dans l'intérieur d'une coupe hémisphérique dont l'axe est vertical et un autre de ses points, C, s'appuie sur le bord de la coupe. En supposant que AB soit égal à trois fois le rayon de la coupe, trouver la distance AC lorsque l'équilibre est établi.*

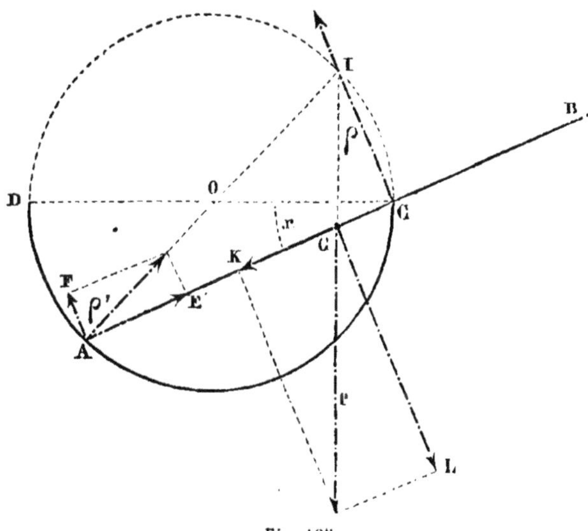

Fig. 105.

Appelons ρ et ρ' les réactions de la coupe aux points C et A ; la première est dirigée suivant la perpendiculaire CI à AC, et la seconde suivant le rayon AO ; il doit y avoir équilibre entre ces réactions ρ, ρ' et le poids P de la barre appliqué au point G milieu de AB.

Décomposons le poids P et la réaction ρ' en deux forces, l'une normale à la barre AB, l'autre dirigée dans le sens de cette barre; en désignant par x l'inclinaison de la barre AB, nous aurons pour ces composantes

$$P \cos x, \qquad P \sin x,$$
$$\rho' \sin x, \qquad \rho' \cos x,$$

et comme les composantes dirigées le long de la barre sont égales puisqu'il y a équilibre, l'on a

$$\rho' \cos x = P \sin x, \quad \text{ou} \quad \rho' = P . \operatorname{tg} x.$$

De même, les forces perpendiculaires à la direction AB de la barre doivent se détruire; il faut donc que la force $P.\cos x$ soit égale et directement opposée à la résultante des deux autres ρ et $\rho' \sin x$, et l'on aura les égalités

$$\frac{P \cos x}{AC} = \frac{\rho' \sin x}{CG} = \frac{\rho}{AG};$$

comme l'on a, en appelant R le rayon de la coupe,

$$AC = 2R \cos x,$$
$$CG = 2R \cos x - \frac{3}{2} R = R \left(2 \cos x - \frac{3}{2} \right),$$
$$AG = \frac{3}{2} R,$$

les égalités précédentes deviennent

$$\frac{P \cos x}{2R \cos x} = \frac{\rho' \sin x}{R \left(2 \cos x - \frac{3}{2} \right)} = \frac{\rho}{\frac{3}{2} R},$$

ou

$$\frac{P}{2} = \frac{2 \rho' \sin x}{4 \cos x - 3} = \frac{2\rho}{3}.$$

Des deux premiers rapports on tire, en remplaçant ρ' par sa valeur, $P . \operatorname{tg} x$, trouvée plus haut,

$$\frac{P}{2} = \frac{2 P \operatorname{tg} x \sin x}{4 \cos x - 3},$$

ou

$$\cos x (4 \cos x - 3) = 4 \sin^2 x.$$

Ainsi l'équation du second degré qui détermine $\cos x$ est

$$8 \cos^2 x - 3 \cos x - 4 = 0,$$

et l'on en tire

$$\cos x = \frac{3 \pm \sqrt{9 + 128}}{16} = \frac{3 \pm 11,705}{16},$$

la valeur correspondante au signe — du radical convient seule, parce que l'angle x est nécessairement aigu et l'on doit prendre

$$\cos x = \frac{14,705}{16} = \frac{1}{2} \cdot 1,838 = 0,919 ;$$

par suite

$$x = 23° 15'.$$

Quant à la longueur AC elle se déduit immédiatement :

$$AC = 2.R. \cos 23° 12' = 2. \frac{1}{2} \cdot 1,838. R = 1,838. R.$$

Plus généralement, soit R le rayon de la coupe, $2a$ la longueur de la barre, et θ l'angle qu'elle fait avec l'horizon quand l'équilibre est établi ; l'on trouve pour déterminer θ l'équation du second degré

$$4R \cos^2\theta - a \cos \theta - 2R = 0.$$

AUTRE SOLUTION. — On peut résoudre directement ce problème par la géométrie : le point de rencontre I des lignes AO et IC doit être tel que IG soit verticale, puisque les trois forces p, p' et P doivent se faire équilibre. Le triangle GIC est donc semblable au triangle ADC et l'on en déduit la proportion

$$\frac{IC}{CG} = \frac{AC}{AD},$$

et comme

$$IC = AD,$$

l'on a

$$IC^2 = AC. CG,$$

ou bien

$$4R^2 - AC^2 = AC \left(AC - \frac{3}{2} R\right);$$

l'équation du second degré qui donnera AC sera donc

$$2AC^2 - \frac{3}{2} R. AC - 4R^2 = 0,$$

ou

$$4AC^2 - 3R. AC - 8R^2 = 0,$$

de laquelle on tire

$$AC = \frac{3R + \sqrt{9R^2 + 8.16. R^2}}{8},$$

ou

$$AC = R \frac{3 + \sqrt{137}}{8} = 1,838. R.$$

104. Problème III. — *Trois sphères (fig. 106) O, O′, O″ de poids P, P′, P″, sont placées dans une coupe hémisphérique C et se touchent mutuellement ; leurs centres sont dans un même plan vertical avec le centre de la coupe. Trouver la position d'équilibre.*

SOLUTION

Joignons OC, O′C, O″C et posons pour abréger

$$CO = r \quad , \quad CO' = r' \quad , \quad CO'' = r'',$$

Prenons pour inconnue, θ, l'angle ACO′ formé avec CA par le rayon CO′ qui passe par le centre de la sphère intermédiaire; quand nous aurons cet angle les positions des trois sphères seront déterminées. Remarquons encore que les angles OCO′, O′CO″, sont des conséquences des données, puisqu'ils font partie des triangles OCO′, O′CO″ dont nous connaissons les trois côtés, nous poserons donc

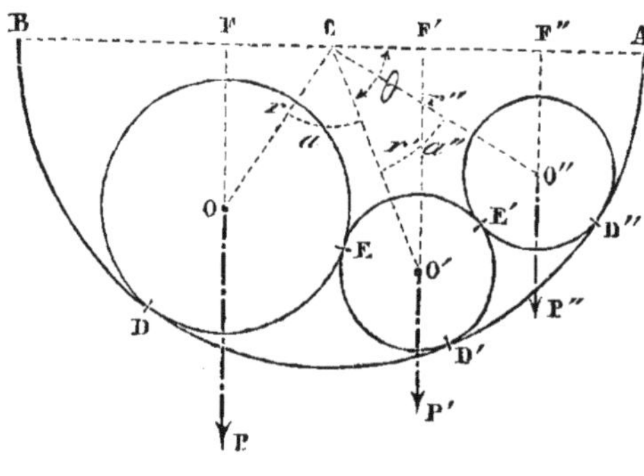

Fig. 106.

$$O'CO = a \quad , \quad O'CO'' = a''.$$

Puisque séparément chacune des sphères est en équilibre, leur ensemble peut être considéré comme un corps solide sur lequel les trois forces P, P′, P″ et les réactions aux trois points de contact D, D′, D″ se font équilibre.

Nous ne parlons pas des réactions aux points de contact E, E′, parce qu'elles sont deux à deux égales et opposées.

Écrivons donc que la somme des moments de ces six forces par rapport au centre C de la coupe est égale à zéro : comme les réactions D, D′, D″ passent par le centre des moments, nous n'avons à nous occuper que des moments de P, P′, P″; ils sont respectivement égaux à

$$+ P \times CF = + P \cdot r \cos (180° - a - \theta) = - P \cdot r \cdot \cos (a + \theta)$$
$$- P' \times CF' = - P' \cdot r' \cos \theta$$
$$- P'' \times CF'' = - P'' r'' \cos (\theta - a'')$$

et l'équation de l'équilibre est

$$P.r.\cos(a+\theta) + P'.r'.\cos\theta + P''.r''.\cos(\theta-a'') = 0;$$

en la développant l'on trouve

$$P.r.(\cos a\cos\theta - \sin a\sin\theta) + P'r'\cos\theta + P''r''(\cos\theta\cos a'' + \sin\theta\sin a'') = 0.$$

Si l'on divise les deux membres par $\cos\theta$ afin d'introduire $\tan g\theta$, l'on a

$$P.r.(\cos a - \sin a\, \tan g\,\theta) + P'r' + P''r''(\cos a'' + \sin a''\,\tan g\,\theta) = 0,$$

d'où

$$\tan g\ \theta = \frac{P.r.\cos a + P'.r'. + P''.r''.\cos a''}{P.r.\sin a - P''.r''.\sin a''}.$$

PROBLÈMES A RÉSOUDRE

1. Une coupe hémisphérique, de poids P, repose sur un plan horizontal et les rayons des deux sphères qui forment ses surfaces sont R et r. On suspend à l'aide d'un fil attaché au bord extérieur de la coupe un poids p; calculer l'angle que forme l'axe de la coupe avec la verticale quand l'équilibre est établi.

2. Deux sphères en contact l'une avec l'autre sont en équilibre dans une coupe hémisphérique dont l'axe est vertical ; déterminer l'inclinaison de la ligne des centres.

3. Un triangle isocèle, dont la hauteur est h et les côtés égaux sont représentés par a, est placé dans une coupe hémisphérique de rayon r; sachant que ses trois sommets touchent la surface intérieure, trouver la position d'équilibre du triangle.

4. La charpente d'un toit est formée de deux arbalétriers AC, BC qui sont de même longueur et réunis par un tirant horizontal AB. On donne le poids P de chaque poutre et son inclinaison α sur l'horizon, trouver la force de traction que supporte AB.

5. Une poutre homogène AB de 4 mètres de longueur est mobile autour d'un point O tel que AO $= 1^m$; son extrémité inférieure A s'appuie contre un mur vertical situé à $0^m,50$ du point O. Calculer, lorsqu'il y a équilibre, la pression sur le mur et sur le point fixe O.

6. Deux barres égales et homogènes, AB, AC, mobiles autour d'une charnière placée au point A sont placées sur la convexité d'un anneau vertical. Calculer leur inclinaison lorsque l'équilibre est établi.

7. Un levier homogène dont les bras, de longueur $2a$ et $2b$, sont à angle droit repose sur un anneau vertical et ses bras sont en contact avec la circonférence extérieure du rayon R. Trouver l'inclinaison du bras qui a $2a$ pour longueur.

7.

8. Une barre homogène AB s'appuie par l'une de ses extrémités sur un plan horizontal AC et par l'autre, B, sur la surface convexe d'un hémisphère dont le centre est C. Déterminer la force horizontale qu'il faut appliquer en A pour que la barre demeure dans une position donnée. Calculer aussi les pressions sur la sphère et sur le plan.

9. Trouver la position d'équilibre d'une barre appuyée par l'une de ses extrémités contre un plan vertical et dont l'autre extrémité repose sur la surface interne d'un hémisphère donné.

10. On donne une barre homogène AB qui peut se mouvoir autour de son milieu D; CE est une seconde barre mobile autour de son extrémité C située dans la même verticale que D et au-dessus; elle appuie sur AD par son extrémité E; à l'extrémité B de AB est suspendu un poids P. Déterminer les positions d'équilibre de ces barres en supposant que CD = AD.

11. Un système de forces appliquées à un corps peut toujours se réduire à deux forces faisant entre elles un angle donné.

12. Lorsqu'on réduit un système de forces à un couple et à une force qui passe par un point donné, on peut toujours choisir ce point de telle sorte que la force soit perpendiculaire au plan du couple. Le moment de ce couple est minimum.

13. Un triangle rectangle dont le poids est négligeable a pour côtés 3^{dm}, 4^{dm} et 5^{dm}; il repose horizontalement sur trois appuis placés aux sommets. Trouver le point où il faut placer un poids pour que la pression sur chaque appui soit proportionnelle au côté opposé. On calculera les distances de ce point aux deux côtés de l'angle droit.

CHAPITRE VIII

MACHINES SIMPLES.

105. Définition. — On appelle *machine* un corps ou un ensemble de corps qui sont gênés dans leurs mouvements par des obstacles fixes et au moyen desquels on peut mettre en équilibre des forces de grandeurs et de directions quelconques.

Pour que ces forces se fassent équilibre sur de tels corps il n'est plus nécessaire que leurs résultantes soient nulles, il suffit qu'elles soient dirigées vers les obstacles qui les détruisent par leurs résistances.

106. Une machine est *simple* lorsqu'elle est formée d'un seul corps solide ; on distingue ordinairement trois sortes de machines simples, d'après la nature de l'obstacle qui gêne le mouvement du corps :

1° Le *levier* ; — 2° Le *tour* ou *treuil* ; — 3° Le *plan incliné*.

Dans la première machine l'obstacle est un point fixe autour duquel le corps peut tourner librement dans tous les sens. — Dans la seconde, l'obstacle est une droite fixe ; tous les points du corps sont assujettis à décrire des circonférences dont les plans sont perpendiculaires à la droite et dont les centres sont sur cette droite. — Enfin dans la dernière machine l'obstacle est un plan inébranlable contre lequel le corps s'appuie et sur lequel il peut seulement glisser.

107. Une machine *composée* est un ensemble de machines simples qui réagissent les unes sur les autres en vertu de leur liaison mutuelle.

§ 1ᵉʳ. LEVIER.

106. Définition. — *Le levier est une barre dont les extrémités sont sollicitées par deux forces, et qui est mobile autour d'un point fixe appelé point d'appui du levier.*

La figure 107 représente le levier employé le plus souvent par les ouvriers. On introduit l'extrémité A sous le corps pesant que l'on veut soulever, et l'on exerce un effort à l'autre extrémité B.

Le levier peut être droit ou coudé.

On appelle bras

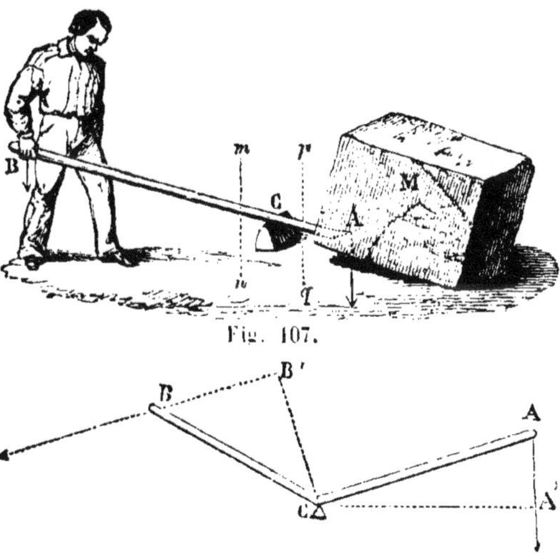

Fig. 107.

Fig. 108.

de levier des forces (*fig.* 108) les distances du point fixe C aux deux forces, c'est-à-dire les perpendiculaires CA', CB' abaissées sur les directions des deux forces.

On distingue souvent deux sortes de leviers : dans le levier du premier genre, le point d'appui est situé entre les points d'application des deux forces; dans les autres (*fig.* 109), ce point fixe est situé à l'une des extrémités de la barre. Au point de vue théorique, cette distinction est inutile et les conditions d'équilibre

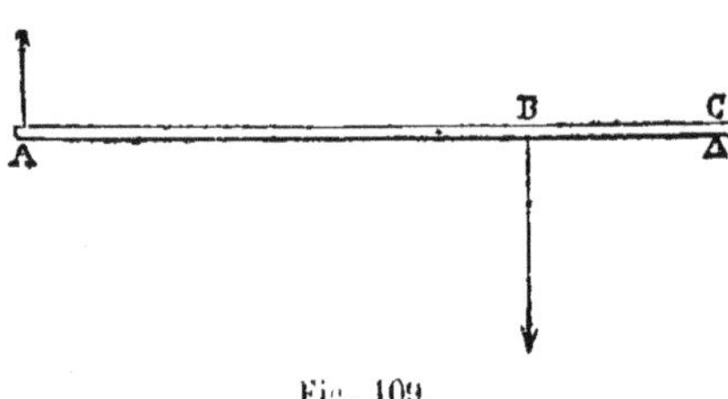

Fig. 109.

du levier, que nous indiquons ci-dessous, s'appliquent à tous les cas. Nous négligerons le poids du levier.

107. Proposition. — *Lorsqu'un levier est sollicité par deux forces, il faut et il suffit, pour qu'il y ait équilibre, 1° que les deux forces et le point d'appui soient dans un même plan; 2° que leurs intensités soient en raison inverse des bras de levier ; 3° que les forces tendent à faire tourner le levier en sens contraire autour du point fixe.*

DÉMONSTRATION. — Soit P (*fig.* 110) la puissance appliquée en A, Q la résistance appliquée en B, et R' la réaction du point fixe C; il doit y avoir équilibre entre les forces P, Q et R'. Donc (5° conséq. n° 6) ces trois forces doivent être dans un même plan. De là cette première condition d'équilibre :

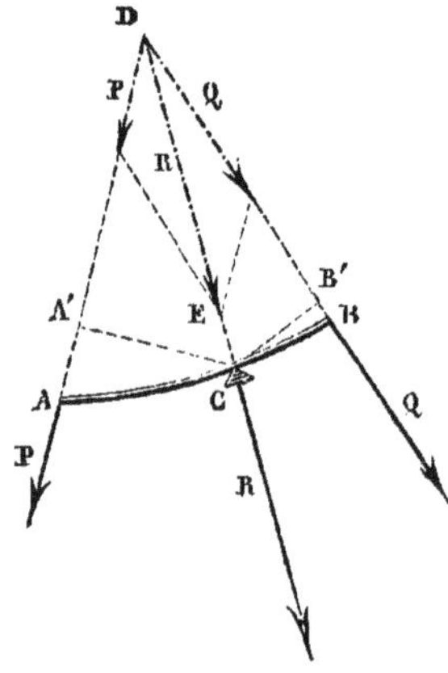

Fig. 110.

La puissance et la résistance doivent être dans le même plan avec le point d'appui.

Supposons cette condition remplie; la résultante R des forces P et Q doit passer par le point C, puisqu'elle doit être détruite par la résistance du point fixe ; la somme des moments des forces P et Q, par rapport au point C, est donc égale à zéro, ce qui revient à écrire :

$$P \times CA' = Q \times CB'.$$

De là cette seconde condition d'équilibre : *Les deux forces doivent être en raison inverse de leurs bras de levier.* Il est clair que ces forces doivent faire tourner le levier en sens contraire.

108. Charge du point d'appui. — Elle est égale à la résultante des forces P et Q ; l'on aura donc (n° 12),

$$R^2 = P^2 + Q^2 + 2PQ \cos (P, Q).$$

§ 2. BALANCE.

109. Définition. — *La balance est un levier du premier genre qui sert à comparer le poids d'un corps à l'unité de poids, c'est-à-dire au gramme.*

Elle se compose essentiellement (*) (*fig.* 111) d'une barre rigide *ou fléau*, AB, traversée en son milieu, C, par un couteau d'acier trempé qui fait saillie des deux côtés : l'arête inférieure de ce couteau repose de part et d'autre sur deux petits plans d'acier trempé ou d'agate situés l'un en

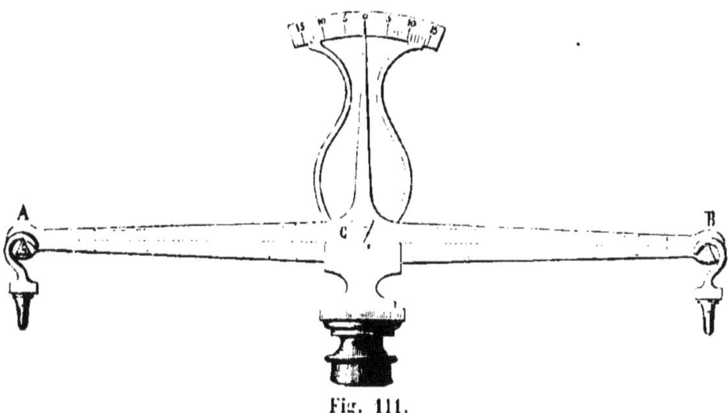

Fig. 111.

avant, l'autre en arrière du fléau, et dans un même plan horizontal; le fléau peut ainsi osciller librement autour de cette arête. Il soutient, à chacune de ses extrémités, un plateau destiné à recevoir le corps ou les poids marqués; pour cela, ces deux extrémités portent deux couteaux analogues au précédent, mais tournant en haut leurs arêtes, sur lesquelles s'appuient les crochets qui supportent les plateaux. Les arêtes des trois couteaux sont parallèles et situées dans un même plan; pour simplifier le langage, dans tout ce qui va suivre, nous les supposerons réduites à trois points situés en ligne droite, et nous nommerons *ligne du fléau* la ligne qui joint ces points, *bras du fléau* les distances entre le point milieu et les points extrêmes. Perpendiculairement à la ligne du fléau et sur son milieu on fixe ordinairement une aiguille dont l'extrémité peut parcourir un petit arc de cercle gradué; le zéro de la graduation correspond à la position verticale de l'aiguille, par suite à la position horizontale du fléau.

La méthode la plus simple pour faire une pesée consiste à placer le

* Les nᵒˢ 111, 112, 115, 116 sont empruntés à la physique de MM. Br on et Fernet.

corps dans un des plateaux et des poids marqués dans l'autre jusqu'à ce que l'aiguille revienne librement au zéro, après un certain nombre d'oscillations de part et d'autre. Quand on a obtenu, par une série de tâtonnements, cet état d'équilibre, on fait la somme des poids marqués et l'on a le poids du corps.

Mais pour qu'on puisse compter sur l'exactitude de ce résultat, il faut à la fois : 1° que la balance soit *juste*, c'est-à-dire que le fléau se tienne horizontal quand ses extrémités supportent des poids égaux ; 2° qu'elle soit *sensible*, c'est-à-dire que l'addition d'un poids très-petit d'un côté ou de l'autre dérange l'horizontalité du fléau.

110. Conditions de justesse. — *1° Le centre de gravité de la partie mobile (fléau et bassins) doit être situé sur la perpendiculaire à la ligne du fléau menée par le point d'appui et au-dessous de ce point d'appui ; 2° les deux bras de levier doivent être rigoureusement égaux.*

En effet, soient (*fig.* 112) l et l' les distances AC, BC, c'est-à-dire les deux bras du fléau : d la distance GI du centre de gravité G de la balance à la verticale passant par le point de suspension ; soit enfin π le poids de la balance et P la valeur commune des poids appliqués aux extrémités du fléau. Pour qu'il y ait équilibre, lorsque le levier est horizontal, il faut que la somme des moments des forces par rapport au point de suspension C, soit nulle ; l'on doit donc avoir :

$$Pl - Pl' \pm \pi d = 0,$$

ou

$$P(l - l') \pm \pi d = 0.$$

en prenant le signe $+$ si le centre de gravité G est à gauche de la verticale du point C et le signe $-$ s'il est à droite.

Cette équation doit avoir lieu quel que soit P, par conséquent l'on doit avoir séparément

$$P(l - l') = 0, \quad \pi d = 0,$$

ce qui entraîne nécessairement les égalités

$$l = l', \quad d = 0,$$

c'est-à-dire les conditions indiquées plus haut.

Ces deux conditions sont donc nécessaires ; maintenant elles sont suffisantes : en effet, quand elles sont remplies, les plateaux étant vides, si le fléau est placé horizontalement il restera dans cette position ; ce sera de plus une position d'équilibre stable, car s'il est écarté en A'B' le centre de gravité G passera en G' (*fig.* 113) et le poids de la partie mobile appliqué en ce point tendra à ramener le point G' en G dans la verticale du point d'appui.

Supposons toujours ces conditions remplies, et déposons maintenant
dans les plateaux des poids
égaux, ils agiront en A et en
B comme deux forces verticales égales et parallèles et
leur résultante sera une force
égale à leur somme appli-
quée au point C milieu de
AB; cette force sera dé-
truite par la résistance du
support et comme le fléau

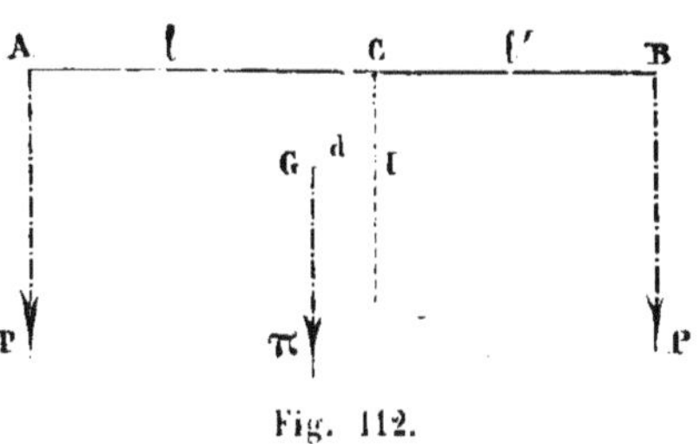

Fig. 112.

était horizontal quand les plateaux étaient vides il demeurera horizontal
encore.

Remarque. — Si, les conditions précédentes étant remplies, le centre de
gravité G coïncidait avec le point de suspension, la balance serait *indif-
férente*, le fléau demeurerait en équilibre dans une position quelconque.

Si le centre de gravité était au-dessus du point C de suspension la
balance serait *folle;* elle serait bien en équilibre lorsque le fléau est
rigoureusement horizontal, mais elle se renverserait dès qu'on écarterait
le fléau tant soit peu de cette position.

111. Conditions de sensibilité. — Nous avons dit qu'une balance
était sensible lorsque l'addition d'un poids très-petit d'un côté ou de
l'autre suffisait pour écarter visiblement l'aiguille du zéro ; si, par exemple, l'addition d'un milligramme suffit pour écarter visiblement l'aiguille
du zéro on dit que la balance est *sensible au milligramme.*

On cherche ordinairement à donner à une balance une grande sensibilité et l'on tient à ce que cette sensibilité soit la même quelle que
soit la charge. Ces deux qualités répondent aux deux conditions suivantes :

1° *Il faut que les bras soient aussi longs et aussi légers que possible et
que le centre de gravité soit aussi voisin que possible de l'axe de suspension; 2° que le point d'appui du fléau et les deux points de suspension des fléaux soient en ligne droite.*

En effet, supposons d'abord *fig.* 113 les trois points A, B. C, situés en
ligne droite, et les plateaux chargés de poids P et P′ tels que le fléau
placé horizontalement soit en équilibre * ; la résultante de ces poids,
appliquée en C, est détruite par le plan d'appui, et le fléau est dans les

* Les conditions de sensibilité sont tout à fait indépendantes des conditions
de justesse ; aussi nous établirons les premières en supposant que les autres
ne sont pas nécessairement remplies.

mêmes conditions que s'il n'était pas chargé. Ajoutons un poids p dans le bassin B, le fléau s'inclinera d'un angle α et prendra la direction A'B'; le centre de gravité G, auquel est appliqué le poids π de la balance viendra en G' sur une perpendiculaire à A' B'. Pour l'équilibre, il faudra que la somme des moments des forces, par rapport au point C, soit égale à zéro; puisque la résultante des forces P et P' passe par le point C, nous n'avons à considérer que le poids π

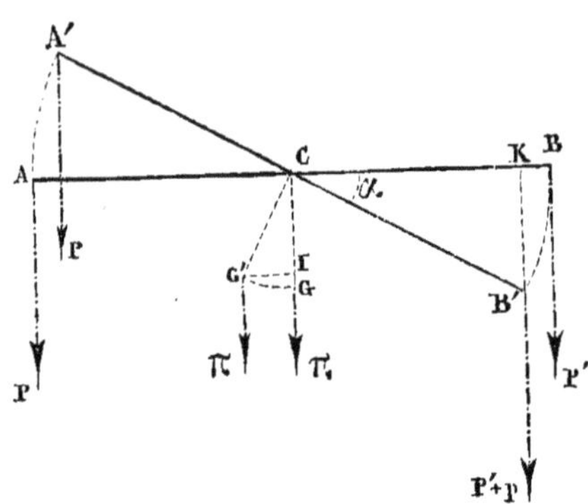

Fig. 115.

de la balance et le poids additionnel; leurs moments sont

$$\pi \times \text{G'I} = \pi.\text{G'C}.\sin\alpha = \pi.\text{GC}.\sin\alpha,$$
$$p \times \text{CK} = p.\text{CB'}.\cos\alpha = p.\text{CB}.\cos\alpha;$$

l'équation d'équilibre est donc

$$\pi\, \text{GC}.\sin\alpha = p.\text{CB}.\cos\alpha,$$

d'où
$$\tan\alpha = \frac{p.\text{CB}}{\pi.\text{CG}}.$$

Cet angle varie donc proportionnellement à CB et en raison inverse de π et de CG, ce qui démontre bien la première des conditions énoncées.

112. Voyons maintenant (*fig.* 114) ce qui se passerait si les trois points A, B, C, n'étaient pas en ligne droite : désignons par 2β l'angle ACB du triangle isocèle, formé par les trois couteaux, par l les côtés égaux de ce triangle, et par d la distance CG du

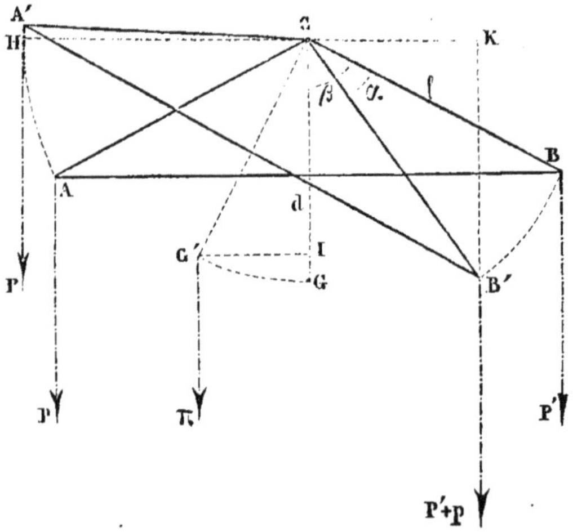

Fig. 114.

centre de gravité au point de suspension; supposons encore les plateaux chargés de poids P et P′ tels que le fléau soit horizontal, et ajoutons un poids p dans ce bassin B; le fléau s'inclinera d'un angle α et prendra la position CA′B′; il faudra, pour l'équilibre, que la somme des moments des forces soit égale à zéro, c'est-à-dire que l'on ait

$$P \times CH + \pi \times G'I = (P' + p).CK;$$

mais,

$$CH = A'C.\cos(\alpha + \beta - 90°) = l \sin(\alpha + \beta),$$
$$G'I = CG' \sin G'CI = d \sin \alpha,$$
$$CK = CB' \sin CB'K = l.\sin(\beta - \alpha);$$

l'on aura donc l'égalité :

$$P.l.\sin(\alpha + \beta) + \pi.d.\sin \alpha = (P' + p).l.\sin(\beta - \alpha),$$
$$P.l.(\sin\alpha\cos\beta + \sin\beta\cos\alpha) + \pi.d.\sin\alpha = (P' + p).l.(\sin\beta\cos\alpha - \sin\alpha\cos\beta).$$

Si l'on divise les deux membres par $\cos \alpha$, l'on trouve

$$\tan \alpha = \frac{(P' - P + p)\,l.\sin\beta}{(P + P' + p)\,l.\cos\beta + \pi.d},$$

valeur à peu près égale à

$$\frac{p.l.\sin\beta}{(2P + p).l.\cos\beta + \pi.d};$$

car, P et P′ ne diffèrent jamais beaucoup dans la pratique. On voit que dans ce cas la sensibilité diminuerait avec la charge.

Si, au contraire, le point C était au-dessous de la ligne AB, la sensibilité croîtrait avec la charge.

113. Vérification d'une balance. — Pour vérifier si une balance est juste, on l'abandonne à elle même, les plateaux étant vides; si, après quelques oscillations, l'aiguille vient se placer au zéro, la première condition de justesse est remplie, et le centre de gravité est convenablement situé. S'il n'en était pas ainsi, on pourrait aisément corriger ce défaut, en ajoutant une charge suffisante du côté du plateau qui semble trop léger.

Cette vérification faite, on place dans les plateaux deux poids qu'on règle de façon que l'aiguille s'arrête au zéro; l'équilibre étant établi, on transporte dans le plateau de droite le poids qui était à gauche, dans le plateau de gauche le poids qui était à droite : si l'aiguille revient encore au zéro, on peut affirmer que les bras sont égaux. En effet, si l'on avait

$$AC > BC, \quad \text{on aurait} \quad P < P';$$

donc, en intervertissant les poids, on aurait placé à l'extrémité du plus grand bras de levier le plus grand poids et l'équilibre aurait été détruit. Donc si le fléau reste horizontal après l'échange, les bras sont égaux et la balance est définitivement juste.

114. Méthode des doubles pesées. — La méthode de la *double pesée*, imaginée par *Borda*, permet de faire une pesée exacte, même avec une balance qui n'est pas juste, pourvu que cette balance soit sensible.

Le corps à peser étant placé dans un des plateaux, on lui fait équilibre en mettant dans l'autre plateau de la grenaille de plomb ou du sable, de telle façon que l'aiguille s'arrête au zéro de la graduation. On enlève le corps et l'on met à sa place *dans le même plateau* des poids marqués, jusqu'à ce que l'aiguille revienne au zéro. La somme de ces poids représente exactement le poids du corps ; en effet, ce dernier d'abord et les poids marqués ensuite, ont fait équilibre à la tare dans des conditions absolument identiques, ils sont donc équivalents.

Cette méthode ne suppose pas que la balance soit juste, mais pour qu'on obtienne un résultat précis, il faut qu'elle soit sensible. Comme les conditions de justesse sont difficiles à réaliser, on suppose, même dans les balances les mieux construites, qu'elles ne soient pas remplies, et l'on a toujours recours pour des expériences précises à la méthode des doubles pesées.

115. Balance romaine. — *Cette balance est un simple levier à bras inégaux, avec lequel on mesure des poids très-différents les uns des autres, au moyen d'un poids unique assez faible et mobile le long du grand bras du levier.*

Soit AB (*fig.* 115) le levier mobile autour du point fixe C; le poids P,

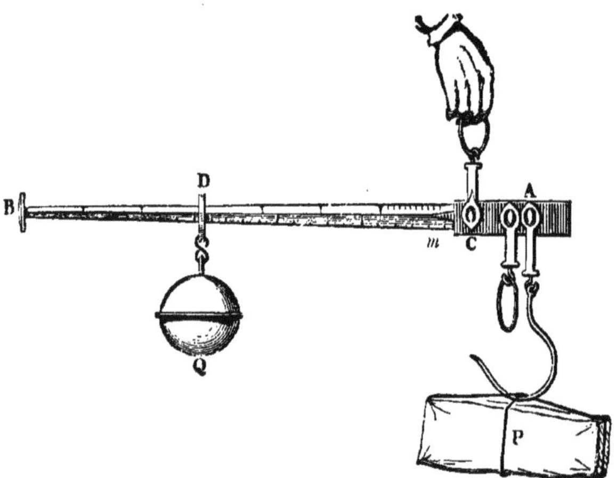

Fig. 115.

qu'il s'agit de peser, est suspendu en A à l'extrémité du petit bras de levier, et c'est en déplaçant le même poids Q le long du grand bras CB que l'on parvient à établir l'équilibre.

Désignons par π le poids du levier; il est appliqué en G, centre de gravité, qui est situé entre A et C; nous devrons avoir pour l'équilibre

$$P \times AC + \pi \times CG = Q \times CD,$$

et, si nous connaissions la position du point G, cette égalité permettrait de déterminer le poids P de l'objet suspendu au crochet.

Pour éviter la recherche du centre de gravité du fléau, on détermine le point m auquel il faut placer le poids Q pour que le levier demeure horizontal quand le crochet est vide; ce point m est tel que l'on a l'égalité

$$\pi \times CG = Q \times Cm,$$

et si l'on remplace $\pi.CG$ par sa valeur dans la première équation, l'on a

$$P \times AC + Q \times Cm = Q \times CD,$$

d'où

$$P \times AC = Q\,(CD - Cm) = Q \times Dm,$$

et, par conséquent,

$$P = Q \times \frac{Dm}{AC}.$$

Ainsi le poids P est proportionnel à Dm; de là résulte, pour graduer l'instrument, une méthode très-simple : on détermine le point m, puis on attache au crochet un poids de 10 kilogrammes, soit D la position du poids mobile quand l'équilibre est établi ; on divise Dm en 10 parties égales et l'on prolonge les divisions au delà du point D.

Pour déterminer le poids d'un corps, il suffit de lire la division à laquelle le poids mobile doit être amené sur la barre pour qu'il y ait équilibre

La balance romaine est souvent munie de deux anneaux de suspension. à chacun de ces points fixes correspond une division spéciale sur les deux arêtes du levier. Pour peser les corps un peu lourds, on suspend la romaine par l'anneau le plus voisin du crochet.

116. Bascule de Quintenz. — Cette balance est destinée à peser des corps très-lourds, tels que les bagages et les colis transportés par les chemins de fer.

La partie principale consiste (*fig.* 116) en un levier LN mobile autour du point M; d'un côté ce levier supporte, à l'aide des tringles LG, KH, et de la pièce oblique CD, un large plateau ou *tablier*. ABC, sur lequel on place les corps à peser; de l'autre côté du levier est suspendu un bassin P, dans lequel on place des poids marqués jusqu'à ce qu'il y ait équilibre.

Le mode de liaison du levier à la plate-forme est très-ingénieux permet de satisfaire à ces deux conditions très-importantes dans la pratique :

1° Un même poids placé dans le bassin fait équilibre au corps posé sur le tablier, quelle que soit la position de ce corps sur cette plate-forme.

2° Lorsque le levier LM s'abaisse ou se relève, le tablier AB se meut en restant toujours horizontal.

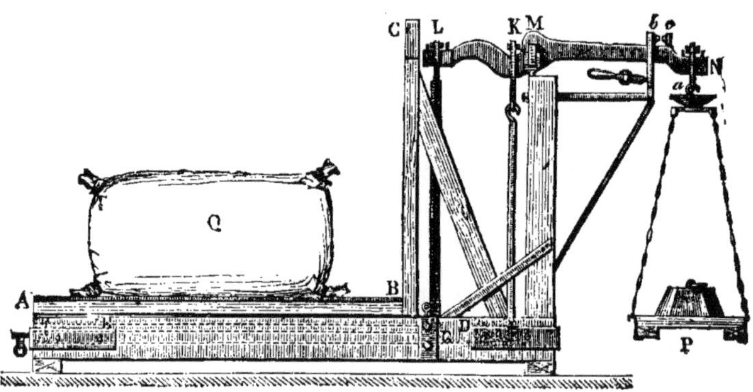

Fig. 116.

A cet effet, le tablier AB repose (*fig.* 117), par un couteau d'acier E, sur une fourche FG mobile autour d'un axe horizontal projeté verticalement sur le dessin au point F; l'extrémité G de cette fourche est soutenue par la tringle GL accrochée en L au levier LM. D'autre part, le tablier se relève suivant BC et porte la pièce oblique CD, reliée également ment au levier LM par la tringle HK.

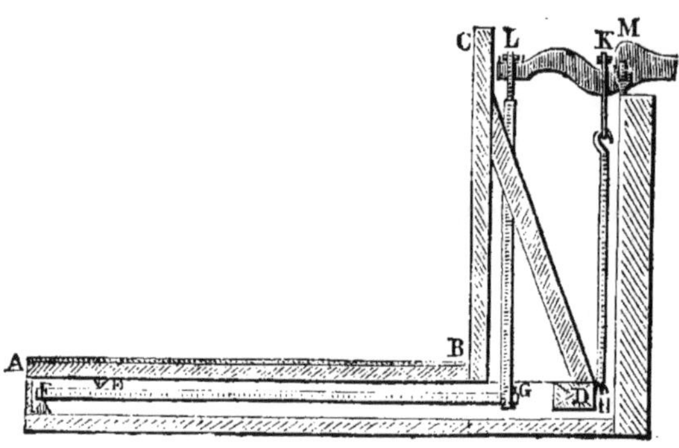

Fig. 117.

Soit Q le corps placé sur le tablier, dont nous négligerons d'abord le poids ; ce poids Q, appliqué au centre de gravité O du corps, peut se décomposer en deux autres q et q', appliqués l'un en E, l'autre en H, et nous aurons :

$$q = Q \times \frac{OH}{EH},$$

$$q' = Q \times \frac{OE}{EH};$$

cette dernière force q' peut être appliquée au point K du levier LM.

Nous pouvons maintenant décomposer la force q en deux autres appliquées aux points F et G ; la première sera détruite puisqu'elle passe par l'axe de rotation de la fourche, et la seconde composante aura pour expression

$$q \times \frac{FE}{GF} = Q \times \frac{OH}{EH} \times \frac{FE}{GF};$$

elle est appliquée au point G, mais, à cause de la tringle GL, on peut dire qu'elle est appliquée au point L du levier LN. On peut remplacer cette dernière force par une autre appliquée au point K et dont l'intensité serait

$$Q \times \frac{OH}{EH} \times \frac{FE}{GF} \times \frac{LM}{KM},$$

et, en définitive, le poids Q peut être remplacé par deux forces verticales appliquées en K dont la résultante est

$$Q \times \frac{OE}{EH} + Q \times \frac{OH}{EH} \times \frac{FE}{GF} \times \frac{LM}{KM}.$$

On construit la bascule de telle sorte que

$$\frac{FE}{FG} \times \frac{LM}{KM} = 1,$$

ce qui revient à déterminer les dimensions des leviers d'après la proportion

$$\frac{FE}{FG} = \frac{MK}{ML};$$

alors la somme précédente peut s'écrire

$$Q \times \frac{OE}{EH} + Q \times \frac{OH}{EH} = Q \times \frac{OE + OH}{EH} = Q,$$

et l'effet que produit le poids Q sur le levier LN, par l'intermédiaire du tablier et des tringles, est le même que si le poids Q était directement suspendu au point K. Il suffira donc, pour qu'il y ait équilibre, que l'on ait

$$P = Q \times \frac{MK}{MN},$$

en désignant par P les poids marqués que renferme le bassin supposé sans pesanteur. Ordinairement le rapport $\dfrac{MK}{MN}$ est égal à $\dfrac{1}{10}$, et la bascule est dite *au dixième*; il n'y a donc qu'à multiplier par 10 la somme des poids marqués pour obtenir le poids du corps.

On voit que la première des conditions indiquées plus haut se trouve remplie; la seconde l'est aussi : en effet, pour que la plate-forme s'abaisse en restant horizontale, il faut que le point D, ou ce qui revient au même, le point K descende autant que le couteau E; or, l'on a

$$\frac{\text{abaiss}^t \text{ de E}}{\text{abaiss}^t \text{ de G}} = \frac{FE}{FG}$$

et, comme le point G descend autant que le point L,

$$\frac{\text{abaiss}^t \text{ de G}}{\text{abaiss}^t \text{ de K}} = \frac{ML}{MK};$$

donc, en multipliant membre à membre ces deux égalités,

$$\frac{\text{abaiss}^t \text{ de E}}{\text{abaiss}^t \text{ de K}} = \frac{FE}{FG} \times \frac{ML}{MK},$$

et, pour qu'il y ait égalité entre ces deux chemins, l'on doit avoir

$$\frac{FE}{FG} \times \frac{ML}{MK} = 1.$$

Ainsi, quand les dimensions des bras de leviers sont telles, que l'on ait

$$\frac{FE}{FG} = \frac{MK}{ML},$$

le plateau demeure horizontal dans son mouvement.

On reconnaît l'horizontalité du levier LN à l'aide de deux petits appendices saillants b et c (*fig.* 116) dont l'un b, est fixe, et l'autre, mobile avec le levier, doit venir se placer en regard du premier. Pour éviter que les couteaux d'appui se fatiguent et s'émoussent pendant qu'on ne se sert pas de la bascule, on soulève le levier LN à l'aide d'un levier dont la poignée seulement est visible sur la figure; les deux tringles KH et LG descendent, et le tablier vient reposer sur les bords du châssis qui supporte l'appareil.

Pour vérifier cette balance, on dispose d'abord horizontalement le châssis qui supporte le tablier, on ôte le levier d'arrêt et l'on équilibre l'instrument à l'aide de grains de plomb que l'on place dans la coupe située au-dessus du bassin; enfin on place dans le bassin et sur le tablier des poids dont l'un soit décuple de l'autre, et l'on vérifie si ces poids se font équilibre, quel que soit le lieu occupé sur le tablier par le poids qui s'y trouve placé. Si l'instrument satisfait à ces essais, on peut s'en servir avec confiance pour toutes les pesées qui n'excèdent pas sa force.

117. Ponts à bascule. — Les machines qui servent à peser les voitures ou les wagons sont formées par des combinaisons de leviers. Une plate-forme en bois qui recouvre une fosse (*fig.* 118) est placée au même

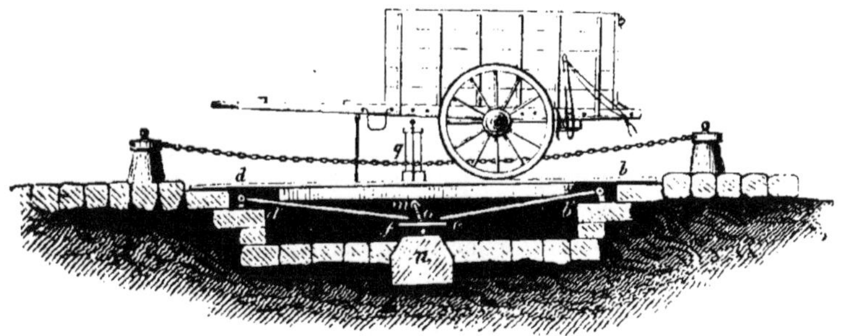

Fig. 118.

niveau que la route et disposée de manière à monter et à descendre dans la fosse sans en toucher les parois. Les leviers sur lesquels repose ce

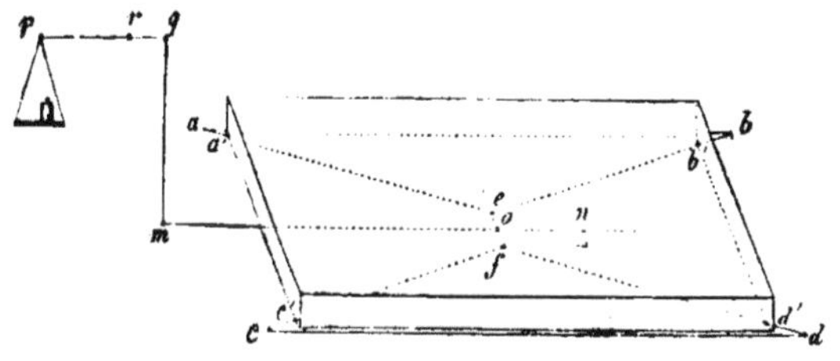

Fig. 119.

tablier (*fig.* 119) sont au nombre de quatre, *ae*, *be*, *cf*, *df*, ils forment deux triangles *abe*, *cdf* légèrement inclinés sur l'horizon et mobiles autour des axes fixes *ab* et *cd* ; le tablier s'appuie aux points *a'*, *b'*, *c'*, *d'*, très-voisins des axes de rotation. Ces quatre leviers sont réunis par une barre *ef* sous laquelle passe un levier *nom* dont *n* est le point fixe ; la barre *ef* pèse au point *o* sur ce levier, dont l'extrémité *m* est liée par une tringle *mq* au fléau *pq* d'une balance romaine.

Un poids assez faible, appliqué en p, *peut faire équilibre à une charge considérable placée sur le tablier.*

En effet, soit

$$pq = 2.rq, \quad mn = 5.on, \quad ae = 10.aa';$$

un poids de 1 kilogramme, placé dans le plateau de la romaine, exercera au point m la même action qu'une force verticale de 2 kilogrammes, et au point o le même effet de traction qu'une force de 2×5 kilogrammes ou 10 kilogrammes ; cette force peut se décomposer en 2 autres de 5 kilogrammes chacune et appliquées aux points e et f. Considérons la première : elle fera équilibre à un poids de 50 kilogrammes appliqué au milieu de $a'b'$, puisque le sommet e du triangle aeb est dix fois plus éloigné de l'axe de rotation que la parallèle $a'b'$. Donc un seul kilogramme placé dans le plateau fera équilibre à 100 kilogrammes placés sur le tablier.

Pour régler la bascule, on commence par faire équilibre au poids du tablier par une tare placée au point p, et l'on règle cette tare de telle sorte que le levier pq soit horizontal lorsque le tablier est vide ; ceci fait, l'on déterminera le poids Q d'une voiture amenée sur le tablier en multipliant la somme des poids marqués du plateau par le produit

$$\frac{pr}{rq} \cdot \frac{mn}{on} \cdot \frac{ac}{aa'}$$

calculé une fois pour toutes.

118. Bascule romaine de M. Béranger. — La bascule que l'on emploie maintenant dans les gares de chemins de fer (*fig.* 120), pour peser

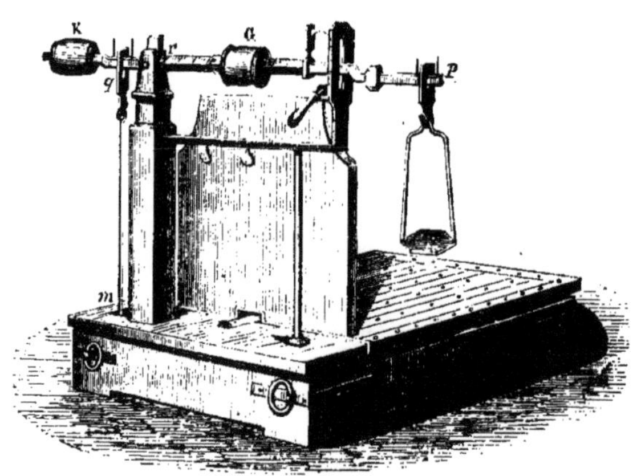

Fig. 120.

les bagages, est une réduction de l'appareil précédent ; la tige mo du grand levier est coudée de telle sorte que son extrémité m se trouve vers l'un des angles de l'appareil, et la romaine est disposée parallèlement à l'un des côtés de la bascule ; l'appareil tient peu de place, et le curseur G

évite l'emploi des poids marqués pour toutes les pesées qui n'excèdent pas
100 kilogrammes; pour les autres, il faut placer des poids dans le plateau suspendu au point *p*.

§ 5. POULIE.

119. Description. — Une poulie est formée (*fig.* 121) d'un plateau
cylindrique, plein ou vidé, en bois ou en métal, qui présente sur la
tranche et dans tout son contour une rainure appelée *gorge*, sur laquelle
on passe une corde ou une chaîne. Le centre de la poulie est traversé par
un axe en métal dont les extrémités A et B sont appelés *tourillons*.

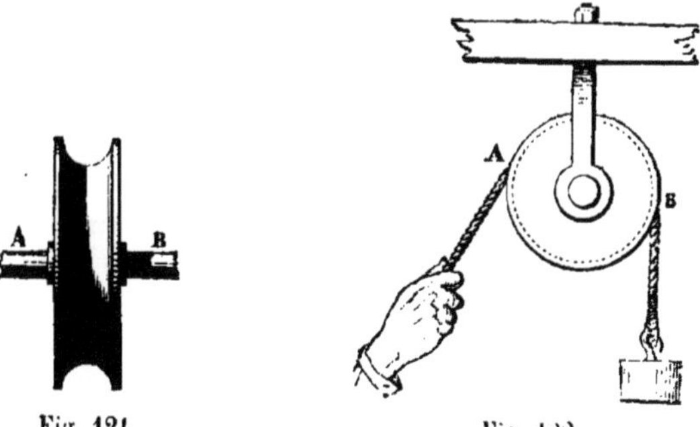

Fig. 121.   Fig. 122.

La POULIE FIXE (*fig.* 122) est supportée par une ferrure appelée *chape*, à
l'aide de laquelle on la suspend à un point fixe; cette chape se bifurque
en deux branches que traverse l'axe de la poulie. Cette disposition est
adoptée pour tirer de l'eau à un puits, pour monter un fardeau à un
étage supérieur; à l'une des extrémités de la corde qui passe sur la gorge
de la poulie est attaché le poids à soulever, à l'autre extrémité est appliquée une force de traction.

Dans ce cas, *les chemins parcourus par les points où les hommes appliquent les mains sont égaux à la hauteur dont le fardeau s'est élevé.*

En employant deux poulies fixes, on peut (*fig.* 123) changer le mouvement rectiligne, qui a lieu suivant une droite AB, en un autre mouvement rectiligne ayant lieu suivant une autre droite quelconque CD
située ou non dans le même plan avec la première. Pour cela, on joint
par une droite BC deux points quelconques pris sur les deux directions
données; on dispose une première poulie P de manière que son axe soit
perpendiculaire au plan ABC, et une autre P′ dont l'axe soit perpendiculaire au plan BCD. En faisant passer sur les deux poulies une corde
flexible dans tous les sens, on obtiendra le changement de direction de-
mandé.

La POULIE MOBILE repose sur une corde qui passe sous sa gorge ; la chape pend au-dessous et supporte, à l'aide d'un crochet, le corps que l'on veut élever ; une des extrémités de la corde est attachée à un point fixe, et à

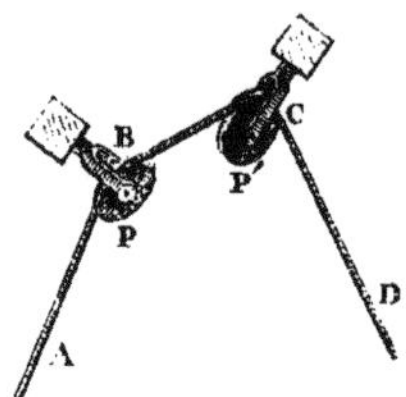

Fig. 125.

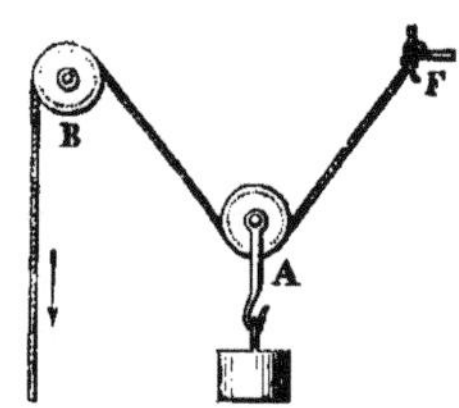

Fig. 124.

l'autre est appliquée une force de traction. Tel était (*fig.* 124) le mode de suspension des anciens réverbères : la corde, après s'être enroulée sous la poulie A, s'appuyait sur une poulie fixe B et descendait verticalement.

120. Conditions d'équilibre. — Proposition I. — 1° *Pour qu'une poulie fixe soit en équilibre, il faut et il suffit que le poids du fardeau soit égal à la force de traction.*

2° La charge que supporte l'axe est au poids du fardeau comme la sous-tendante de l'arc embrassé par la corde est au rayon de la poulie.

DÉMONSTRATION. — En effet, supposons qu'il y ait équilibre entre les forces P et Q dirigées dans le plan de la poulie (*fig.* 125) ; nous pouvons dire que ces forces sont appliquées aux extrémités A et B du levier coudé AOB formé par les deux rayons de contact, et la matière de la poulie a pour effet de relier invariablement les deux bras égaux auxquels P et Q sont perpendiculaires ; il faut, par conséquent, que le poids soit égal à la force de traction.

Prolongeons ces deux forces jusqu'en leur point de rencontre C, et supposons-les appliquées en ce point ; leur résultante CD ou R sera la bissectrice de l'angle des deux tangentes et passera par le point fixe O, elle représentera par conséquent la charge de l'axe de la poulie ; or, nous avons, en désignant par 2α l'angle PCQ des deux forces,

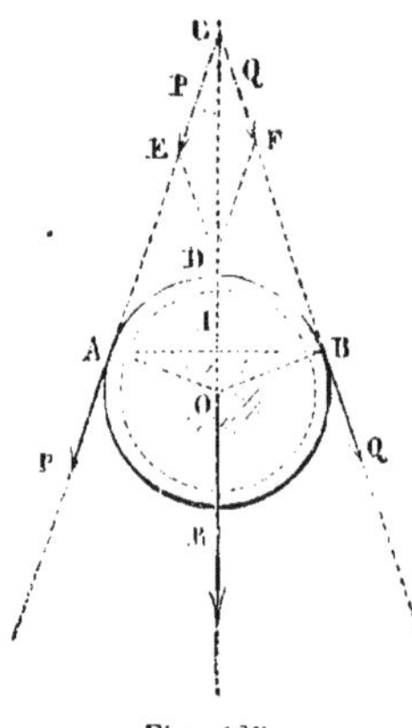

Fig. 125.

$$R^2 = P^2 + Q^2 + 2PQ \cos 2\alpha,$$

ou

$$R^2 = 2P^2 + 2P^2 \cos 2\alpha = 2P^2 (1 + \cos 2\alpha) = 4P^2 \cos^2 \alpha,$$

par conséquent
$$R = 2P \cos \alpha.$$

Cette formule peut s'écrire, en désignant par r le rayon de la poulie,
$$\frac{R}{P} = \frac{2.r.\cos\alpha}{r},$$

et, comme
$$2r.\cos\alpha = 2r.\sin AOI = \text{corde } AB,$$
$$\frac{R}{P} = \frac{\text{corde } AB}{AO}.$$

On peut arriver aussi à cet énoncé en considérant les triangles CDE et AOB, qui sont semblables parce que leurs côtés sont perpendiculaires ; ils donnent
$$\frac{CD}{CE} = \frac{AB}{AO}.$$

Remarque. — Si les deux brins du cordon sont parallèles,
$$R = 2P.$$

121. Proposition II. — *Lorsqu'une poulie mobile est en équilibre, la force de traction est à la charge comme le rayon de la poulie est à la sous-tendante de l'arc embrassé par la corde.*

Démonstration. — Nous pouvons (*fig.* 126) supprimer le point fixe C et le remplacer par une force F égale à la tension du cordon BC et dirigée de B vers C. Puisqu'il y a équilibre entre les trois forces P, F et Q, la force verticale Q est égale et directement opposée à la résultante de P et de F : cette condition ne peut être remplie que si P et F rencontrent la verticale Q au même point D. Dès lors OD, étant la ligne qui joint le centre O au point de concours des deux tangentes, est la bissectrice de l'angle de ces tangentes ; mais lorsque la résultante de deux forces est dirigée suivant la bissectrice de leur angle, ces deux forces sont égales ;

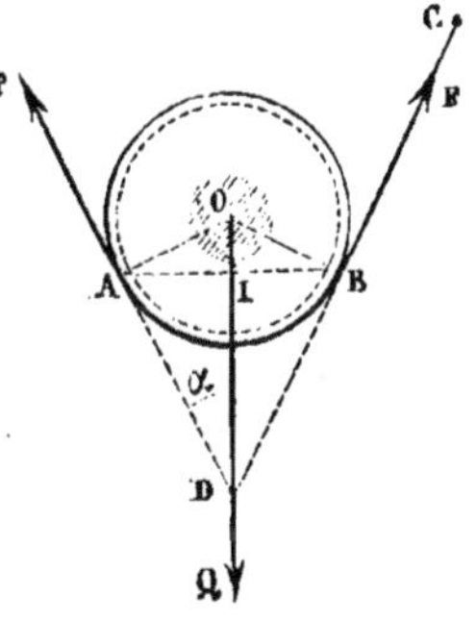
Fig. 126.

donc la tension du cordon est partout la même, et l'on aura encore ici
$$Q^2 = 2P^2 + 2P^2 \cos 2\alpha = 4P^2 \cos^2 \alpha,$$

ou
$$Q = 2P \cos \alpha,$$

ce qui revient à
$$\frac{P}{Q} = \frac{I}{2\cos\alpha} = \frac{AO}{AB}.$$

Remarque. — Si les deux brins du cordon sont parallèles (*fig.* 127), l'on
$$\alpha = 0, \quad \cos\alpha = 1,$$

et
$$Q = 2P,$$

ce que l'on voit immédiatement puisque le poids Q est également réparti entre les deux brins.

122. Moufles. — Les moufles sont employées pour transformer un mouvement rectiligne en un autre mouvement rectiligne dont la vitesse est dans un rapport quelconque avec celle du premier. Elles se composent de la réunion de plusieurs poulies montées dans une même chape réduite souvent à une seule fourche qui supporte l'axe commun.

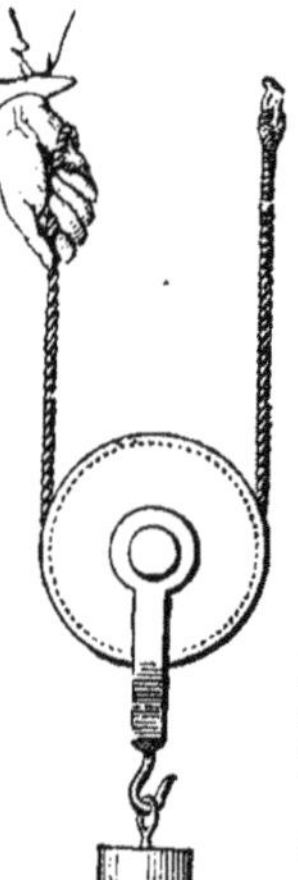

Fig. 127.

L'ensemble de deux moufles reliées par une corde constitue un *palan :* on fixe la moufle supérieure à l'aide du crochet qui la termine ; une corde, attachée par une de ses extrémités à cette chape, s'enroule sous la première poulie de la moufle mobile, remonte et passe sur la première de la moufle fixe, redescend sous la seconde poulie de la moufle inférieure, et ainsi de suite jusqu'à ce que, ayant ainsi embrassé par leur moitié toutes les poulies, elle se détache de la dernière poulie supérieure ; c'est à l'extrémité de cette corde qu'est appliquée la force de traction destinée à élever le poids suspendu au crochet de la moufle inférieure.

La figure 128 représente un palan équipé à **six brins** ; si le fardeau s'élève d'un mètre, il en sera de même de la moufle inférieure, et chacun des six brins se raccourcira d'un mètre ; il passera donc 6 mètres de corde dans les mains de l'homme qui exerce la traction.

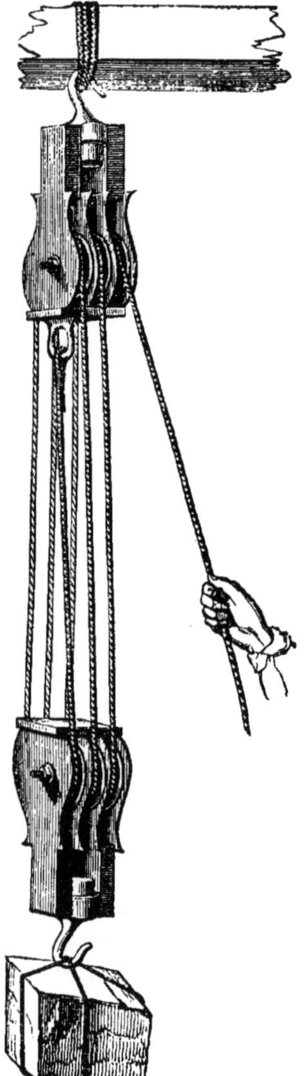

Fig. 128.

123. Proposition III. — *Pour qu'un fardeau soit tenu en équilibre à l'aide d'un palan par une force de traction, il faut que la puis-*

sance soit égale au poids du fardeau divisé par le nombre des poulies.

En effet, chacune des poulies étant séparément en équilibre, il faut que les tensions des cordons soient partout les mêmes; on peut donc dire que le poids Q est tenu en équilibre par n petites forces égales et verticales, chacune d'elles est donc égale à $\frac{Q}{n}$. Comme la force de traction est précisément égale à la tension des cordons, son expression est égale aussi à $\frac{Q}{n}$.

§ 4. TOUR,

124. Le tour ou **treuil** (*fig.* 129) consiste dans un cylindre A terminé à ses extrémités par deux tourillons en fer B, d'un diamètre beaucoup plus petit, et situés sur le prolongement de l'axe du cylindre; ces tourillons reposent sur des *coussinets* fixes C, et l'appareil ne peut prendre qu'un mouvement de rotation autour de son axe. Une corde est fixée à l'une de ses extrémités en un point du cylindre, s'enroule sur sa surface et supporte un poids à l'autre extrémité. Pour élever ce poids, il suffit de faire tourner ce cylindre dans un sens convenable, et les diverses sortes de treuils ne diffèrent que par la manière dont s'effectue cette rotation.

1° Treuil des puits. — L'un des tourillons prolongés (*fig.* 129) se courbe deux fois à angle droit suivant DEFG, et forme la manivelle du treuil. FG est la poignée de la manivelle sur laquelle agissent les bras de l'homme.

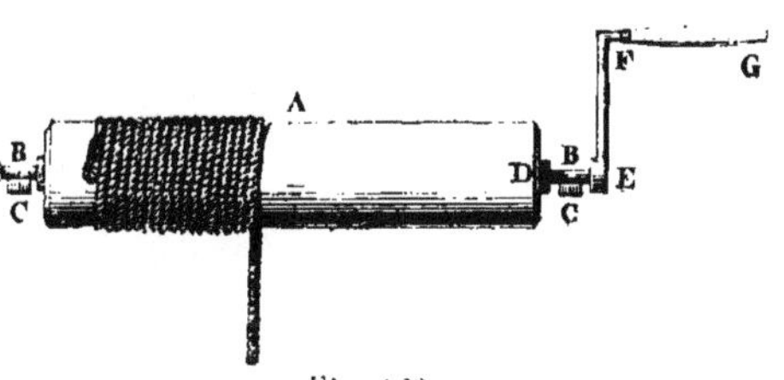

Fig. 129.

2° Treuil à leviers (*fig.* 130). — Deux pièces de bois s'engagent dans des mortaises pratiquées sur le contour du cylindre; en agissant à l'extrémité de ces leviers, on détermine le mouvement de rotation du treuil.

3° Treuil des carriers (*fig.* 131). — Une grande roue de 4 à 6 mètres de diamètre est fixée au cylindre; elle a même axe que lui, et sa circonférence est munie de chevilles sur lesquelles montent plusieurs ouvriers.

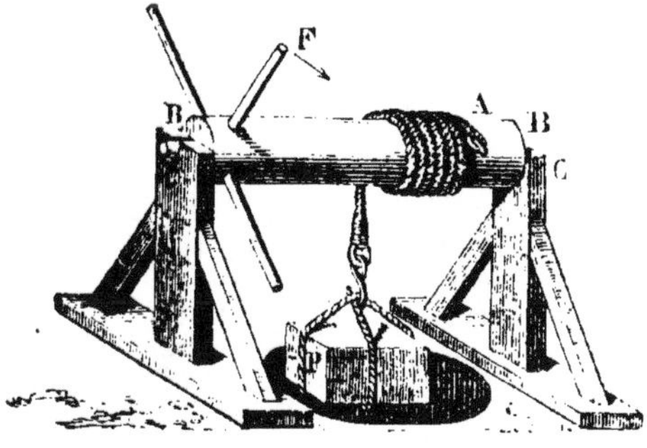

Fig. 130.

8.

Le poids de leur corps force la roue à tourner, et les chevilles sur lesquelles reposent les pieds des ouvriers s'abaissent; les ouvriers montent sur les chevilles suivantes, et restent ainsi sensiblement à la même hauteur.

4° Le **Cabestan** (*fig.* 152) est un tour

Fig. 151.

o nt l'axe est vertical. On le fait mouvoir à l'aide de leviers; il est principalement employé sur les navires et sur les quais des ports de mer pour exercer de grands efforts dans une direction presque horizontale.

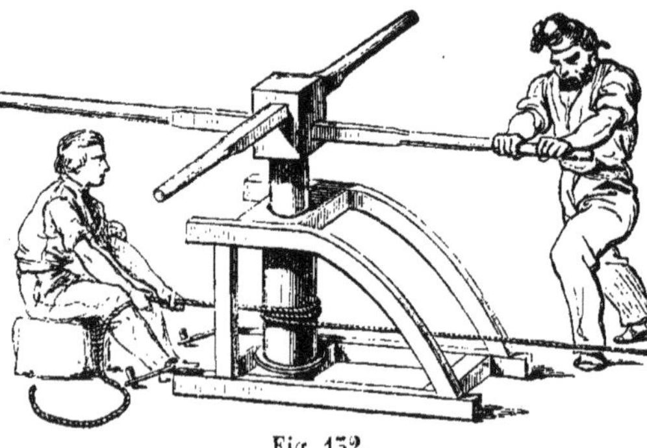

Fig. 152.

125. Proposition. — *Pour l'équilibre d'un treuil, la force motrice doit être au poids soulevé comme le rayon du cylindre est au rayon de la roue ou de la manivelle.*

DÉMONSTRATION. — 1° Un treuil quelconque est un corps solide assujetti à tourner autour d'un axe fixe; il faut donc pour l'équilibre que la somme des moments, par rapport à cet axe, des forces appliquées soit égale à zéro. Soit Q le poids qui est attaché à la corde et maintenu en équilibre par la force P tangente à la roue. Ces forces étant toutes deux perpendiculaires à l'axe, se projettent en vraie grandeur sur un plan perpendiculaire à cet axe; si donc l'on appelle r le rayon du cylindre, et R celui de la roue, les moments de ces deux forces sont P.R et Q.r; l'on aura donc pour l'équilibre

$$P.R = Q.r, \quad \text{ou} \quad \frac{P}{Q} = \frac{r}{R}.$$

2° On peut aussi ramener la condition d'équilibre du treuil à celle du levier de la manière suivante. Considérons d'abord le cas où la puissance P est verticale. Soit C son point d'application, joignons-le au centre O de la grande roue, nous aurons un rayon OC horizontal. Soit de même C', le point d'application de la force Q; joignons-le au centre O' de la section perpendiculaire à l'axe menée par C', le rayon O'C' sera aussi horizontal.

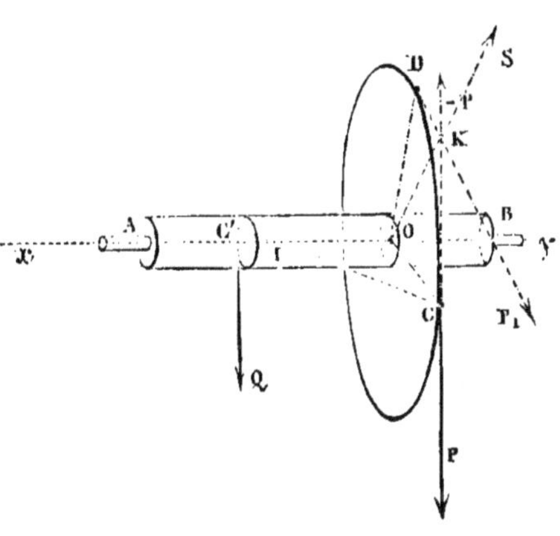

Fig. 155.

L'horizontale CC' coupera au point I l'axe AB du cylindre, et déterminera deux triangles semblables IOC, IO'C'; l'on aura donc la proportion

$$\frac{IC}{IC'} = \frac{OC}{O'C'}.$$

Ceci posé, les forces P et Q peuvent être regardées comme appliquées aux extrémités C et C' de la barre rigide CIC', car la matière du treuil n'a d'autre effet que de maintenir ces deux points à une distance invariable; comme ce levier CIC' a son point fixe en I, sur l'axe AB du treuil, il faudra pour l'équilibre que l'on ait

$$\frac{P}{Q} = \frac{IC'}{IC},$$

ou bien, en vertu de la proportion précédente,

$$\frac{P}{Q} = \frac{O'C'}{OC}.$$

Dans ce cas, la charge de l'axe est une force verticale égale à $P + Q$ et appliquée en I. Pour avoir la charge des tourillons A et B, il faut décomposer cette charge $P + Q$ en deux autres forces parallèles appliquées aux points A et B.

Supposons maintenant que la force motrice ne soit plus verticale, qu'elle ait la direction P_1 et son point de contact en D; on ramène ce cas au précédent de la manière suivante : Appliquons verticalement au point C extrémité du rayon horizontal de la roue, deux forces P, $-$ P, égales et directement opposées, ayant P_1 pour valeur commune; l'état de la machine ne sera pas changé, mais les forces égales P_1 et $-$ P, se rencontrent en K et se composent en une seule S, dirigée suivant la bissectrice de l'angle K; cette résultante rencontrera donc l'axe au point O et sera détruite par la résistance de cet axe. Le treuil n'étant plus sollicité que par les forces P et Q, il faudra pour l'équilibre que l'on ait

$$\frac{P_1}{Q} = \frac{O'C'}{OC}.$$

Pour calculer les charges des tourillons, il faudrait d'abord décomposer la force $P + Q$ en deux autres

$$f = (P + Q) \cdot \frac{IB}{AB}, \text{ appliquée en A,}$$

$$f' = (P + Q) \cdot \frac{AI}{AB}, \ldots\ldots\ldots \text{ B,}$$

puis tenir compte, en outre, de la force S dirigée suivant OK, qui tend à soulever l'axe et à déplacer horizontalement les tourillons sur les coussinets. Pour cela, décomposons la force S en deux autres forces parallèles t et t', appliquées en A et B; nous aurons

$$t = S \times \frac{OB}{AB}, \text{ appliquée en A,}$$

$$t' = S \times \frac{AO}{AB}, \ldots\ldots\ldots \text{ B,}$$

Le tourillon A sera donc sollicité par les forces f et t, et le tourillon B par les forces f' et t'; il suffira de composer séparément f et t, puis f' et t', pour obtenir les deux charges des tourillons.

§ 5. PLAN INCLINÉ.

126. Soit P le poids d'un corps placé sur un plan incliné; nous pouvons décomposer ce poids en deux autres forces, l'une normale au plan et l'autre parallèle à sa direction; la première sera détruite par la résistance du plan, la seconde fera glisser le corps le long du plan incliné.

Pour que ce corps demeure en équilibre, il faut appliquer en un de ses points une force Q, et nous allons chercher les conditions que doivent remplir la direction et l'intensité de cette force.

Il faut d'abord que les forces P et Q se rencontrent; en effet, il doit y avoir équilibre entre ces forces et la réaction normale du plan incliné; ces trois forces doivent donc se trouver dans un même plan (page 8).

En second lieu, le plan des forces P et Q doit être perpendiculaire à la trace horizontale du plan incliné; en effet, le plan de ces deux forces devant contenir la normale au plan, est perpendiculaire au plan incliné, mais il est aussi perpendiculaire au plan horizontal, puisqu'il renferme la verticale P; étant perpendiculaire à la fois au plan incliné et au plan horizontal, il est perpendiculaire à leur intersection, c'est-à-dire à la trace horizontale du plan incliné.

Nous représenterons donc (*fig.* 134) le plan incliné par une coupe perpendiculaire à cette trace horizontale : soit BC sa *ligne de plus grande pente* ou sa *longueur*, AB la projection horizontale de BC, ou *sa base*, et AC la différence de niveau des points extrêmes B et C, c'est-à-dire *la hauteur* du plan incliné; ces trois lignes sont les trois côtés du triangle rectangle ABC.

On appelle *pente du plan incliné la tangente trigonométrique de l'angle CBA, ou bien le rapport de la hauteur à la base.* On dit, par exemple, qu'un plan est incliné au tiers, au quart,

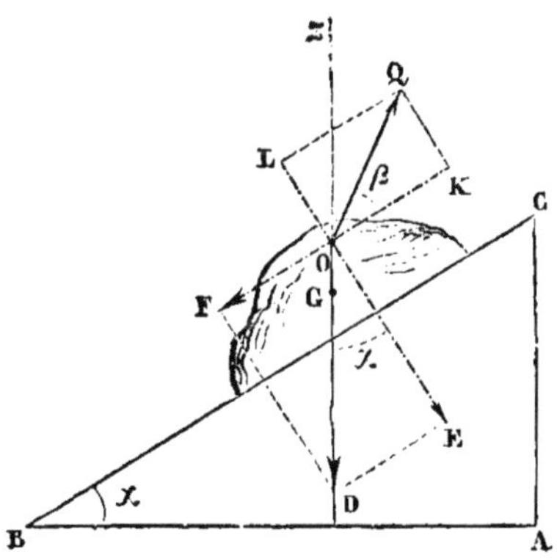

Fig. 134.

au dixième, lorsque sa hauteur est le tiers, le quart, le dixième de la base.

127. Conditions d'équilibre. — Ceci posé, désignons par β l'angle de la force Q avec la longueur BC du plan, et cherchons les relations qui doivent exister entre les forces P et Q, les angles α et β pour qu'il y ait équilibre. Décomposons chacune des forces P et Q en deux autres, l'une normale au plan, l'autre parallèle à sa longueur, nous aurons :

$$OE = P \cos \alpha, \qquad OF = P \sin \alpha,$$
$$OL = Q \sin \beta, \qquad OK = Q \cos \beta.$$

Dans le cas de la figure, les forces OE et OL sont dirigées en sens contraires, et donnent une résultante normale au plan et égale à leur différence

$$(1) \qquad\qquad P \cos \alpha - Q \sin \beta;$$

si la force Q tirait au-dessous de OK, cette résultante normale serait égale à la somme

$$(2) \qquad\qquad P \cos \alpha + Q \sin \beta,$$

et l'on voit que l'expression (1) convient aux deux cas, si l'on regarde l'angle β comme négatif lorsque la force tire au-dessous de la longueur du plan incliné.

Quant aux forces OK, OF parallèles à BC, elles donnent une résultante parallèle à la longueur du plan et égale à

$$P \sin \beta - Q \cos \beta;$$

pour l'équilibre, cette résultante doit être nulle, et l'on doit avoir

$$(3) \qquad\qquad Q = P . \frac{\sin \alpha}{\cos \beta}.$$

Mais cette condition ne suffit pas, il faut que la résultante des forces normales au plan appuie le corps sur le plan et ne tende pas à le soulever; cette condition est remplie d'elle-même si β est négatif, mais dans le cas contraire, celui de la figure, l'on doit avoir

$$(4) \qquad\qquad P \cos \alpha > Q \sin \beta.$$

Or de (3) l'on tire

$$\frac{Q}{P} = \frac{\sin \alpha}{\cos \beta},$$

et de (4)

$$\frac{Q}{P} < \frac{\cos \alpha}{\sin \beta};$$

donc, en éliminant le rapport $\frac{Q}{P}$,

$$\frac{\sin \alpha}{\cos \beta} < \frac{\cos \alpha}{\sin \beta}, \quad \text{ou} \quad \tang \alpha < \tang (90^\circ - \beta),$$

ce qui montre que

$$\alpha < 90^\circ - \beta, \quad \text{ou} \quad \beta < 90^\circ - \alpha.$$

Ainsi, pour l'équilibre, il faut que la force Q soit comprise dans l'angle ZOK.

Remarque I. — Si $\beta = 0$, l'on a : $\quad Q = P \sin\alpha,\quad$ c'est la plus petite force qui puisse retenir le corps sur le plan incliné. Comme l'on a

$$\sin\alpha = \frac{AC}{BC},$$

l'on aura,

$$\frac{Q}{P} = \frac{AC}{BC}.$$

Ainsi, *lorsque la direction de la puissance est parallèle au plan, l'intensité de cette puissance est au poids du corps qu'elle tient en équilibre, comme la hauteur du plan est à sa longueur.*

Remarque II. — Si $\beta = 90° - \alpha$, l'on a $Q = P$, la puissance est juste égale au poids du corps.

Remarque III. — Si $\beta = -\alpha$, la puissance est horizontale, l'on a donc

$$Q = P \operatorname{tang}\alpha;$$

et comme

$$\operatorname{tang}\alpha = \frac{AC}{AB},$$

$$\frac{Q}{P} = \frac{AC}{AB}.$$

Ainsi, *lorsque la direction de la puissance est horizontale, son intensité est au poids du corps qu'elle retient sur le plan, comme la hauteur du plan incliné est à sa base.*

§ 6. Solutions de quelques problèmes.

128. Problème I. — *Un levier horizontal ABC (fig. 107) a la forme d'un parallélipipède droit et pèse p kilogrammes par mètre courant. La puissance P et la résistance Q sont verticales, on connaît leurs valeurs ainsi que le bras de levier AC = a, de la force Q. Quel doit être le bras de levier BC de la puissance P, pour qu'il y ait équilibre, si l'on coupe le levier au point B.*

SOLUTION.

Soit $BC = x$; si Q est plus grand que P, x sera supérieur à a et le centre de gravité, G, de la barre se trouvera de l'autre côté du point fixe par rapport au point A. La distance GC est égale à

$$\frac{x + a}{2} - a = \frac{x - a}{2}$$

et comme le poids de la barre est

$$x + a \, p,$$

le moment de cette force, par rapport au point fixe, C, est

$$\frac{x^2 - a^2}{2} \cdot p.$$

Les moments des deux autres forces P et Q sont respectivement

$$P \cdot x \qquad \text{et} \qquad Q \cdot a,$$

l'on aura donc pour l'équilibre

$$(1) \qquad P \cdot x + \frac{x^2 - a^2}{2} \cdot p = Q \cdot a,$$

ou bien,

$$p \cdot x^2 + 2P\,x - 2Q \cdot a - p \cdot a^2 = 0.$$

Résolvant cette équation du second degré l'on trouve

$$x = \frac{-P \pm \sqrt{P^2 + p^2 \cdot a^2 + 2Q \cdot a \cdot p}}{p};$$

la racine positive

$$x' = \frac{-P + \sqrt{P^2 + p^2\,a^2 + 2Q \cdot a \cdot p}}{p}$$

fournit bien pour le bras de levier inconnu une valeur plus grande que a : en effet, puisque $Q > P$, le radical est supérieur à

$$\sqrt{P^2 + p^2 \cdot a^2 + 2P \cdot ap} = P + a\,p,$$

par suite

$$x' > \frac{-P + P + ap}{p}, \quad \text{ou} \quad x' > a.$$

Pour obtenir l'énoncé du problème auquel correspond la racine négative, changeons x en $-x$ dans l'équation (1), nous obtiendrons :

$$(2) \qquad \frac{x^2 - a^2}{2} \cdot p - P \cdot x = a \cdot Q,$$

qui est la traduction algébrique de l'énoncé inconnu. Or le moment, Px,
de la force P a seul changé de signe, il suffira donc, dans l'énoncé primitif, de changer le sens de la force P et de supposer qu'elle tire de bas
en haut. Comme, en changeant de signe la racine négative x'' de l'équation (1), on obtient la racine positive de l'équation (2), le bras de levier
de la force P dans cette seconde question sera

$$\frac{P + \sqrt{P^2 + p^2 \cdot a^2 + 2Q\,a \cdot p}}{p}.$$

129. Problème II. — *On donne deux sphères O et O′ de poids P et*

P′ reposant sur deux plans inclinés et appuyés l'un sur l'autre fig. 155 ; déterminer l'angle θ formé par la ligne des centres OO′ avec l'horizon quand l'équilibre a lieu.

SOLUTION. — On verrait, comme dans le problème du n° 102, que l'équilibre ne peut avoir lieu que si l'intersection AB des deux plans est horizontale et la ligne des centres dans un plan perpendiculaire à cette intersection.

Soient α et α' les inclinaisons des deux plans, et R la réaction mutuelle des deux sphères dirigée suivant la ligne OO′.

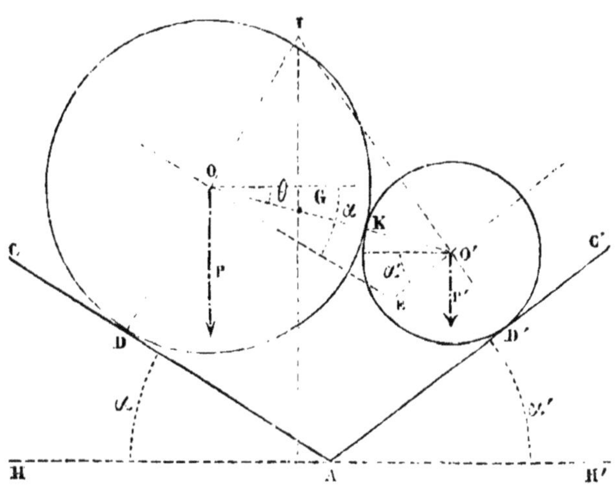

Fig. 155.

Si la sphère O est en équilibre, c'est que la pression exercée sur elle au point de contact K par la sphère O′ l'empêche de descendre sur le plan incliné AC ; les composantes de R et de P parallèles au plan AC sont

$$R.\cos O'OE = R\cos(\alpha - \theta) \quad \text{et} \quad P\sin\alpha.$$

On a donc pour première équation

$$(1) \qquad R.\cos(\alpha - \theta) = P.\sin\alpha ;$$

l'on trouverait de même, en écrivant que la sphère O′ est en équilibre sur le plan AC′, la seconde équation d'équilibre

$$(2) \qquad R\cos(\alpha' + \theta) = P'\sin\alpha'.$$

Ces équations permettront de déterminer les deux inconnues R et θ. Pour obtenir l'inconnue θ, qui figure dans l'énoncé, il faut éliminer R, ce que l'on fait en divisant membre à membre les équations (1) et (2)

$$\frac{\cos(\alpha - \theta)}{\cos(\alpha' + \theta)} = \frac{P \sin \alpha}{P' \sin \alpha'},$$

ou

$$P' \sin \alpha' (\cos \alpha \cos \theta + \sin \alpha \sin \theta) = P \sin \alpha (\cos \alpha' \cos \theta - \sin \alpha' \sin \theta);$$

si l'on divise par $\cos \theta$ les deux membres, l'on trouve

$$\operatorname{tg} \theta = \frac{P \sin \alpha \cos \alpha' - P' \sin \alpha' \cos \alpha}{(P + P') \sin \alpha \sin \alpha'},$$

ou bien, en divisant les deux termes par $\cos \alpha \cos \alpha'$,

$$\operatorname{tg} \theta = \frac{P . \operatorname{tg} \alpha - P' . \operatorname{tg} \alpha'}{(P + P') \operatorname{tg} \alpha . \operatorname{tg} \alpha'}.$$

Dans le cas particulier où les deux plans sont rectangulaires,

$$\alpha = 90^\circ - \alpha',$$

et l'on trouve pour déterminer l'angle $\alpha - \theta$, c'est-à-dire l'inclinaison de la ligne des centres sur le plan AC, l'expression très-simple

$$\operatorname{tg}(\alpha - \theta) = \frac{P}{P'} . \operatorname{tg} \alpha',$$

que l'on peut établir, d'ailleurs, directement.

Dans le cas général, on peut résoudre aussi la question par la géométrie : il faut qu'il y ait équilibre entre les réactions des plans C et C' dirigées suivant les normales DI, D'I et le poids total des deux sphères supposées liées l'une à l'autre invariablement ; or, la résultante de ces deux poids est appliquée au centre de gravité G, donc la ligne IG doit être verticale. La question revient donc à ce problème : dans un angle OEO' inscrire une droite OO' de longueur donnée et telle que la ligne GI, qui joint le point de rencontre des normales à un point déterminé de OO', soit verticale. La solution est tout à fait analogue à celle d'un problème précédent (n° 102).

130. Problème III. — *Deux poids* P *et* P' *(fig.136), reliés par un cordon inextensible et très-fin, se font équilibre sur deux plans inclinés de même hauteur ; le cordon qui les unit passe sur une petite poulie fixée à l'arête commune, et ses deux brins sont parallèles aux longueurs des deux plans. Trouver : 1° la relation qui doit exister entre les inclinaisons* α *et* α' *des deux plans et les poids* P *et* P' *; 2° faire voir que, si l'on fait glisser les poids sur les deux plans, le centre de gravité de leur ensemble reste toujours à la même hauteur pendant ce mouvement.*

Solution. — 1° Les composantes des poids P et P′, parallèles aux longueurs des deux plans BC, B′C, sont respectivement égales à

$$P.\sin\alpha, \qquad P'.\sin\alpha';$$

puisqu'on néglige le poids du cordon, ce sont là précisément les tensions

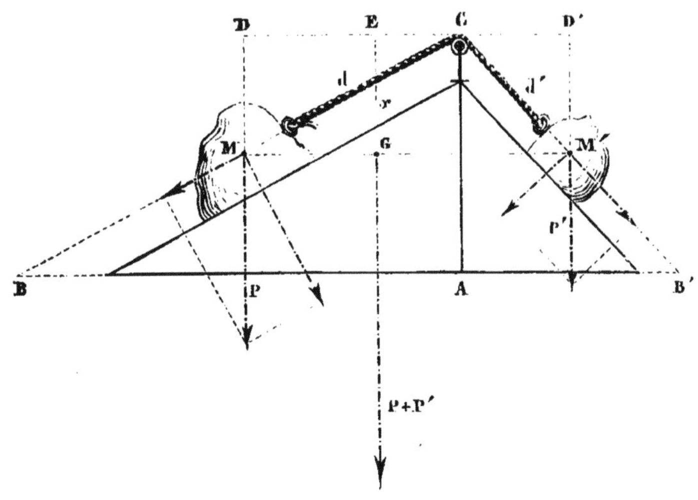

Fig. 156.

des deux brins, et, comme l'équilibre a lieu, ces tensions sont égales; l'on a donc

$$P\sin\alpha = P'\sin\alpha',$$

ou

$$\frac{P}{P'} = \frac{\sin\alpha'}{\sin\alpha} = \frac{\dfrac{h}{l'}}{\dfrac{h}{l}} = \frac{l}{l'};$$

ainsi les poids doivent être entre eux comme les longueurs des plans inclinés.

2° Soient d et d' les longueurs des deux brins MC, M′C du cordon, et x la distance du centre de gravité G au plan horizontal mené par le point C. Si nous prenons les moments des forces P, P′ et P + P′ par rapport à ce plan, nous aurons

$$P \times MD + P' \times M'D' = P + P' \times GE.$$

et, comme

$$MD = d.\sin\alpha, \quad M'D' = d'.\sin\alpha', \quad GE = x,$$

l'équation précédente des moments devient

$$P.d.\sin\alpha + P'.d'.\sin\alpha' = (P + P').x,$$

ou bien, en substituant à P' sa valeur,

$$P.d.\sin\alpha + \frac{P\sin\alpha}{\sin\alpha'}.d'.\sin\alpha' = \left(P + \frac{P\sin\alpha}{\sin\alpha'}\right) x;$$

en supprimant les facteurs communs, cette équation devient

$$d\sin\alpha + d'\sin\alpha = \left(1 + \frac{\sin\alpha}{\sin\alpha'}\right).x,$$

d'où

$$x = (d + d')\cdot\frac{\sin\alpha.\sin\alpha'}{\sin\alpha + \sin\alpha'}.$$

Ainsi la hauteur du centre de gravité ne dépend que de la longueur totale du cordon et, par suite, reste constante.

PROBLÈMES A RÉSOUDRE.

1. Un levier d'égale section en tous ses points a 1 mètre de longueur et pèse 4 kilogrammes ; le point fixe est à $0^m,33$ d'une des extrémités. Quelle force faudra-t-il appliquer à l'extrémité du plus petit bras pour faire équilibre à une force de 10 kilogrammes appliquée à l'extrémité du plus grand?

2. Une barre pèse a kilogrammes par décimètre de longueur ; un poids donné de na kilogrammes est suspendu à l'une de ses extrémités, et le point fixe est à une distance b de l'autre extrémité. Quelle est la longueur de la barre, sachant que le levier est en équilibre?

3. Une barre pesante, homogène et d'égale grosseur en tous ses points, est mobile autour d'un point fixe situé à 5 décimètres de l'extrémité A et à 7 décimètres de l'autre extrémité B. Un poids de 20 kilogrammes appliqué en B fait équilibre à un poids de 60 kilogrammes à l'extrémité A. Trouver le poids de la barre.

4. Un levier droit et d'égale section en tous ses points pèse 6 kilogrammes et a 6 décimètres de longueur ; on y attache des poids de 1^{kg}, 2^{kg}, 3^{kg}, 4^{kg}, 5^{kg} à des distances de l'une des extrémités respectivement égales à 1, 2, 3, 4, 5 décimètres. En quel point faut-il suspendre la barre pour qu'il y ait équilibre?

5. Des poids P, $2P$, $3P$..... $(n + 1).P$ sont suspendus à des distances égales le long d'une barre dont le poids est négligeable et dont la longueur est $2a$. Trouver la position du point d'appui pour qu'il y ait équilibre? — Résoudre le même problème en tenant compte du poids p de la barre.

6. Un levier horizontal ABC a la forme d'un parallélipipède droit et pèse p kilogrammes par mètre courant. Il est sollicité par la force verticale Q appliquée au point B, à une distance connue BC $= a$ du point d'appui. On veut faire équilibre à cette force au moyen d'une autre force verticale; en quel point A du levier doit-on l'appliquer pour qu'elle soit la plus petite possible? On suppose le levier coupé au point A.

7. Une pièce de bois de 9 mètres de long n'a pas la même section en tous ses points. Elle est en équilibre lorsque le point d'appui est situé au tiers de sa longueur à partir de la plus grosse extrémité; mais si l'on suspend un poids de 5 kilogrammes à l'extrémité la plus effilée, il faut, pour qu'il y ait équilibre, déplacer le point d'appui de 60 centimètres. Calculer le poids de la poutre.

8. Les bras d'un levier coudé sont respectivement 3 décimètres et 5 décimètres, et font entre eux un angle de 150°. Aux extrémités du levier sont suspendus des poids de 7 kilogrammes et de 6 kilogrammes. Trouver l'inclinaison de chaque bras du levier sur l'horizontale lorsque l'équilibre est établi.

9. Un corps paraît peser 10^{kg} quand on le place dans le plateau d'une balance fausse et 12^{kg} quand on le place dans l'autre. Trouver son poids réel.

10. On place successivement un kilogramme dans les plateaux d'une balance fausse, et l'on établit l'équilibre à l'aide de poids marqués : la somme des deux poids apparents est $2^{kg},5$. Calculer le rapport des longueurs des bras de levier.

11. L'un des bras de levier d'une balance fausse surpasse le plus petit de la fraction $\dfrac{1}{m}$ de ce dernier. Lorsqu'on se sert de cette balance, on met tout aussi souvent les poids dans un plateau que dans l'autre. Combien le marchand perdra-t-il ou gagnera-t-il pour cent?

12. Les bras d'un levier droit sont AC et BC; au point fixe C est fixée une barre pesante CD perpendiculaire à AB et terminée par une aiguille mobile sur un arc de cercle. Faire voir que si l'on suspend divers poids successivement à l'extrémité A, les tangentes des angles que CD fait avec la verticale sont proportionnelles à ces poids. (*Peson, pèse-lettres.*)

13. Une force de 40 kilogrammes est parallèle à la longueur d'un plan incliné et soutient un poids de 55 kilogrammes; la base du plan est de 100 mètres. Trouver la hauteur et la longueur du plan.

14. Trouver l'angle d'un plan incliné avec l'horizon, sachant que le poids d'un corps qui s'y trouve placé, la pression qu'il exerce sur ce plan et la force nécessaire pour l'y maintenir en équilibre sont entre elles comme les nombres 4, 5 et 7. On demande aussi l'inclinaison de la force sur le plan.

15. Un corps est en équilibre sur un plan incliné AB, sous l'action de

trois forces égales chacune au tiers de son poids; l'une des forces agit verticalement, l'autre suivant AB et l'autre horizontalement. Trouver l'inclinaison du plan incliné.

16. Deux forces connues P et Q agissent, l'une parallèlement à la base du plan incliné, l'autre parallèlement à sa longueur; chacune d'elles peut maintenir sur ce plan un corps dont le poids est X. Calculer le poids de ce corps.

17. Une sphère et un cône de poids connus sont placés en contact sur deux plans inclinés dont l'intersection est horizontale. Trouver les conditions d'équilibre.

18. Une sphère de poids P repose sur deux plans dont les inclinaisons sur l'horizon sont α et α'; calculer la pression exercée sur chacun de ces plans.

19. Quelle force faut-il employer pour soutenir un poids de 100 kilogrammes à l'aide d'une simple poulie mobile, lorsque les cordons de la poulie font un angle droit?

20. Quel angle doivent faire les cordons d'une poulie mobile pour que la puissance soit égale à la résistance?

21. Le rayon de la roue d'un tour est 0^m,66, celui du cylindre 0^m,12, et la corde a 0^m,05 d'épaisseur. Quelle est la puissance qui peut, sur cette machine, faire équilibre à un poids de 120 kilogrammes. On suppose que les deux forces agissent dans l'axe de la corde.

22. Une sphère dont C est le centre est soutenue sur un plan incliné AB par un cordon qui est horizontal; trouver la tension du cordon, α étant l'inclinaison du plan et P le poids de la sphère.

LIVRE II

CINÉMATIQUE ET DYNAMIQUE

CHAPITRE PREMIER

DU TEMPS ET DE SA MESURE. — DU PENDULE.

131. Si plusieurs phénomènes se produisent successivement devant un observateur, il a l'idée du temps qu'a duré chacun d'eux ; si, de plus, ces phénomènes se produisent toujours de la même manière et dans des circonstances identiques, il dira qu'ils se passent dans le même temps. Considérons, par exemple, plusieurs billes exactement pareilles qui tombent librement d'une même hauteur, les *temps de chute seront égaux* ; et si chacune d'elles commence à tomber au moment même où la précédente atteint le sol, nous obtiendrons des intervalles de temps double, triple, quadruple... de la durée de la chute d'une bille ; l'on pourra mesurer la durée d'un autre phénomène quelconque en indiquant le nombre de billes qui sont tombées pendant qu'il s'est produit. Ainsi, le temps est susceptible de mesure et peut, comme toute autre grandeur, s'évaluer en nombres ; il ne s'agit que d'obtenir des intervalles égaux qui se succèdent sans discontinuité ; en prenant pour unité l'un de ces temps égaux, on exprimera un temps quelconque au moyen d'un nombre, et, en y joignant le nom de l'unité, on aura l'expression complète de ce temps.

La régularité du mouvement de rotation de la terre autour de la ligne des pôles nous fournit des durée égales, et l'unité de temps adoptée pour les usages civils est le *jour solaire moyen*. (Voir *Cosmographie*.) On le divise en 24 heures, l'heure en 60 minutes, la minute en 60 secondes ; la *seconde sexagésimale de temps moyen* est l'unité employée presque exclusivement en mécanique.

Les instruments qui servent à la mesure du temps doivent marquer le nombre d'heures, minutes et secondes qui se sont écoulées depuis le commencement du jour ; les anciens employaient les *clepsydres*, ou horloges à eau, et les *sabliers ;* mais le *pendule*, qui sert de régulateur aux horloges modernes, est un instrument beaucoup plus précis ; c'est le seul que nous décrirons.

132. Pendule. — Un pendule simple (*fig.* 157) est formé d'un corps pesant A, de très-petites dimensions, suspendu à l'extrémité inférieure d'un fil très-fin et inextensible dont l'autre extrémité B est fixe. Lorsque le pendule est en repos, le fil est dirigé suivant la verticale BC du point

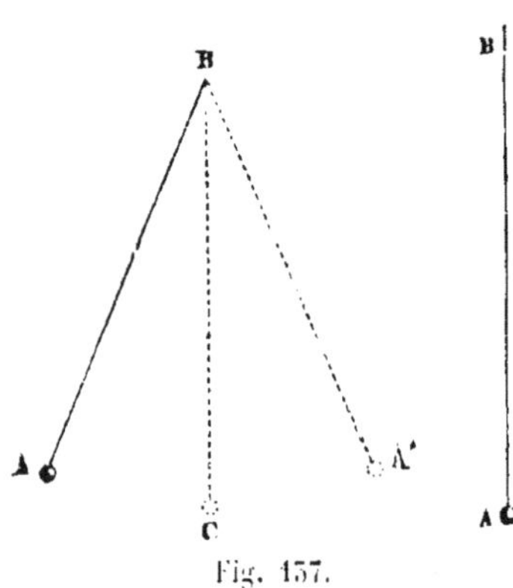

Fig. 157.

de suspension ; si on l'écarte de cette position pour l'amener en BA, et qu'on l'abandonne ensuite, la pesanteur le ramènera dans la verticale, il décrira l'arc AC, dont B est le centre et AB le rayon ; arrivé dans cette position, il la dépassera et s'élèvera jusqu'en un point A′, tel que l'arc A′C soit égal à AC. A ce moment le pendule, parvenu en BA′, aura accompli une *oscillation ;* mais il se trouve placé dans les mêmes circonstances où il se trouvait en A : le corps pesant redescendra donc de A′ en C, remontera de C en A pour redescendre ensuite de A en C, et ainsi indéfiniment.

Si le fil est parfaitement inextensible et sans poids appréciable, si l'on fait abstraction de la résistance de l'atmosphère et des frottements du point de suspension, il est clair que les temps employés par le corps pesant à se mouvoir de A en A′ et de A′ en A seront égaux et demeureront tels indéfiniment.

133. Isochronisme des petites oscillations. — L'observation montre qu'en général la durée d'une oscillation dépend de son amplitude, c'est-à-dire de l'angle ABA′ des positions extrêmes ; mais, lorsque cette amplitude est très-petite, ne dépasse pas 4 ou 5 degrés, sa valeur n'influe pas sensiblement sur la durée de l'oscillation. Ainsi, que l'amplitude soit de 3°, de 2°, de 1°, ou bien ait toute autre valeur encore plus petite, la durée de l'oscillation sera la même ; c'est ce que l'on énonce ordinairement ainsi : *les oscillations très-petites d'un pendule sont isochrones.*

Pour établir cette vérité par l'expérience, il suffit de suspendre une balle de plomb à l'extrémité d'un fil très-fin et de la faire osciller, en ayant soin que l'amplitude des oscillations ne soit que d'un petit nombre de degrés. Le frottement qui s'exerce au point de suspension, la résistance de l'air diminueront graduellement l'amplitude des oscillations, et, au bout d'une heure, par exemple, elles seront assez petites pour ne pouvoir être distinguées qu'à la loupe. Si l'on compte le nombre d'oscillations du pendule exécutées pendant qu'un sablier se vide, au commencement, au milieu et à la fin du mouvement, on trouvera que ce nombre est le même et que, par suite, la durée de l'une d'elles n'a pas éprouvé de variation sensible.

C'est en 1582, et à l'âge de dix-huit ans, que Galilée découvrit cette loi remarquable de l'isochronisme des petites oscillations d'un pendule : se trouvant un jour dans l'église métropolitaine de Pise, il observa le mouvement d'une lampe suspendue au haut de la voûte et fut frappé de l'uniformité qui régnait dans la durée des oscillations, quoiqu'elles fussent bien visiblement inégales; il confirma cette première vue par des expériences réitérées et comprit l'utilité de ce phénomène pour la mesure exacte du temps, puisqu'il en fit usage en 1655, dans la construction d'une horloge destinée aux observations astronomiques.

134. Loi des longueurs. — La durée des oscillations d'un pendule croit avec la longueur du fil, c'est-à-dire avec la distance du centre de la balle au point de suspension.

L'expérience et le calcul montrent que *la durée des oscillations varie proportionnellement aux racines carrées des longueurs du pendule;* ce qui veut dire que, pour trois pendules ayant 1^m, 4^m, 9^m de longueur, les temps d'une oscillation seront entre eux comme 1, 2 et 3. Cette loi peut s'établir facilement par l'expérience, en comptant les nombres d'oscillations des trois pendules pendant le temps qu'un sablier met à se vider.

Ainsi, pour qu'un pendule oscille très-vite, le fil doit être très-petit, et si l'on augmente progressivement sa longueur, les oscillations deviendront de plus en plus lentes; l'on pourra donc toujours trouver un pendule dont l'oscillation ait une durée déterminée, qui fasse, par exemple, 86400 oscillations dans un jour. Un pareil pendule porte le nom de *pendule à seconde;* sa longueur à Paris doit être de 0^m,994.

135. Formule du pendule. — Si l'on désigne par t la durée d'une oscillation exprimée en secondes, par 2α son amplitude, par π le nombre 3,1416, par g l'intensité de la pesanteur, qui est, à Paris, exprimée par le nombre 9^m,809, on trouve par le calcul la formule suivante renfermant une infinité de termes dont la loi est facile à saisir :

$$t = \pi \sqrt{\frac{l}{g}} \cdot \left[1 + \left(\frac{1}{2}\right)^2 \sin^2\frac{\alpha}{2} + \left(\frac{1.3}{2.4}\right)^2 \sin^4\frac{\alpha}{2} + \frac{1.3.5}{2.4.6} \sin^6\frac{\alpha}{2} + \cdots \right]$$

Si 2α est égal à 4° ou est plus petit, l'ensemble des termes qui suivent l'unité dans la parenthèse n'atteint pas 0,0001, et l'on adopte dans ce cas la formule plus simple

$$(1) \qquad\qquad t = \pi \sqrt{\frac{l}{g}} \cdot$$

On déduit de cette formule la loi précédente. En effet, si t' est la durée d'un second pendule de longueur l', l'on aura

$$(2) \qquad\qquad t' = \pi \sqrt{\frac{l'}{g}},$$

9.

et, en divisant les deux égalités (1) et (2), membre à membre,

$$(3) \qquad \frac{l}{l'} = \frac{\sqrt{l}}{\sqrt{l'}} \quad \text{ou} \quad \frac{l^2}{l'^2} = \frac{l}{l'}.$$

On en conclut aussi que les carrés des nombres d'oscillations exécutées dans le même temps par deux pendules sont entre eux en raison inverse de leurs longueurs. En effet, soient n et n' ces nombres d'oscillations, on aura

$$\frac{l}{l'} = \frac{n'}{n} \quad \text{ou} \quad \frac{l^2}{l'^2} = \frac{n'^2}{n^2},$$

et à cause de (3)

$$\frac{n'^2}{n^2} = \frac{l}{l'}.$$

156. Application du pendule aux horloges. — Dans les horloges astronomiques, le moteur est un poids; la corde qui le soutient est enroulée sur un cylindre horizontal (*fig.* 138), mobile autour de son axe; au moyen de rouages ce cylindre communique son mouvement à des aiguilles qui marchent sur un cadran.

Si le poids tombait librement, la corde se déroulerait de plus en plus vite : le cylindre, les rouages, et par suite, les aiguilles, n'auraient pas un mouvement régulier. Pour obvier à cet inconvénient, on arrête *périodiquement* la chute du poids à l'aide d'une pièce oscillante appelée *régulateur;* de cette manière, le cylindre tourne par saccades, mais chaque fois d'une très-petite quantité, toujours la même, et les aiguilles, qui enregistrent sur le cadran toutes ces petites chutes isochrones, paraissent avoir un mouvement régulier et continu extrêmement lent.

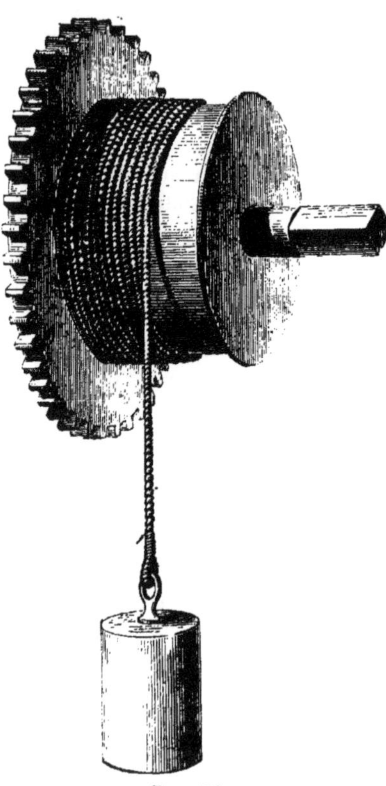

Fig. 138.

Il existe plusieurs sortes de régulateurs; le plus parfait est le pendule.

C'est *Huyghens* qui le premier, vers 1658, régularisa le mouvement des horloges à l'aide du pendule.

On donne le nom d'*échappement* au mécanisme qui réunit le moteur au régulateur; nous ne décrirons que l'échappement à *ancre*. Il se compose : 1° d'une pièce ABC, en forme d'ancre mobile autour d'un axe horizontal D; cette pièce reçoit du pendule son mouvement oscillatoire, ainsi que nous l'expliquerons plus loin; 2° d'une roue dentée comme une scie, appelée roue *à rochet*, et plus particulièrement ici *roue de rencontre*. Cette roue E, que porte le dernier arbre du mécanisme de l'horloge, tend à tourner sous l'action du moteur; si elle s'arrête, le mouvement du rouage est suspendu. La figure 159 représente l'ensemble de ces deux pièces.

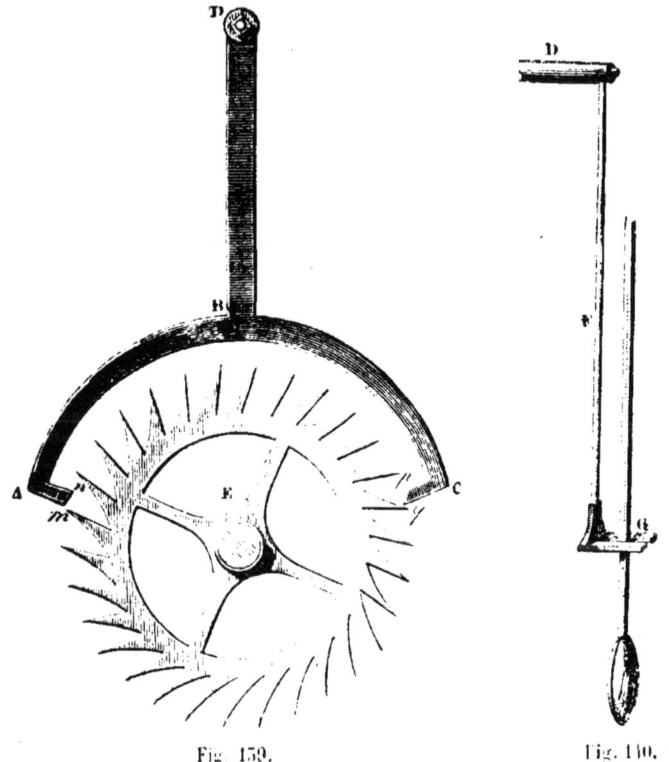

Fig. 159.   Fig. 140.

Supposons que BD, inclinée d'abord vers la droite, redescende dans la verticale : la dent *m* de la roue E s'appuiera sur la face intérieure de la partie A de l'ancre, et comme cette face est taillée suivant un arc de cercle concentrique à l'axe D, la dent *m* restera immobile pendant la demi-oscillation descendante; au moment où BD sera verticale, elle s'échappera, et la dent p buttera contre la face intérieure de la partie C de l'ancre. Comme cette face est également taillée en arc de cercle, la dent p doit rester immobile pendant la fin de la demi-oscillation ascendante de BD et la demi-oscillation descendante qui suit : cette dent p ne passera qu'au moment où BD sera de nouveau verticale.

Il résulte de là, qu'il faut deux oscillations du pendule pour qu'une dent vienne prendre la place de la précédente; avec un *pendule à demiseconde* et une roue de rencontre de 60 dents, une dent passera par seconde ; par suite, une aiguille portée par l'axe de cette roue fera le tour du cadran en une minute.

Pour communiquer à l'ancre le mouvement oscillatoire du pendule, on adapte à l'axe horizontal D (*fig*. 140), une tige verticale F, terminée par une fourchette G. La tige du pendule passe entre les branches de cette fourchette et la fait osciller avec lui.

Il est bon de remarquer encore que les dents de la roue glissent, avant d'échapper, sur les parties inclinées qui terminent les crochets de l'ancre; la pression ainsi exercée entretient le mouvement du pendule. Sans cette disposition les oscillations cesseraient bientôt par suite de la résistance de l'air et du frottement des pivots.

CHAPITRE II

DU MOUVEMENT.

§ 1er. DÉFINITIONS ET GÉNÉRALITÉS.

157. Nous ne pouvons juger du déplacement d'un corps qu'en le rapportant à d'autres corps ou *points de repère*. Si ces points de repère sont fixes, ou supposés fixes, le mouvement observé est un *mouvement absolu;* s'ils sont eux-mêmes en mouvement, le mouvement est *relatif*. A la surface de la terre nous ne pouvons observer que des mouvements relatifs, puisque tous les points de repère que nous pourrions choisir sont entraînés par notre planète dans son mouvement diurne autour de la ligne des pôles et dans son mouvement annuel autour du soleil; mais, dans l'étude des machines et de la plupart des phénomènes mécaniques, on peut considérer la terre comme immobile et les mouvements comme des mouvements absolus.

Quand on étudie le mouvement d'un corps de figure quelconque, on considère spécialement un seul point de ce corps; on suit, d'un côté, le mouvement de ce point qui décrit une ligne continue appelée *trajectoire*, et, de l'autre, le mouvement du corps qui ne peut que tourner en même temps autour de ce point. Nous ne pouvons nous occuper ici de ce mouvement de rotation; nous ne considérerons que le mouvement de translation d'un des points remarquables du corps; pour une boule sphérique, pour un cube, pour un cylindre, ce sera le centre de figure.

D'après la forme de la trajectoire, on distingue les mouvements *rectilignes* et les mouvements *curvilignes*. Quand le mouvement est curviligne, on peut le considérer comme ayant lieu sur un polygone dont les côtés très-petits se confondraient presque avec la courbe; les côtés de ce polygone sont les tangentes à la trajectoire et indiquent les directions successives du mouvement.

Le mouvement d'un corps est déterminé si l'on sait, et la nature de la trajectoire AB (*fig.* 141), et la position M, qu'il y occupe à chaque instant; il faut connaître :

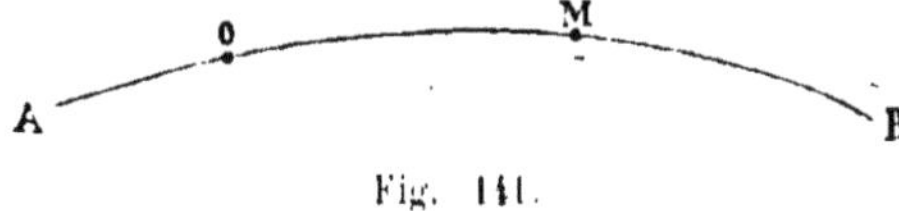

Fig. 141.

1° Sa position initiale O, qui est l'*origine des espaces* parcourus sur la trajectoire par le point mobile.

2° L'instant initial ou l'*origine du temps*.

3° Le tableau des valeurs de l'espace e, parcouru depuis l'origine du mouvement jusqu'à une époque quelconque t; ou bien la relation algébrique qui existe entre l'espace et le temps.

C'est d'après la nature de cette relation entre e et t, qu'on distingue les mouvements, et c'est sous ce point de vue que nous les étudierons d'abord.

138. Mouvement uniforme. — Lorsque l'espace est proportionnel au temps, le mouvement est *uniforme*.

On appelle *vitesse* l'espace parcouru dans l'unité de temps, on aura donc, en désignant par v la vitesse

$$(1) \qquad e = vt$$

si, à l'origine du temps, le mobile était au point origine; et s'il en était à une distance a

$$(2) \qquad e = a + vt.$$

On tire de l'équation 1)

$$v = \frac{e}{t},$$

la vitesse est donc le rapport constant de l'espace parcouru au temps employé à le parcourir.

139. Représentation géométrique des lois du mouvement uniforme. — Sur une ligne horizontale OX (*fig.* 142), appelée

axe des abscisses ou axe des temps, portons, à partir d'une origine fixe O,
des lignes OA, OB, OC, OD... égales à une, deux, trois, quatre... fois
l'unité de longueur que l'on a choisie et qui sera le centimètre, par
exemple; ces abscisses représentent les temps 1^s, 2^s, 3^s, 4^s... Aux points
A, B, C, D... élevons des perpendiculaires AA', BB', CC', DD'... égales
aux espaces parcourus depuis l'origine du temps jusqu'aux époques 1^s,

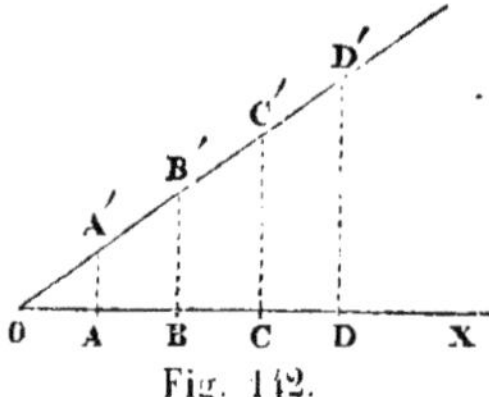

Fig. 142.

2^s, 3^s... : ces perpendiculaires, que l'on
nomme *ordonnées*, doivent renfermer autant de centimètres qu'il y a de mètres dans
les espaces correspondants.

Tous les points A', B', C', D'... ainsi obtenus seront sur une ligne droite passant par
le point O, si à l'origine du temps le mobile était au point origine des espaces. En
effet, le triangle OAA' est semblable à l'un quelconque des autres
triangles OBB', OCC'..., puisque l'on a

$$\frac{OA}{AA'} = \frac{OB}{BB'} = \frac{OC}{CC'} = \dots$$

et que, de plus, ces triangles sont rectangles; l'on a donc

$$AOA' = BOB' = COC' = \dots$$

mais ces angles ont le côté commun OX, les autres côtés OA', OB', OC'...
sont donc sur la même ligne droite.

Ainsi, dans le mouvement uniforme, la relation qui lie les espaces
parcourus aux temps, relation qu'on appelle *la loi du mouvement*, est
représentée par une ligne droite.

Remarquons de plus que

$$\frac{AA'}{OA} = \frac{BB'}{OB} = \frac{CC'}{OC} = \dots = tg\ D'OX$$

et comme cette tangente trigonométrique est la pente de OC', on peut
dire que *la vitesse d'un mouvement uniforme est égale à la pente de la
droite qui représente la loi du mouvement.*

Si, à l'origine du temps, le mobile était éloigné du point fixe de la distance a, la droite A'D' (*fig.* 143) ne passerait

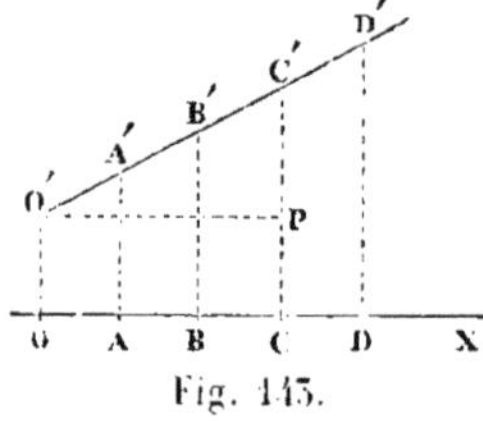

Fig. 143.

pas par le point O, mais par le point O' extrémité de l'ordonnée égale à a élevée en O.

Il faut bien se garder de confondre la ligne
A'D' que nous venons de tracer avec la trajectoire du mobile; c'est une ligne auxiliaire
analogue à celles que l'on construit, en physique, pour montrer comment varie avec la
température la tension de la vapeur d'eau ou bien la solubilité d'un sel.

140. Mouvement varié. — Si les espaces parcourus ne sont pas proportionnels aux temps, on dit que le mouvement est *varié*; tel est le mouvement d'une pierre qui tombe, d'un convoi de chemin de fer à l'approche d'une station.

On peut représenter géométriquement, en suivant la marche précédente, la loi d'un mouvement varié. Les points A′, B′, C′.... ne sont plus alors en ligne droite; en les joignant, on obtient une brisée qui deviendra une véritable courbe si l'on construit les ordonnées correspondantes à chaque dixième ou à chaque centième de seconde. Ainsi la loi d'un mouvement varié est représentée par une courbe, courbe qu'il ne faut pas confondre avec la trajectoire.

Ceci posé, considérons une série de petits mouvements uniformes de vitesses différentes se succédant de seconde en seconde; le premier sera représenté (*fig.* 144) par la droite OA′, le second par A′B′.... et leur ensemble par la ligne brisée OA′B′C′D′. Si la durée de chacun de ces petits mouvements uniformes diminue de plus en plus et devient $\frac{1}{10}$, $\frac{1}{100}$ de seconde. leur ensemble consti-

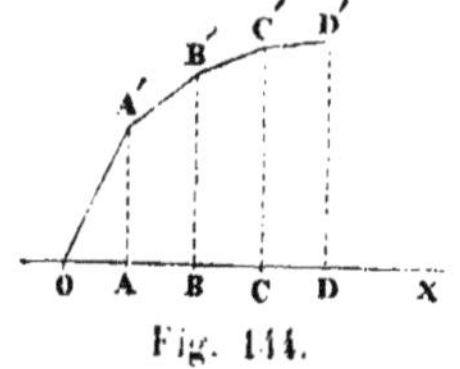

Fig. 144.

tuera, à la limite, un mouvement varié et les lignes brisées successives ainsi obtenues se rapprocheront de plus en plus de la courbe qui représente la loi de ce mouvement varié.

On peut donc regarder le mouvement varié, comme la réunion d'une infinité de petits mouvements uniformes de vitesse variable et d'une durée très-petite; *la vitesse à un instant donné, dans le mouvement varié, est la vitesse du petit mouvement uniforme qui correspond à cet instant.*

Cette définition revient à la suivante :

La vitesse d'un mouvement varié à un instant donné est la limite du rapport de l'espace parcouru, à partir de cet instant, au temps employé à le parcourir, lorsque ce temps décroît indéfiniment.

Considérons, en effet, un mouvement varié dont la courbe figurative soit OA′B′C′ (*fig.* 145). La vitesse à l'époque *t*, qui correspond à l'abscisse OA, s'obtiendra, d'après la première définition, en menant en A′ la tangente A′T à la courbe OA′B′C′; la vitesse sera la tangente trigonométrique de l'angle ATA′. Soit B′ le point de la courbe qui correspond à l'époque *t*′, joignons A′B′ et traçons l'ordonnée BB′

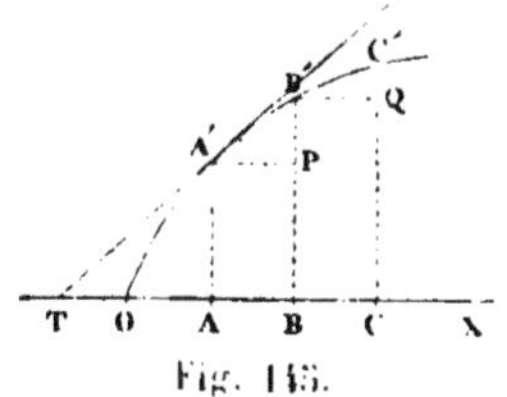

Fig. 145.

ainsi que la parallèle A'P à l'axe OX : le triangle A'B'P donne

$$\operatorname{tang} B'A'P = \frac{B'P}{A'P},$$

expression dans laquelle A'P représente le temps $t' - t$ et B'P l'espace parcouru pendant cet intervalle de temps. Si $t' - t$ diminue indéfiniment, les deux membres de l'égalité précédente varieront sans cesser d'être égaux, nous aurons donc

$$\text{limite } \operatorname{tang} B'A'P = \text{limite } \frac{B'P}{A'P},$$

mais l'angle B'A'P a pour limite A'TA, et par suite

$$\text{limite } \operatorname{tang} B'A'P = \operatorname{tang} ATA' = \text{vitesse},$$

donc :

$$\text{Vitesse} = \text{limite } \frac{\text{espace parcouru}}{\text{temps employé}} = \text{limite } \frac{(e' - e)}{(t' - t)}.$$

Il résulte de ce qui précède que l'on peut déterminer la vitesse à un instant donné dans le mouvement varié, soit à l'aide d'une méthode graphique, soit à l'aide du calcul : ces deux manières de déterminer la vitesse correspondent aux deux définitions précédentes.

1° Si l'on a une table contenant un certain nombre de valeurs correspondantes de e et de t, on construira par points la courbe figurative du mouvement, on mènera la tangente au point qui correspond à l'époque donnée, et l'on calculera sa pente, c'est-à-dire la tangente trigonométrique de l'angle qu'elle fait avec l'axe des temps.

2° Si l'on a l'équation qui exprime la loi du mouvement, on cherchera la limite de l'espace parcouru au temps employé à le parcourir. Soit, par exemple, à calculer la vitesse à l'époque 5ˢ du mouvement représenté par l'équation

$$e = 4^{\mathrm{m}},9049 \times t^2.$$

On calculera l'espace parcouru, à partir de l'époque 5ˢ pendant 1ˢ, puis pendant $\dfrac{1^{\mathrm{s}}}{10}$, $\dfrac{1^{\mathrm{s}}}{100}\cdots$, et l'on prendra chaque fois le rapport de l'espace parcouru au temps employé. Les résultats sont indiqués dans le tableau ci-dessous :

$t' - t$	$e' - e$	$\dfrac{e' - e}{t' - t}$
1ˢ	53ᵐ,9539	53,954
0ˢ,1	4 ,95395	49,539
0ˢ,01	0 ,490980	49,098
0ˢ,001	0 ,0490539	49,054
0ˢ,0001	0 ,0049049	49,049
0ˢ,00001	0 ,00049049	49,049

On voit que le rapport de l'espace parcouru au temps employé tend de plus en plus vers $49^m.049$; c'est la vitesse à l'époque 5^s.

Nous donnerons plus loin (n° 147) un nouvel exemple de la détermination de la vitesse dans un mouvement varié.

141. Mouvement accéléré. — On désigne ainsi un mouvement dans lequel les espaces parcourus dans des temps égaux vont sans cesse en croissant; les vitesses des petits mouvements uniformes dans lesquels on peut le décomposer augmentent sans cesse, les inclinaisons des tangentes à la courbe figurative augmentent aussi, et cette courbe tournera par conséquent sa convexité vers l'axe des temps.

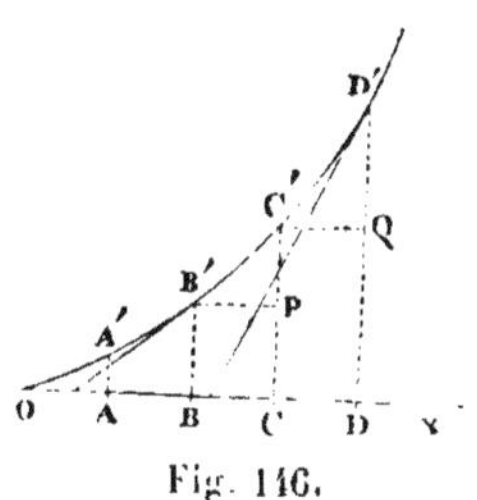
Fig. 146.

La figure 146 représente un mouvement accéléré, car $C'P < D'Q$.

142. Mouvement retardé. — C'est celui dans lequel les espaces parcourus dans des temps égaux vont sans cesse en diminuant; les vitesses des petits mouvements uniformes diminuent sans cesse, et la courbe figurative doit tourner sa concavité vers l'axe des temps. La figure 146 représente un mouvement retardé, car $B'P > C'Q$.

143. Mouvement périodique. — C'est un mouvement varié dans lequel la vitesse reprend la même valeur après un même intervalle de temps appelé *période*.

Tel est le mouvement de la terre autour du soleil : durant une année sidérale, le mouvement de la terre est tantôt plus lent, tantôt plus rapide; mais il redevient le même lorsque la terre est revenue dans la même position par rapport au soleil.

Tel est encore le mouvement d'une roue de rémouleur, du piston d'une machine à vapeur, du châssis d'une scie mécanique, ou bien d'un pendule. Dans ces trois derniers exemples, la vitesse est nulle au commencement et à la fin de chaque période; vers le milieu de la course, elle est *maxima*.

Pour la simplicité, on substitue souvent à un mouvement périodique un mouvement uniforme de même durée et dont la vitesse s'obtient en divisant l'espace parcouru dans une période entière par le temps qui lui correspond.

Ce mouvement uniforme s'appelle *mouvement moyen*, et sa vitesse est la *vitesse moyenne* du mouvement périodique; il ne faut pas la confondre avec la *vitesse effective*, qui varie à chaque instant. C'est ainsi que l'on a substitué au mouvement annuel de la terre, qui est varié

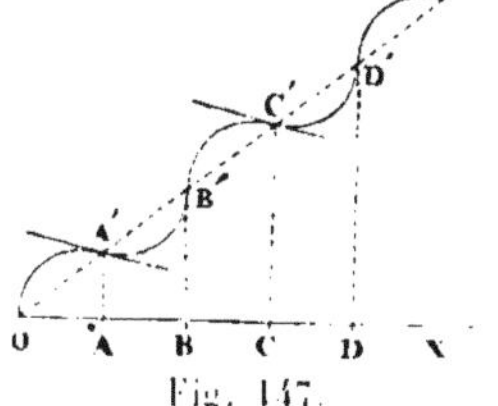
Fig. 147.

et périodique, un mouvement moyen, uniforme, d'une durée égale, et dans lequel la terre décrit chaque jour un angle de $59'8''$.

C'est ainsi encore que l'on remplace le mouvement varié du piston d'une machine à vapeur par un mouvement moyen dont la vitesse est égale au quotient de la longueur d'une course par sa durée,

La courbe qui représente la loi d'un mouvement périodique est une courbe ondulée OA′B′C′D′ (*fig.* 147) qui tourne tantôt sa concavité, tantôt sa convexité vers l'axe des abscisses. Ses ondulations se font régulièrement autour d'une droite OD′, qui représente le mouvement moyen uniforme du mouvement périodique.

§ 2. MOUVEMENT UNIFORMÉMENT VARIÉ.

144. Mouvement uniformément accéléré. — Un mouvement est uniformément accéléré lorsque la vitesse croît de quantités égales dans des temps égaux; si l'on désigne par V_0 la vitesse à l'époque zéro, par V_t celle qui correspond à l'époque t, et par W l'accroissement de vitesse dans l'unité de temps, on a

$$(1) \qquad V_t = V_0 + W.t,$$

W s'appelle *accélération*.

La relation précédente entre la vitesse et le temps peut encore se représenter à l'aide d'une figure.

Sur l'axe des abscisses OX portons (*fig.* 142) des longueurs égales OA, AB, BC... pour représenter les secondes successives; en chaque point de division élevons des perpendiculaires AA′, BB′, CC′..., représentant à la même échelle les vitesses correspondantes; tous les points ainsi obtenus seront en ligne droite (même démonstration qu'au n° 139). La loi des vitesses dans le mouvement uniformément accéléré est donc figurée par une ligne droite. Cette droite passe par l'origine O si la vitesse initiale est nulle, et, dans le cas contraire (*fig.* 143), elle passe par l'extrémité de l'ordonnée OO′ égale à V_0.

De la formule (1) on tire

$$W = \frac{V_t - V_0}{t}.$$

Ainsi, quand un mouvement est uniformément accéléré, on obtient l'accélération en divisant l'accroissement de la vitesse pendant un temps quelconque par cet intervalle de temps :

Sur la figure 143 on a

$$V_t - V_0 = C'P, \qquad \text{et} \qquad t = OC;$$

donc

$$W = \frac{C'P}{OC} = \tan C'O'P.$$

L'accélération est donc égale à la pente de la droite qui figure la vitesse.

145. Problème. — *Trouver l'espace parcouru au bout d'un temps quelconque t par un mobile animé d'un mouvement uniformément accéléré, en supposant nulle la vitesse initiale.*

Soit un mouvement uniformément accéléré dont la loi de la vitesse soit représentée (*fig.* 148) par la droite OE' passant par l'origine, et substituons à ce mouvement varié une série de petits mouvements uniformes durant cha-
cun 1". La vitesse du premier sera AA',
celle du second BB'... L'espace parcouru par le mobile pendant le premier
mouvement sera représenté par le même
nombre que la surface du petit rectangle
OAA'M, l'espace parcouru pendant la
deuxième seconde sera représenté par
le même nombre que le rectangle ABB'N.

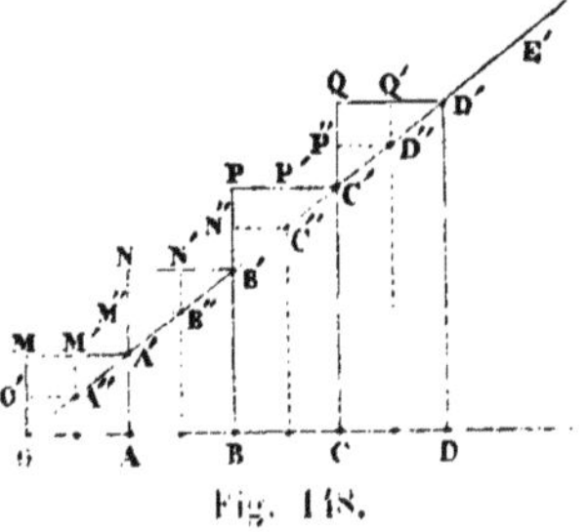

Fig. 148.

et ainsi de suite. L'aire ODD'QC'PB'NA'MO de la somme des rectangles sera donc égale, dans l'hypothèse précédente, à la somme des espaces parcourus en t, par le mobile.

Si nous supposons que chacun des petits mouvements uniformes ne
dure qu'une demi-seconde, la somme des espaces parcourus en t dans
cette nouvelle hypothèse, sera représentée par la surface

$$ODD'Q'D''P''\ldots A'M'A''O'O,$$

plus voisine que la précédente de la surface du triangle ODD'. Si la durée
de chacun de ces petits mouvements uniformes devient de plus en plus
petite, la somme de ces petits rectangles sera de plus en plus voisine du
triangle ODD', qui en est la limite. Par conséquent, lorsque les petits
mouvements uniformes auront une durée plus petite que toute quantité
donnée, auquel cas le mouvement sera varié, l'espace parcouru par le
mobile en t sera rigoureusement égal à l'aire du triangle ODD', c'est-à-
dire à

$$\frac{OD}{2} \smile DD';$$

or

$$OD \quad t, \quad DD' = V_t = \gamma t;$$

donc

$$(1) \qquad c_t = \tfrac{1}{2}\gamma t^2.$$

CONSÉQUENCES. — 1° L'accélération est double de l'espace parcouru dans la
première seconde. En effet, si l'on fait $t = 1$ dans la formule précédente,

$$c_t = \tfrac{1}{2}\gamma \times 1^2 = \tfrac{1}{2}\gamma.$$

2° L'espace parcouru au bout d'un temps quelconque est égal à la
moitié de celui qui serait parcouru pendant le même temps d'un mou-

vement uniforme avec la vitesse finale. En effet, la vitesse au bout du temps t est Wt, et l'espace parcouru pendant t avec cette vitesse serait

$$Wt \times t = Wt^2.$$

3° Les espaces parcourus sont proportionnels aux carrés des temps. En effet, l'espace parcouru au bout du temps t' est

$$(2) \qquad c_{t'} = \tfrac{1}{2} W t'^2.$$

On aura donc, en divisant membre à membre les équations (1) et (2)

$$\frac{c_t}{c_{t'}} = \frac{t^2}{t'^2}.$$

4° Le carré de la vitesse acquise par un corps qui a parcouru un certain espace d'un mouvement uniformément accéléré est égal au produit de cet espace par le double de la vitesse acquise au bout de la première seconde.

En effet,

$$V^2 = W^2 t^2;$$

mais de l'équation (1) on tire

$$t^2 = \frac{2c}{W};$$

on a donc, en substituant

$$V^2 = 2cW,$$

on

$$(3) \qquad V = \sqrt{2cW}.$$

146. **Problème.** — *Un corps est animé d'une vitesse initiale lorsque son mouvement vient à s'accélérer uniformément : trouver l'espace qu'il parcourra dans un temps donné.*

Soit $O'D'$ (*fig.* 143) la ligne qui représente la loi de la vitesse. On démontrera comme précédemment que l'espace parcouru au bout du temps t est égal à l'aire du trapèze $OO'DD'$, qui est

$$\frac{OO' + DD'}{2} \times OD,$$

or

$$OO' = V_0, \qquad DD' = V_0 + Wt, \qquad \text{et} \qquad OD = t.$$

On aura donc

$$c_t = \frac{2V_0 + Wt}{2}, \quad t = V_0 t + \tfrac{1}{2} W t^2.$$

Remarque. — La formule précédente comprend celle qui a été trouvée dans le cas où le corps n'avait pas de vitesse initiale; il suffit de faire dans la dernière $V_0 = 0$.

147. Proposition. — *Toutes les fois que l'équation d'un mouvement est de la forme* $e = at + bt^2$, *le mouvement est uniformément accéléré.*

En effet, ce mouvement est d'abord accéléré, puisque l'espace parcouru dans 1^s croît avec le temps. De plus, ce mouvement est uniformément accéléré, car sa vitesse est proportionnelle au temps. En effet, calculons l'expression de la vitesse en suivant la marche indiquée page 160.

Donnons à t un accroissement θ très-petit; nous aurons

$$e' = a(t + \theta) + b(t + \theta)^2,$$
$$e' = at + a\theta + bt^2 + 2bt\theta + b\theta^2.$$

Mais l'espace e décrit à l'époque t est égal à $at + bt^2$, on aura donc:

$$e' - e = a\theta + 2bt\theta + b\theta^2 = (a + 2bt)\theta + b\theta^2,$$

$$\frac{e' - e}{\theta} = a + 2bt + b\theta,$$

et si θ diminue jusqu'à zéro,

$$\text{Limite } \frac{e' - e}{\theta} = \text{Vitesse} = a + 2bt.$$

148. Remarque. — Les deux formules

$$(1) \qquad V_t = V_0 + W.t,$$
$$(2) \qquad e = V_0 t + \tfrac{1}{2} W.t^2,$$

suffisent pour résoudre toutes les questions sur le mouvement uniformément accéléré; on en tire la formule suivante :

$$(3) \qquad V_t^2 - V_0^2 = 2We,$$

qui s'énonce ainsi :

La différence des carrés des vitesses d'un mobile à deux instants quelconques est égale au double de l'accélération multipliée par l'espace parcouru dans l'intervalle.

En effet, résolvant (1) par rapport à t, on a :

$$t = \frac{V_t - V_0}{W}.$$

Substituant dans (2) l'on a :

$$e = V_0 \frac{V_t - V_0}{W} + \tfrac{1}{2} W \frac{(V_t - V_0)^2}{W^2} = \frac{2V_0(V_t - V_0) + (V_t - V_0)^2}{2W}.$$

ou

$$e = \frac{1}{2W} \left\{ 2V_0 V_t - 2V_0^2 + V_t^2 + V_0^2 - 2V_t V_0 \right\},$$

ou

$$e = \frac{1}{2W} \left\{ V_t^2 - V_0^2 \right\}.$$

et, par conséquent,

$$V_t^2 - V_o^2 = 2e\,W.$$

149. Mouvement uniformément retardé. — Dans un pareil mouvement, les vitesses décroissent proportionnellement au temps et l'on a

$$(1) \qquad V_t = V_o - W t.$$

La loi de la vitesse est encore représentée par une droite; mais l'angle que fait avec la direction OX la portion de cette droite située au-dessus de cet axe, est un angle obtus.

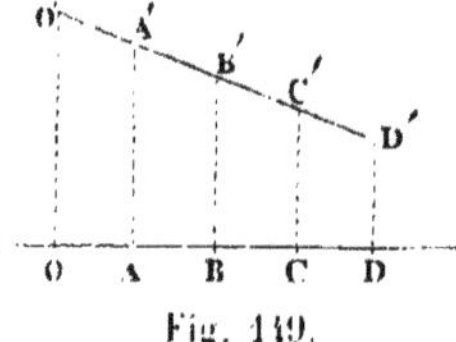

Fig. 149.

150. Problème. — *Trouver l'espace parcouru au bout du temps t par un mobile animé d'un mouvement uniformément retardé.*

Soit O'D' (*fig.* 149) la ligne qui représente la loi de la vitesse; on démontrerait, comme au n° 146, que l'espace parcouru au bout du temps t est égal à l'aire du trapèze OO'DD', c'est-à-dire à

$$\frac{OO' + DD'}{2} \times OD = \frac{2V_o - W.t}{2} \times t;$$

donc

$$(2) \qquad e_t = V_o t - \frac{1}{2} W.t^2.$$

Remarques. — 1° Cette dernière formule se déduit de la formule (2) du n° 146, si l'on y regarde W comme négatif. C'est un nouvel exemple de l'utilité des quantités négatives en mathématiques.

2° On déduit, en suivant la même marche qu'au n° 148, la formule

$$(3) \qquad V_o^2 - V_t^2 = 2We.$$

qui s'énonce de la même manière.

§ 5. LOIS DE LA CHUTE DES CORPS.

151. Le mouvement d'un corps qui tombe est uniformément accéléré; on démontre, en effet, soit avec la machine d'Atwood, soit avec l'appareil à indications continues de MM. Poncelet et Morin, qu'à chaque instant la vitesse des corps qui tombent est proportionnelle au temps écoulé depuis le commencement de la chute, et que les espaces parcourus sont proportionnels aux carrés des temps.

152. Machine d'Atwood. — Elle se compose d'une poulie fort légère mobile, avec le moins de frottement possible, autour d'un axe horizontal (*fig.* 150), sur la gorge de la poulie s'enroule un fil de soie très-fin; aux extrémités du fil sont suspendus des poids égaux P et P′, qui se font mutuellement équilibre. Si l'on place sur l'un des poids égaux P, un poids additionnel p, P descendra, P′ remontera; mais la vitesse de ce mouvement sera moindre que celle d'un corps qui tombe librement, et nous démontrerons plus loin que le rapport de ces deux vitesses est égal à $\dfrac{p}{2P + p}$, quand on néglige le poids du fil, le frottement qu'il exerce contre la gorge de la poulie et celui de la poulie sur son axe. Ainsi, nous admettrons que la machine d'Atwood ralentit la chute des corps pesants sans en changer les lois.

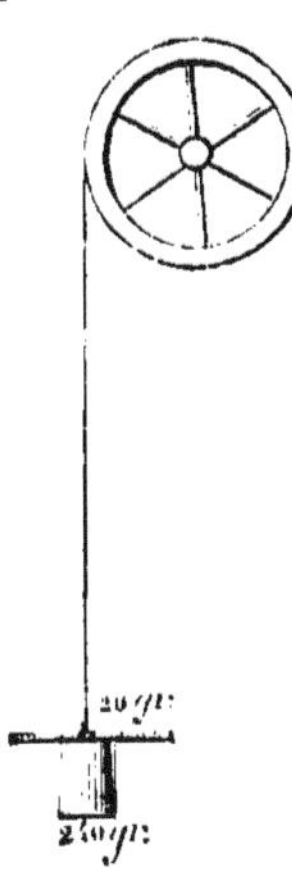

Pour la facilité des observations, le poids P descend le long d'une règle verticale divisée, sur laquelle peuvent se mouvoir deux curseurs; le premier porte un disque plein (*fig.* 151), le second un anneau (*fig.* 152) qui laisse passer le poids P sans le toucher, mais arrête le poids

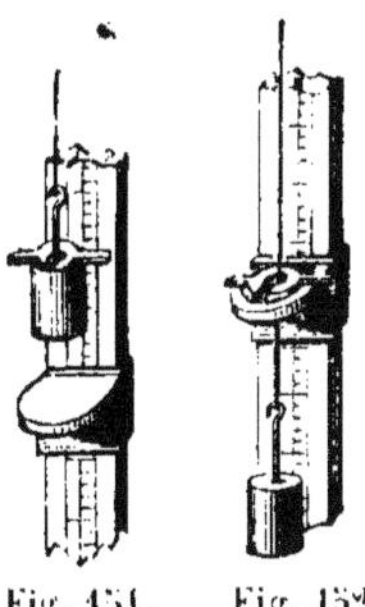

Fig. 151.   Fig. 152.

additionnel p de forme allongée. De plus, la partie inférieure du poids P peut être maintenue à la hauteur du zéro de la règle par un doigt mobile autour d'un axe horizontal; on laisse tomber ce doigt à l'instant même où se produit le battement d'un pendule à secondes que porte la colonne de la machine.

VÉRIFICATION DE LA LOI DES ESPACES. — On observe la division de la règle où se trouve le poids P + p au bout d'une seconde de chute; pour plus de précision, on y place le curseur plein et l'on recommence l'expérience : le bruit de la chute du poids doit coïncider avec le second battement du pendule. Soit h l'espace que parcourt ainsi le poids mobile dans une seconde, en plaçant successivement le curseur plein aux divisions $4h$, $9h$, $16h$. on reconnaîtra que le poids viendra frapper le curseur aux époques 2′, 3′, 4′. Les figures 153, 154, 155, représentent les positions du curseur sur la règle dans les trois premières expériences.

Fig. 150.

VÉRIFICATION DE LA LOI DES VITESSES. — Le curseur, muni d'un anneau, est placé à la division h (*fig.* 156) : alors, à l'époque 1′, P traverse l'anneau qui retient le poids p; P descend ensuite d'un mouvement uniforme, en vertu de la vitesse acquise, au bout d'une seconde de chute. L'expérience montre que l'espace ainsi parcouru pendant la deuxième unité de temps est égal à $2h$; *donc $2h$ est la vitesse à l'époque 1*.

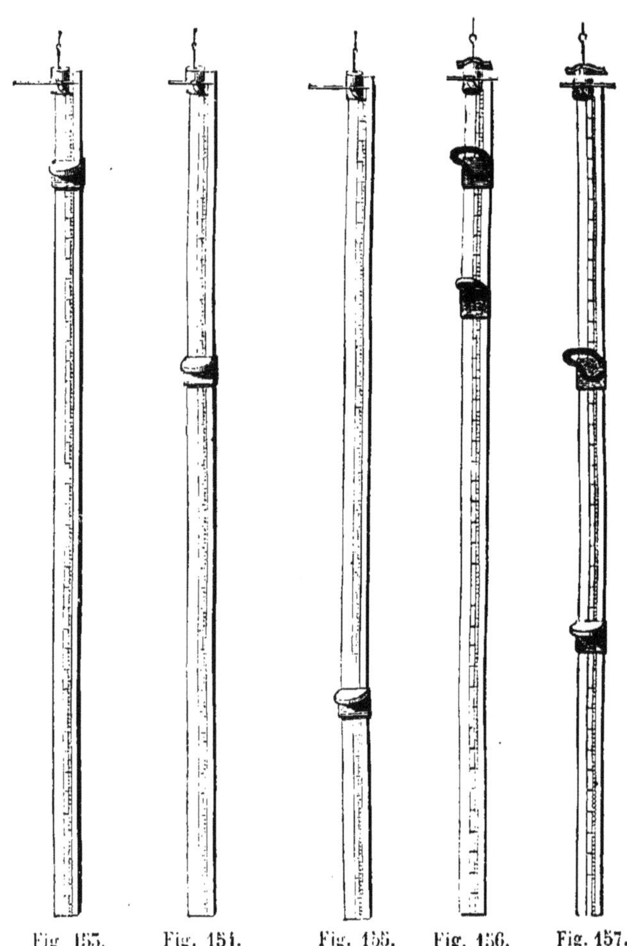

Fig. 153. Fig. 154. Fig. 155. Fig. 156. Fig. 157.

On place ensuite l'anneau à la division $4h$ (*fig.* 157); le poids additionnel p est enlevé à l'époque 2*. et l'on observe l'espace que décrit P dans la troisième seconde : on le trouve égal à $4h$; *donc $4h$ est la vitesse à l'époque 2*. De même, il est facile de vérifier que la vitesse, à l'époque 3*, est $6h$; qu'elle est $8h$ à l'époque 4*, etc.

153. Appareil à indications continues. — Il se compose :

1° D'un cylindre vertical qui tourne uniformément, à l'aide d'un mécanisme d'horlogerie, autour de son axe TT' (*fig.* 158).

2° D'un poids D, guidé par deux fils métalliques verticaux *ff'*, et muni d'un crayon ; si le cylindre tourne devant le poids immobile, le crayon trace la circonférence CE sur le papier qui recouvre le cylindre ; mais, lorsque ce poids tombe librement devant le cylindre mobile, le crayon trace une courbe CMNPB (*fig* 159) différente d'un cercle : en étudiant la forme de cette courbe, on vérifie la loi des vitesses et celle des espaces.

VÉRIFICATION DE LA LOI DES ESPACES. — Il est facile de voir que le cylindre mobile remplace un chronomètre très-sensible. Supposons, en effet, qu'il fasse un tour en 1", et que l'on ait divisé sa surface en 100 bandes égales par 100 génératrices équidistantes ; ces génératrices II', KK', LL'... se succéderont devant la pointe C du crayon, supposé immobile, à $\frac{1}{100}$ de seconde d'intervalle. Soit CA la génératrice en contact avec le crayon à l'instant 0 où commence la chute du poids ; à l'époque $\frac{1"}{100}$, le crayon sera vis-à-vis II', en M, à une distance

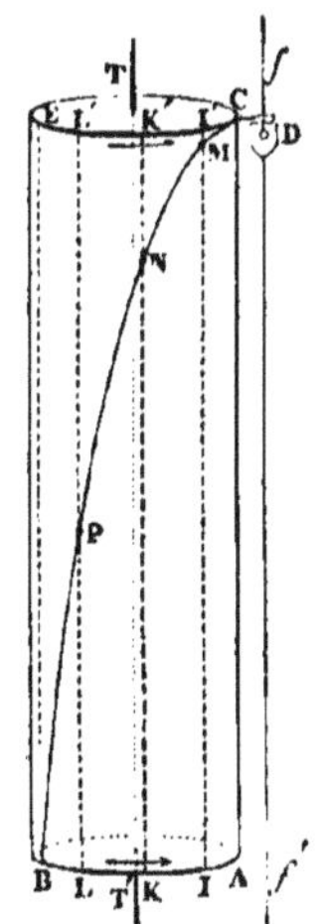

Fig. 158.

I'M du plan horizontal passant par le point C de départ ; à l'époque $\frac{2"}{100}$ il sera en N, devant KK', après avoir parcouru la distance verticale K'N, etc.... En mesurant avec un compas les distances verticales I'M, K'N, L'P, EB, comprises entre la circonférence CEL' et la courbe MNPB, on trouve que

$$K'N = 4.I'M,$$
$$L'P = 9.I'M,$$
$$EB = 16.I'M ;$$

donc les espaces parcourus sont proportionnels aux carrés des temps.

REMARQUE. — Si l'on coupe la feuille de papier suivant la génératrice CA, et qu'on la développe, on obtient (*fig.* 159) la courbe plane CMNB. En abaissant des points M, N, P, des perpendiculaires sur CA, et en désignant par t, t', t'', les époques correspondantes, on aura :

$$\frac{MF}{t} = \frac{NG}{t'} = \frac{PH}{t''}$$

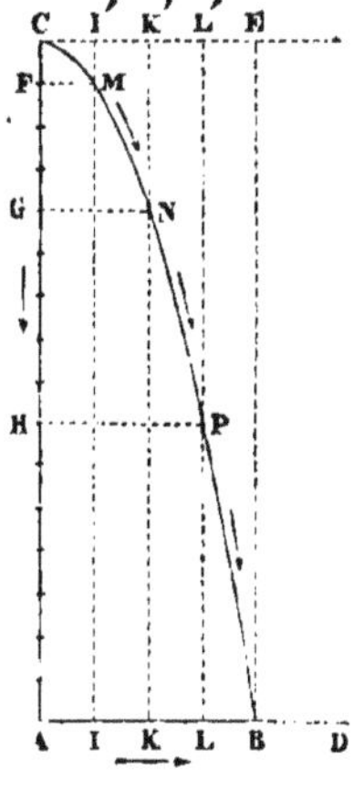

Fig. 159.

et par suite,

$$\frac{\overline{MF}^2}{t^2} = \frac{\overline{NG}^2}{t'^2} = \frac{\overline{PH}^2}{t''^2},$$

mais l'expérience montre que

$$\frac{I'M}{t^2} = \frac{K'N}{t'^2} = \frac{L'P}{t''^2};$$

donc

$$\frac{\overline{MF}^2}{I'M} = \frac{\overline{NG}^2}{K'N} = \frac{\overline{PH}^2}{L'P},$$

ou

$$\frac{MF^2}{CF} = \frac{\overline{NG}^2}{CG} = \frac{\overline{PH}^2}{CH},$$

donc les carrés des $\frac{1}{2}$ cordes perpendiculaires à l'axe CA sont entre eux comme les distances au sommet; donc la courbe est une parabole dont l'axe est CA et le sommet C.

VÉRIFICATION DE LA LOI DES VITESSES. — La courbe CMB (*fig.* 159) n'est autre que la courbe figurative du mouvement, construite sur CE, pris pour axe des temps. Menons aux points M, N, P, les tangentes MM', NN', PP', à cette courbe; soient M', N', P', les points de rencontre de CE avec ces tangentes, les vitesses du poids aux époques t, t', t'', seront respectivement proportionnelles à

$$\text{tang EM'M,} \qquad \text{tang EN'N,} \qquad \text{tang EP'P.}$$

Mesurant sur la figure les angles ci-dessus, et cherchant les valeurs de ces lignes trigonométriques dans une table de tangentes naturelles, on trouve :

$$\frac{\text{tang EM'M}}{t} = \frac{\text{tang EN'N}}{t'} = \frac{\text{tang EP'P}}{t''};$$

donc les vitesses sont proportionnelles aux temps.

154. Formules relatives à la chute des corps. — On trouve, à l'aide de l'appareil précédent, qu'à Paris, dans la première seconde de sa chute, un corps parcourt 4^m,9045; l'accélération du mouvement est double c'est-à-dire 9^m,809; on la désigne par g dans les formules (*).

(*) On détermine g d'une manière bien plus exacte, en mesurant la longueur du pendule qui bat la seconde; de la formule $t = \pi \sqrt{\dfrac{l}{g}}$, on tire $g = \dfrac{\pi^2 l}{t^2}$.

Un grand nombre d'observateurs ont ainsi déterminé l'intensité de la pesanteur à diverses latitudes. Bessel, qui a discuté tous les résultats, donne pour g :

     A l'équateur.   9^m,78062,

     A 45° de latitude, 9^m,80604.

     A Paris,   9^m,80944.

Toutes les questions sur la chute des corps se déduisent des équations

$$(1) \quad h = V_o t + \frac{1}{2} g t^2, \qquad (4) \quad h = V_o t - \frac{1}{2} g t^2,$$

$$(2) \quad V_t = V_o + g t, \qquad (5) \quad V_t = V_o - g t,$$

$$(3) \quad V_t^2 - V_o^2 = 2 g h, \qquad (6) \quad V_o^2 - V_t^2 = 2 g h,$$

qu'on obtient en remplaçant e par h, W par g, dans les formules du mouvement uniformément varié.

155. Problème I. — *Un corps tombe sans vitesse initiale d'une hauteur* h; *quelle est sa vitesse en arrivant à terre?*

Il suffit de faire $V_o = 0$ dans l'équation (3), et l'on a

$$V = \sqrt{2 g h}.$$

Si $h = 43^m$,

$$V = \sqrt{2 \times 9,8094 \times 45} = 29^m,045.$$

156. Problème II. — *Un corps est lancé verticalement, de bas en haut, avec la vitesse* V_o; *à quelle hauteur,* H, *parviendra-t-il et quelle sera sa vitesse quand il touchera le sol?*

SOLUTION. — Quand le corps s'arrêtera, V_t sera nul; nous aurons donc, d'après l'équation (6),

$$V_o^2 = 2 g H,$$

d'où

$$H = \frac{V_o^2}{2 g}.$$

A partir de ce moment, le corps retombe sans vitesse initiale; sa vitesse, en arrivant à terre, sera donc (Probl. 1) :

$$V = \sqrt{2 g \times H} = \sqrt{2 g \frac{V_o^2}{2 g}} = V_o.$$

Ainsi, le corps en retombant, acquiert la vitesse initiale.

REMARQUE. — Soit que le corps monte, soit qu'il descende, en passant par un même point de la verticale, il possède la même vitesse. En effet, quand il arrive à la hauteur h, sa vitesse en montant est (Formule 6) :

$$V_t = \sqrt{V_o^2 - 2 g h}.$$

Quand il retombe de la hauteur $H - h$, sa nouvelle vitesse est

$$V_{t'} = \sqrt{2 g (H - h)} = \sqrt{2 g \frac{V_o^2}{2 g} - 2 g h} = \sqrt{V_o^2 - 2 g h};$$

donc $V_t = V_{t'}$.

§ 4. MOUVEMENT CIRCULAIRE OU DE ROTATION.

157. Définition. — *On dit qu'un corps solide tourne autour d'un axe AB (fig. 160), quand chacun de ses points M décrit une circonférence dont le plan est perpendiculaire à l'axe, et dont le centre P est sur cet axe.* Tel est le mouvement d'une porte autour de la ligne qui joint les centres des gonds ou des charnières; tel est encore le mouvement de la terre

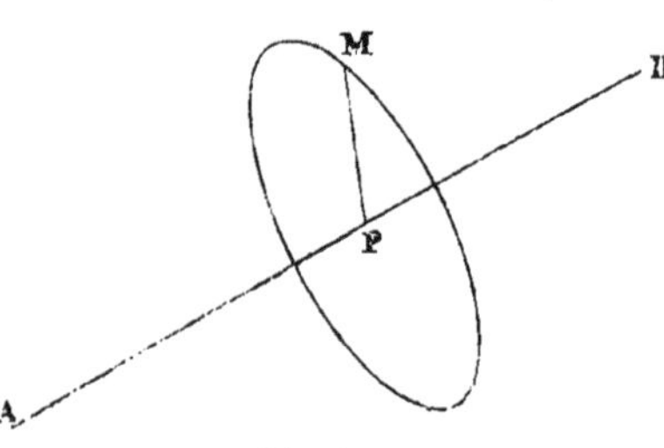

Fig. 160.

autour de la ligne des pôles, du volant d'une machine à vapeur autour de l'arbre de couche.

Dans un pareil mouvement, deux points quelconques du corps décrivent dans le même temps des arcs semblables, c'est-à-dire d'un même nombre de degrés, mais les longueurs de ces arcs sont bien différentes; elles sont proportionnelles à leurs distances à l'axe. Soient c et c' les espaces parcourus dans le même temps par deux points situés à des distances r et r' de l'axe de rotation, on aura

$$\frac{c}{c'} = \frac{r}{r'}.$$

Si dans des temps égaux un point du corps décrit toujours des arcs égaux, il en sera de même de tous les autres, et le *mouvement de rotation est uniforme;* dans le cas contraire il est *varié.*

158. Mouvement de rotation uniforme. — La rapidité d'un pareil mouvement ne peut être connue que si l'on donne à la fois le chemin décrit en 1ˢ par un point du corps, et la distance de ce point à l'axe de rotation : c'est pour éviter cette double donnée que l'on considère plus particulièrement les points qui sont à 1 mètre de distance de l'axe, et l'on appelle *vitesse de rotation d'un corps, ou vitesse angulaire,* la longueur de l'arc décrit dans 1ˢ par un point situé à 1ᵐ de l'axe.

Soit ω cet arc, on aura, pour la vitesse v d'un autre point situé à la distance r,

$$v = r\omega,$$

d'où l'on tire

$$\omega = \frac{v}{r}.$$

Par conséquent, la vitesse angulaire s'obtient en divisant le chemin que fait en 1ˢ un point quelconque par le rayon de la circonférence qu'il décrit.

On la détermine aussi très-aisément quand on connaît le nombre n de tours fait par l'axe en t : en effet, l'on a

$$n \times 2\pi \times 1^{m} = \omega.t,$$

d'où

$$\omega = \frac{2\pi.n}{t} = \frac{6,28 \times n}{t}.$$

Donc pour avoir la vitesse angulaire d'une roue, il faut multiplier $6^{m},28$ *par le nombre de tours observés et diviser le produit par le temps de l'expérience exprimé en secondes.*

159. Mouvement de rotation varié. — On appelle vitesse d'un point dans un pareil mouvement, la limite du rapport de l'espace parcouru au temps employé à le parcourir lorsque ce temps diminue indéfiniment : on considère spécialement encore le mouvement des points situés à l'unité de distance de l'axe, puisque les vitesses de tous les autres s'en déduisent facilement; soit AB l'arc que parcourt à partir de l'époque t, pendant le temps θ, un point situé à 1^{m} de l'axe, la vitesse angulaire du corps à l'époque t sera

$$\omega = \lim. \frac{AB}{\theta}$$

lorsque θ tend vers zéro. On pourrait aussi l'obtenir en traçant la courbe des espaces parcourus par le point mobile et menant la tangente à cette courbe.

La vitesse d'un autre point M situé à la distance r de l'axe sera

$$v = r\omega;$$

par conséquent, lorsqu'on connaîtra la manière dont ω varie avec le temps, on connaîtra, pour chaque instant, les vitesses de tous les points du corps.

160. Exercices. — 1. *Trouver la vitesse angulaire de la terre.*

La terre fait un tour complet en un jour sidéral qui vaut 86164^{s} de temps moyen : un point situé à 1 mètre décrit donc pendant ce temps un chemin égal à 2π; sa vitesse par seconde sera

$$\frac{2\pi}{86164} = \frac{\pi}{43082} = 0^{m},00007292.$$

2. *Une roue a fait 249 tours en 7^{m}. Quelle est sa vitesse angulaire?*

En suivant la règle pratique indiquée plus haut, on trouve

$$\omega = \frac{6^{m} 28 \times 249}{7 \times 60} = \frac{6^{m},28 \times 249}{420} = 5^{m},725.$$

3. *Un cylindre creux, de longueur l, tourne sur son axe d'un mouve-*

ment uniforme, en faisant n tours par seconde. Ses deux bases sont recouvertes de deux cercles en papier divisés en 360° et les divisions de même nom correspondent aux extrémités d'une même génératrice du cylindre. On propose, avec cet appareil, de déterminer la vitesse initiale, V, d'un projectile. (Procédé Eytelwein.)

SOLUTION. — On disposera le canon du fusil horizontalement de telle sorte que la trajectoire de la balle soit parallèle à l'axe OO′ du cylindre et aussi voisine que possible de son contour. Soient M et M′ les centres des deux trous faits par la balle. Ces points seront à la même distance r des centres O et O′ des bases, mais les rayons OM et O′M′ ne correspondront pas aux mêmes divisions; en effet, pendant le trajet de la balle dans l'intérieur du cylindre, ce cylindre aura tourné.

Le temps employé par la balle pour traverser le cylindre est

$$1 \times \frac{l}{V}$$

et le cylindre aura pendant ce temps fait une fraction de tour égale à

$$\frac{l}{V} \times n,$$

ce qui correspond à un nombre de degrés égal à

$$360° \times \frac{n.l}{V}.$$

Si l'on détache les deux cercles en papier et si l'on fait coïncider les divisions de même nom, les points M et M′ ne se correspondront pas. Soit d la distance qui les sépare sur le cercle de rayon r, on aura

$$d = 2\pi.r.\frac{l.n}{V},$$

d'où

$$V = \frac{2\pi.r.l.n}{d}.$$

REMARQUE I. — La vitesse de rotation du cylindre n'a pas besoin d'être très-grande, même pour une balle de fusil. Dans ce cas, $V = 400^m$ environ, et si $l = 2^m$, $r = 1^m$, pour que $d = 1$ décim. il faudra que le nombre de tours faits en 1′ par le cylindre soit

$$n = \frac{V.d.}{2\pi.r.l} = \frac{400 \times 0,1}{2\pi.1.2} = \frac{20}{2\pi} = 3 \text{ environ.}$$

REMARQUE II. — Si $d = 0^m,1$ et si l'on peut mesurer cette distance à 1 millimètre près, on aura V à moins de $\frac{1}{100}$ de sa valeur; car, parmi les facteurs qui entrent dans l'expression de V, c'est d dont l'erreur relative est la plus considérable.

PROBLÈMES A RÉSOUDRE.

§ 1er. ÉTUDE DE DIVERS MOUVEMENTS A L'AIDE DE CONSTRUCTIONS GRAPHIQUES.

1. Démontrer que si les extrémités d'une droite AB de longueur constante se meuvent sur deux courbes fixes, on peut toujours l'amener de l'une quelconque de ses positions à une autre en la faisant tourner autour d'un point fixe. Si les deux positions sont très-voisines, le *centre instantané de rotation* est à l'intersection des normales aux deux courbes en A et en B.

2. Étudier le mouvement d'une droite AB de longueur constante dont les extrémités se meuvent sur deux droites rectangulaires OX, OY. Si le point A se meut d'un mouvement uniforme sur OX : 1° quelle est la loi du mouvement du point B sur OY; la représenter par une courbe et trouver la vitesse à une époque quelconque; 2° Déterminer la trajectoire décrite par le point M, milieu de AB, et trouver de même la vitesse du point M sur cette trajectoire. Quelle doit être la loi du mouvement de A sur OX pour que M se déplace d'un mouvement uniforme?

3. On a un losange ABCD articulé à ses quatre sommets; deux sommets A et C ont un mouvement rectiligne alternatif sur une droite fixe; quel est le mouvement des deux autres sommets ou d'un point appartenant aux côtés?

4. On a une série de losanges articulés (*fig.* 161); on fait tourner avec la même vitesse autour du point O les deux poignées A et B; le système s'allonge et se replie de telle sorte que les sommets O, E, H, I soient toujours sur la même droite? 1° Quelle est la loi du mouvement des points E, H, I? 2° Quelles sont les trajectoires des points C, F, K? 3° Quelle est la trajectoire d'un point M fixe sur l'un quelconque des côtés de ces losanges? 4° Étudier à l'aide d'une courbe les variations de vitesse de ces divers points.

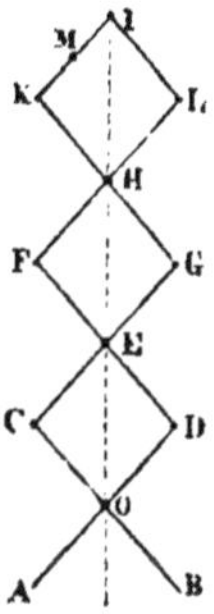

5. Deux barres parallèles AB, CD sont réunies par deux tiges articulées AC, BD aussi égales et parallèles. On demande la trajectoire d'un point M quelconque de AB, lorsque la barre CD restant fixe, les tiges AC, BD tournent autour des points fixes C et D.

Fig. 161.

6. Une tige CD (*fig.* 162), maintenue par des guides, est animée d'un mouvement rectiligne alternatif; elle porte un bouton B. Une autre tige FA, mobile autour du point fixe F, porte une rainure dans laquelle s'engage le bouton B. On demande : 1° d'étudier le mouvement du point A lorsque CD a un mouvement uniforme alternatif;

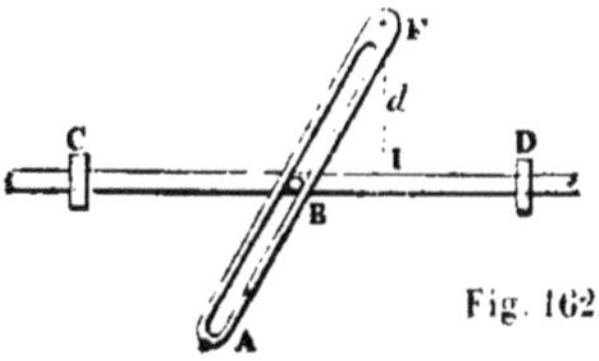

Fig. 162.

2° quelle serait la loi de la vitesse de CD si le mouvement de A était uniforme.

7. Une pièce de bois horizontale AB (*fig.* 163) est animée d'un mouvement uniforme rectiligne continu; elle porte des rainures inclinées

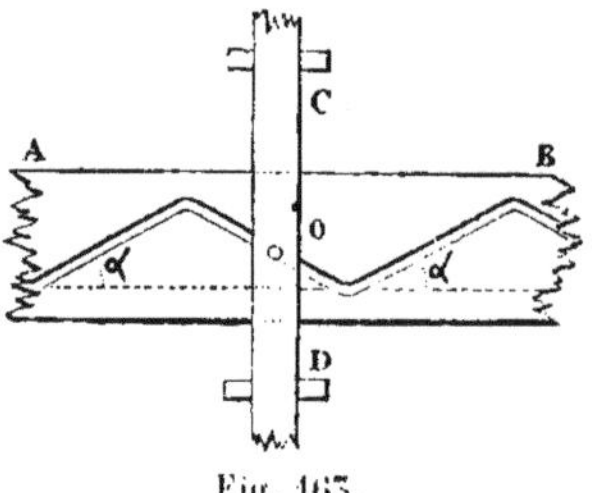

de l'angle α. Une tige CD, maintenue verticalement par des guides, porte une cheville O qui s'engage dans les rainures. Quel mouvement prendra CD et quelle sera la vitesse de ce mouvement.

8. Une manivelle AO (*fig.* 164) est fixée à un arbre O animé d'un mouvement de rotation uniforme, l'extrémité A de la manivelle porte un bouton qui est articulé avec la bielle AB, dont la longueur

Fig. 163.

est 4.AO; enfin l'extrémité B de la bielle est assemblée à une tige BC qui est animée d'un mouvement rectiligne alternatif. 1° Exprimer en fonction du temps la distance OB. 2° Représenter par une courbe la loi des espaces et trouver la

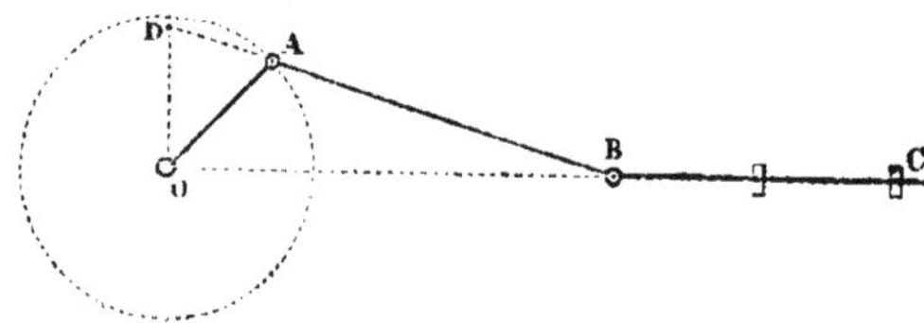

Fig. 164.

vitesse de B à un instant quelconque. 3° Démontrer que les vitesses du bouton de la manivelle et de l'extrémité de la tige sont entre elles comme le rayon de la manivelle, et le segment OD déterminé par la bielle sur le rayon perpendiculaire à la direction de la tige.

9. Une bielle AB de longueur l est articulée à ses deux extrémités avec deux manivelles dont les boutons décrivent des cercles de rayons R et R′ autour des centres O et O′. Si R est plus petit que R′ et que le mouvement de A soit continu, celui de B sera alternatif. Quel sera le mouvement de B si R = R′ et l = OO′?

10. Une bielle AB est articulée d'une part avec le bouton A d'une manivelle, d'autre part avec l'extrémité B d'un balancier mobile autour du point O′. Trouver graphiquement la loi des vitesses du point B lorsque le mouvement de A est uniforme.

11. Un cercle métallique est calé sur un arbre, mais n'est pas centré sur cet arbre; la distance des centres est d. Ce cercle est enveloppé d'une bague circulaire assemblée à deux tringles qui forment un triangle allongé; le sommet s'articule avec la tige à conduire, et lorsque l'arbre tourne, l'*excentrique* tourne dans la bague qui communique à la tige un mouvement rectiligne alternatif. Étudier ce mouvement et trouver son amplitude en fonction de l'excentricité d. Quel avantage présente la ma-

nivelle sur l'excentrique au point de vue des chemins parcourus par les points frottants.

12. Parallélogramme de Watt. — Une tige AO (*fig.* 165) mobile autour du point O porte un parallélogramme articulé ABCD; le point C est relié à un point F fixe par la barre CF qui peut tourner autour de ce point; construire la trajectoire du point D quand le système prend toutes les positions possibles.

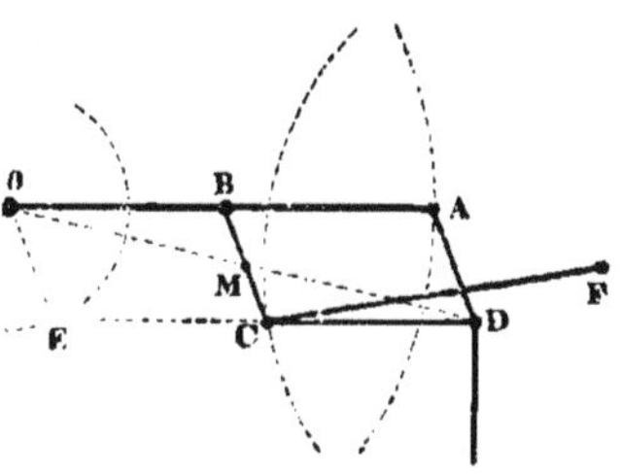

Fig. 165.

Pour résoudre cette question, on remarquera que si on mène OE égale et parallèle à BC, la portion EC = OB de la ligne droite ECD aura deux de ses points E et C sur les cercles fixes OE, FC. La ligne courbe que décrit D est donc le lieu des positions d'un point d'une droite de longueur constante dont les extrémités se meuvent sur deux cercles fixes. Ce lieu est une courbe en forme de 8 très-allongé, et comme le point D n'en décrit ordinairement que la partie sensiblement rectiligne, la tige que porte cette articulation a un mouvement rectiligne alternatif. On voit aussi que la ligne OD coupe BC en un point M qui est fixe sur BC, quelle que soit la forme du parallélogramme; il en ré-

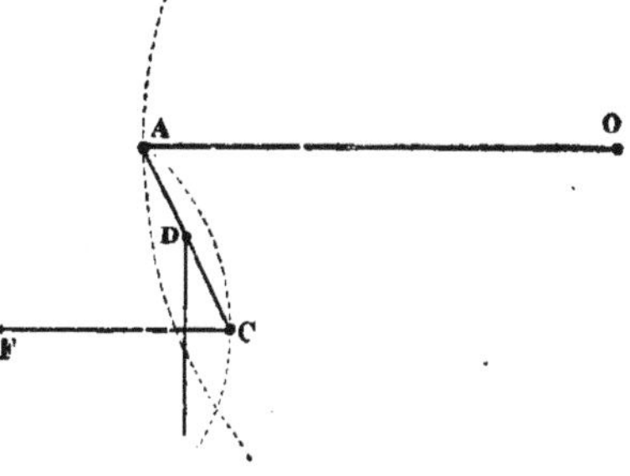

Fig. 166.

sulte que la trajectoire du point M est semblable à celle du point D. Elle est donc sensiblement rectiligne dans une grande partie de son étendue.

Quelquefois on simplifie le parallélogramme, et l'on adopte la disposition indiquée figure 166.

<h2 style="text-align:center">§ 2. — Problèmes sur la chute des corps.</h2>

1. Un corps est tombé d'une hauteur de 100 mètres; quel espace a-t-il parcouru dans la dernière seconde de sa chute?

2. Un corps en tombant a décrit le tiers de la hauteur totale de chute pendant la dernière seconde. Calculer la hauteur de laquelle il est tombé et le temps qu'il a mis à descendre.

3. Un corps tombe du haut d'une tour qui a 60 mètres de hauteur.

Combien de temps met-il à parcourir une longueur égale aux deux tiers de la hauteur de la tour et dont les extrémités sont à égale distance du pied de la tour et de son sommet?

4. Avec quelle vitesse faut-il lancer verticalement une pierre du haut d'une falaise qui est à 80 mètres au-dessus du niveau de la mer, pour que la pierre atteigne l'eau en 3 secondes?

5. On lance une pierre du haut d'un pont, avec une vitesse de 1 mètre par seconde; au bout de combien de temps atteindra-t-elle le niveau de l'eau, sachant que si on l'eût laissée tomber librement, elle eût frappé l'eau au bout de $2^s,5$.

6. Un corps A est lancé de bas en haut suivant la verticale ABZ; un observateur situé en B, à une distance h du point de départ, note l'intervalle de temps qui s'écoule entre l'instant où le corps passe en B et celui où il repasse par ce point en descendant. Calculer la vitesse de projection et la durée du mouvement.

7. Une tour qui a 50 mètres de hauteur est surmontée d'une flèche de 10 mètres; à l'instant précis où on laisse tomber une pierre du sommet de la tour, de son pied on lance verticalement une autre pierre avec une vitesse assez grande pour qu'elle parvienne juste à l'extrémité de la flèche. En quel point les deux pierres se rencontreront-elles?

8. Une verticale AB a 80 mètres de hauteur; de l'extrémité inférieure A on lance un corps de bas en haut avec une vitesse de 30 mètres par seconde. Au bout de combien de temps faut-il projeter verticalement, à partir de B, de haut en bas et avec la même vitesse, un autre corps pour que la rencontre ait lieu au milieu de AB?

9. Deux billes A et A', d'abord en repos, sont situées sur la même verticale et à la distance d; la bille A, qui est la plus élevée, est déjà tombée d'une hauteur h lorsque A' commence à tomber. On demande les positions des deux boules : 1° lorsque l'intervalle qui les sépare sera égal à d; 2° lorsqu'elles se rencontreront.

10. Un corps tombe d'une hauteur de 100 mètres; après qu'il est descendu de 12 mètres, on lance un autre projectile de la même hauteur et avec une telle vitesse que les deux corps arrivent au même instant à terre. Calculer la vitesse initiale du second projectile.

11. Des deux extrémités d'une verticale AB de hauteur h, deux corps sont projetés en même temps, l'un vers le bas avec la vitesse v, l'autre vers le zénith avec la vitesse v'. Déterminer le point de AB où les corps se rencontreront.

CHAPITRE III

COMPOSITION DES MOUVEMENTS.

161. Soit une bille qui se meut sur le pont d'un bateau, tandis que ce bateau se déplace; on peut considérer : 1° le mouvement de la bille par rapport à un point fixe sur le bateau; 2° le mouvement du bateau; 3° la suite des positions qu'occupe la bille dans l'espace : le premier mouvement porte le nom de *mouvement relatif;* le second, de *mouvement d'entraînement*, et le troisième, *de mouvement absolu*. On regarde souvent le mouvement de la bille comme *résultant* de son mouvement relatif et du mouvement d'entraînement du bateau, et l'on dit que la bille est animée de deux mouvements qui se produisent simultanément. En réalité, la bille ne décrit dans l'espace qu'une trajectoire unique, mais comme son mouvement sur cette trajectoire, la nature et la position de cette courbe dépendent et du mouvement relatif et du mouvement d'entraînement, on dit que ces deux mouvements *se composent* en un seul, et que le corps est animé de deux mouvements simultanés.

De même, on peut concevoir le mouvement absolu d'un corps décomposé en trois ou quatre mouvements. Par exemple, le mouvement absolu de la bille qui se déplace sur un bateau peut être considéré comme résultant : 1° de son mouvement sur le pont; 2° du mouvement d'entraînement du bateau; 3° du mouvement de rotation de la terre autour de la ligne des pôles; 4° de son mouvement annuel autour du soleil.

Cette décomposition d'un mouvement absolu en plusieurs autres n'a rien de réel, mais elle est souvent commode pour étudier la trajectoire et le mouvement absolu d'un mobile. Voici plusieurs exemples.

162. Problème I. — *Un mobile est animé d'un mouvement uniforme de vitesse* v *sur une ligne droite* AC *(fig. 167). Cette droite se déplace parallèlement à elle-même d'un mouvement rectiligne et uniforme dont la vitesse est* v. *Quelle est la trajectoire du mobile?*

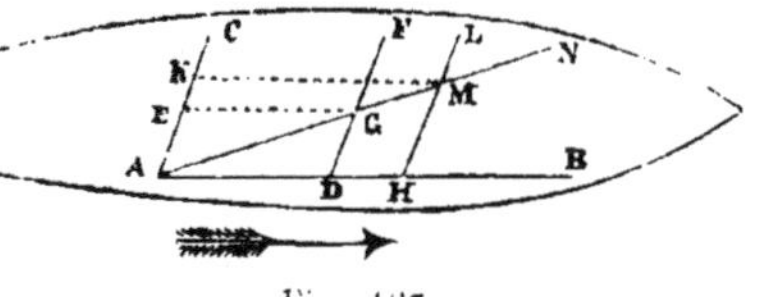

Fig. 167

Solution. — Soit AC la trajectoire du mobile dans le mouvement relatif, AE = v la vitesse de ce mouvement; AB la trajectoire du point A dans son mouvement d'entraînement dont AD = v' représente la vitesse. Au bout d'une seconde, AC sera en DF; si l'on prend sur DF une longueur DG égale à AE, on aura en G la position du mobile à la fin de la première seconde. De même, pour obtenir la position du mobile au bout d'un temps quelconque t, on prendra AH $= v't$, on mènera HL parallèle à AC, et sur cette droite on prendra HM $= vt$. Le point M sera le point cherché.

Les trois points A, G, M sont en ligne droite. En effet, les triangles ADG, ADM sont semblables, puisqu'ils ont un angle égal compris entre côtés homologues proportionnels, savoir : D = H, puisque AC se déplace parallèlement à elle-même; de plus, comme

$$\frac{AD}{DG} = \frac{v'}{v}, \quad \frac{AH}{MH} = \frac{v'.t}{v.t} = \frac{v'}{v},$$

il s'ensuit que

$$\frac{AD}{DG} = \frac{AH}{MH}.$$

Les angles DAG, HAM sont donc égaux et, comme ils ont un côté commun, les lignes AG et AM forment une seule droite.

Ainsi, la trajectoire du mouvement absolu est rectiligne. Je dis de plus que ce mouvement est uniforme; en effet, les triangles semblables précédents donnent aussi

$$\frac{AM}{AG} = \frac{AH}{AD} = \frac{v't}{v'} = t,$$

ou

$$AM = AG \times t.$$

Le mobile s'éloigne donc sur AM d'un mouvement uniforme dont la vitesse est AG.

On voit donc que deux mouvements rectilignes et uniformes se composent en un seul également rectiligne et uniforme.

163. **Problème II.** — *Un mobile est animé d'un mouvement uniformément accéléré le long d'une droite CA (fig. 168); cette droite se déplace parallèlement à elle-même d'un mouvement rectiligne et uniforme dont la vitesse est* v; *trouver la trajectoire du mobile.*

SOLUTION. — Prenons AI = IK = KL = LB = v, et menons par les points I, K, L, B des parallèles à AC; nous obtiendrons ainsi en II', KK', LL', BE..... les positions de AC aux époques 1ᵉ, 2ᵉ, 3ᵉ, 4ᵉ..... Soit CF l'espace parcouru en 1ᵉ dans le mouvement rotatif qui est accéléré; en prenant

$$CG = 4.CF, \quad CH = 9.CF, \quad CA = 16.CF,$$

nous aurons la position du mobile aux mêmes époques 1ᵉ, 2ᵉ, 3ᵉ, 4ᵉ....., s'il n'y avait pas eu de mouvement d'entraînement. Menons par les points F, G, H des parallèles à AD que nous prolongerons jusqu'à la rencontre des verticales II', KK', LL'; nous obtiendrons en M, N, P, B les véritables positions du mobile aux époques indiquées; puis, en joignant ces points par un trait continu, nous aurons la trajectoire dans le mouvement absolu. Lorsque les directions des deux mouvements composants sont rectangulaires, la courbe CMNPB est une parabole dont l'axe est vertical et dont le sommet est en C; en effet, l'on a

$$\frac{CG}{CH} = \frac{t^2}{t'^2},$$

mais

$$\frac{GN}{HP} = \frac{AK}{AL} = \frac{t}{t'};$$

donc

$$\frac{GN^2}{HP^2} = \frac{CG}{CH};$$

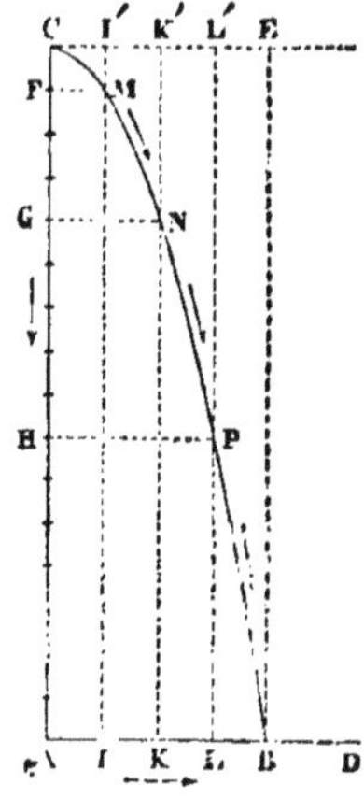

Fig. 168.

donc les carrés des demi-cordes perpendiculaires à l'axe sont entre eux comme leurs distances au sommet; donc *la courbe est une parabole*.

La question que nous venons de traiter revient à celle du mouvement d'un corps qui tombe du haut du mât d'un navire en marche.

164. Composition de deux vitesses. — Lorsque l'on regarde un corps comme animé de deux mouvements, on peut obtenir simplement la vitesse du mouvement résultant à l'aide des vitesses des deux autres.

1° *Les deux mouvements sont rectilignes et uniformes.*

Reportons-nous au n° 162. Nous avons vu qu'un mobile animé de deux mouvements représentés, en vitesse et en direction, par AD et AE, parcourt la ligne AM avec la vitesse AG. Or le point G peut s'obtenir en menant par les points E et D des lignes parallèles respectivement à AD et AE. Donc *la résultante de deux vitesses simultanées représentées en grandeur et en direction par les deux côtés adjacents d'un parallélogramme, est représentée en grandeur et en direction par la diagonale de ce parallélogramme issue de ce même sommet.*

Telle est la règle connue sous le nom de *parallélogramme des vitesses*; elle donne la *vitesse résultante* au moyen des *vitesses composantes.*

2° *Les mouvements sont curvilignes et variés.*

Le théorème précédent subsiste encore : soit AB la trajectoire du mobile dans son mouvement relatif, M et N ses positions sur cette trajectoire aux époques très-rapprochées t et t' (*fig.* 169). Pour plus de simplicité, nous supposerons que cette trajectoire est plane et se transporte parallèlement à elle-même dans son plan. Par suite de ce mouvement d'entraînement, AB, à l'époque t', viendra en A'B', et les points M et N en M' et N'; MN' sera donc un élément de la trajectoire du mouvement absolu décrit pendant le temps $t' - t$; la vitesse V de ce mouvement absolu sera, par suite,

$$V = \frac{MN'}{t' - t};$$

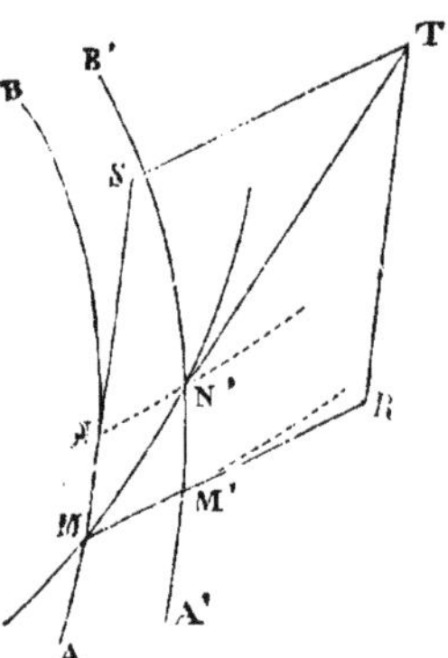

Fig. 169.

mais la vitesse relative v et la vitesse d'entraînement v' sont respectivement

$$v = \frac{MN}{t' - t} \quad \text{et} \quad v' = \frac{MM'}{t' - t};$$

les trois vitesses ci-dessus sont donc proportionnelles à la diagonale et aux côtés du parallélogramme infiniment petit MNM'N'.

Ceci posé, représentons v et v' par les longueurs MS, MR portées, à partir de M, sur MN et MM' prolongés, et achevons le parallélogramme MSRT ; ce parallélogramme est semblable à MNM'N' et semblablement placé ; donc la diagonale MT est dans le prolongement de MN'. De plus

$$\frac{MT}{MN'} = \frac{MR}{MM'} = \frac{v'}{v'(t'-t)} = \frac{1}{t'-t},$$

ou

$$MT = \frac{MN'}{t'-t} = V.$$

Donc la vitesse du mouvement absolu est bien encore, dans ce cas particulier, représentée en grandeur et en direction par la diagonale du parallélogramme construit sur les vitesses composantes.

On étend ce théorème au cas où le mouvement d'entraînement est quelconque, et les trajectoires des courbes à double courbure ; nous nous bornerons aux deux exemples qui précèdent.

CONSÉQUENCES. — 1° La résultante de deux vitesses de même direction et de même sens a la même direction, le même sens, et est égale à la somme des vitesses composantes.

2° La résultante de deux vitesses de même direction, mais de sens contraires, a la même direction; elle est de même sens que la plus grande des deux vitesses et égale à leur différence.

3° Si v et v' représentent les forces composantes, et θ l'angle qu'elles font entre elles, la vitesse résultante V sera donnée par l'égalité

$$V^2 = v^2 + v'^2 + 2v \cdot v' \cdot \cos\theta\,;$$

car (*fig.* 167) on a, dans le triangle ADG,

$$AG^2 = AD^2 + DG^2 - 2AD \times DG \times \cos ADG$$

et

$$\cos ADG = \cos(180° - DAE) = -\cos\theta.$$

4°. Si $\theta = 90°$, on a

$$V^2 = v^2 + v'^2$$

et

$$v = V \cdot \cos\alpha \qquad v' = V \cdot \sin\alpha\,,$$

α désignant l'angle de v et de V.

165. Composition de trois vitesses. — Soient AB, AC, AD (*fig.* 170) les vitesses simultanées d'un mobile A; on cherchera d'abord la vitesse résultante AE des deux premières; puis on composera AE avec la troisième vitesse AD : AF sera la vitesse cherchée. Or il est clair que AF

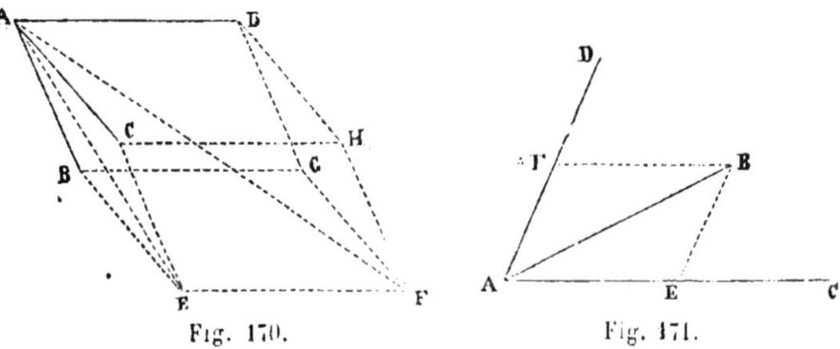

Fig. 170.   Fig. 171.

est la diagonale du parallélipipède dont AB, AC, AD seraient les trois arêtes. On peut donc dire que

La résultante de trois vitesses simultanées représentées en grandeur et en direction par les trois arêtes contiguës d'un parallélipipède, est représentée en grandeur et en direction par la diagonale de ce parallélipipède.

166. Décomposition des vitesses. — 1° Soit AB (*fig.* 171) une vitesse qu'il s'agit de décomposer en deux autres dirigées suivant les lignes AC, AD, situées dans le même plan avec AB. Par le point B on mènera BE,

BF, parallèles à AD, AC, et l'on obtiendra AE et AF pour les composantes cherchées. Pour que la décomposition précédente puisse s'effectuer, il faut que AB soit dans le plan BAC.

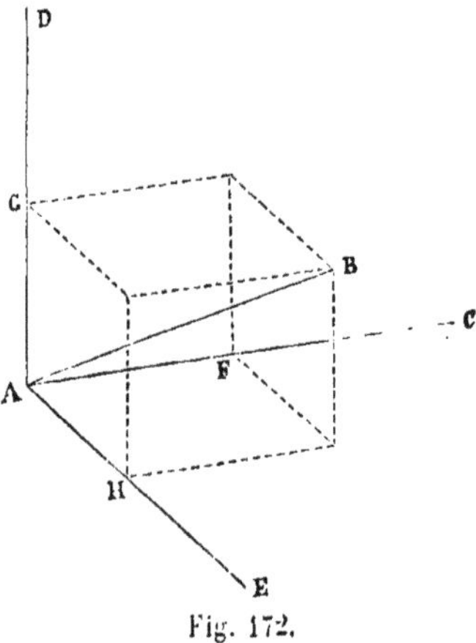

Fig. 172.

2° Soit (*fig.* 172) AB une vitesse qu'il s'agit de décomposer en trois autres dirigées suivant les lignes AC, AD, AE, non situées dans le même plan. Par le point B on mène trois plans respectivement parallèles aux plans DAE, CAE, CAD; ces plans coupent AC, AD, AE aux points F, G, H; AF, AG, AH seront les trois vitesses composantes cherchées, car elles seront les trois arêtes du parallélipipède dont AB est la diagonale.

167. Composition de deux mouvements simultanés, rectilignes et uniformément variés. — 1° *Ces mouvements uniformément variés ont lieu suivant la même droite* XY.

Soit (*fig.* 173) O l'origine des espaces, et

$$e = v_0 t + \frac{1}{2} W t^2$$

l'équation du mouvement relatif du point M sur la droite XY; soit, de même,

$$e' = v'_0 t + \frac{1}{2} W' t^2$$

l'équation du mouvement de translation de l'origine O suivant la même droite. Au bout du temps t, l'origine O est venue en O′ à une distance OO′ de l'ancien point O supposé fixe dans l'espace, et l'on a

Fig. 173.

$$OO' = v'_0 t + \frac{1}{2} W' t^2 ;$$

mais le point M s'est déplacé par rapport à O′, et l'on a

$$O'M = v_0 t + \frac{1}{2} W t^2 ;$$

donc

$$OM = OO' + O'M = (v_0 + v'_0) t + \frac{1}{2} (W + W') t^2.$$

Ainsi *le mouvement absolu du point* M *est encore uniformément varié;*

sa vitesse initiale est égale à la somme des vitesses initiales, et son accélération à la somme des accélérations.

Remarque. — La formule $c = (v_0 + v'_0)t + \frac{1}{2}(W + W')t^2$ est générale et représente dans tous les cas le mouvement absolu, si l'on a soin de donner aux quatre quantités v_0, v'_0, W et W' des signes convenables.

2° *Les mouvements simultanés rectilignes et uniformément variés ont lieu dans des directions différentes, mais les vitesses initiales sont nulles.*

Soit AB (*fig.* 174) la droite que décrit le mobile dans son mouvement relatif, $c = \frac{1}{2}Wt^2$ la loi de ce mouvement en prenant le point A pour origine des espaces; soit de même AC la droite que décrit le point A quand AB se déplace parallèlement à elle-même, et $c' = \frac{1}{2} \cdot W't^2$ la loi de ce mouvement d'entraînement. Pour obtenir la position M' du mobile

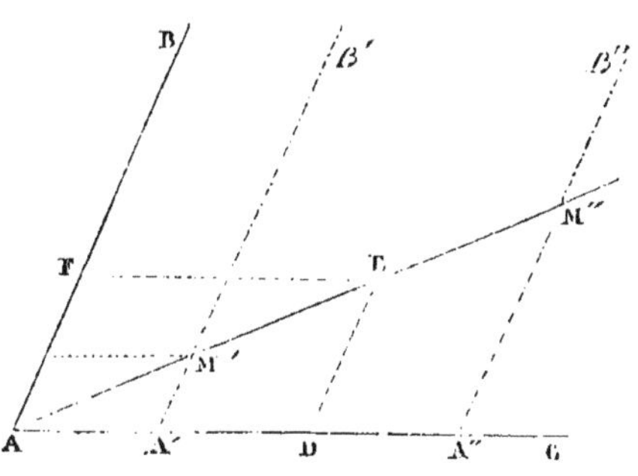

Fig. 174.

au bout de 1^s, il faut prendre $AA' = \frac{1}{2} \cdot W'$, mener A'B' parallèle à AB, et sur cette droite, à partir de A', $A'M' = \frac{1}{2} \cdot W$. De même, pour obtenir la position M″ du mobile à l'époque t, il faut prendre $AA'' = \frac{1}{2} \cdot W't^2$, et sur la parallèle A″B″, porter $A''M'' = \frac{1}{2}Wt^2$.

Je dis que les trois points A, M', M″ sont en ligne droite; en effet, les deux triangles AM'A', AM″A″ ont un angle égal (A' = A″) compris entre côtés homologues proportionnels, puisque l'on a

$$\frac{AA'}{AA''} = \frac{A'M'}{A''M''} = \frac{\frac{1}{2}W'}{\frac{1}{2}W't^2} = \frac{1}{t^2};$$

les angles M'AA' et M″AA″ sont donc égaux et, comme AC est un côté commun, les côtés AM' et AM″ sont en ligne droite; ainsi la trajectoire du mouvement résultant est rectiligne.

L'espace parcouru dans la première seconde est AM'; celui qui est parcouru dans le temps t est AM″, et l'on a

$$\frac{AM''}{AM'} = \frac{AA''}{AA'} = t^2,$$

par conséquent

$$AM'' = AM' \times t^2 = \frac{1}{2} \cdot 2AM' \times t^2.$$

Il résulte de là que le mouvement absolu est uniformément accéléré et que l'accélération est 2AM'. Cette accélération 2AM' est la diagonale du parallélogramme ADEF construit sur les lignes AD et AF qui représentent les accélérations composantes.

Ainsi deux mouvements simultanés rectilignes, uniformément variés et sans vitesse initiale se composent en un seul rectiligne et uniformément varié; son accélération est représentée en grandeur et en direction par la diagonale du parallélogramme construit sur les droites qui représentent les accélérations composantes.

REMARQUE. — En général, il n'en serait plus de même si, dans les deux mouvements uniformément variés, la vitesse initiale n'était pas nulle.

APPLICATIONS

168. Problème I. — *Soit (fig. 175) OC la route d'un navire à voile, v sa vitesse; XY la direction du vent, et V sa vitesse; soit de plus, α l'angle de la quille AB du navire avec XY. On demande l'angle de la direction véritable du vent avec la direction apparente.*

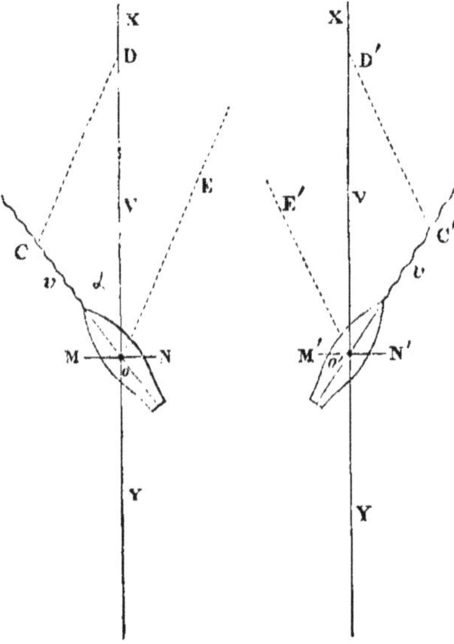

Fig. 175.   Fig. 176.

SOLUTION. — Prenons OC = v, OD = V, et joignons CD; je dis que CD représente la vitesse relative du vent en grandeur et en direction. En effet, supposons qu'un corps léger, tel qu'un flocon de coton, soit entrainé par le vent et passe en O à l'époque zéro; au bout d'une seconde il sera en D, et l'observateur sera transporté en C. Si l'observateur se croit immobile, il jugera de la vitesse du vent par la distance CD, qui alors le séparera du flocon; de plus, en menant

OE parallèle à CD, on aura la direction apparente du vent ; ce sera celle des girouettes ou des pavillons du bord.

La vitesse apparente v' sera donnée par l'expression

$$v'^2 = V^2 + v^2 - 2V.v.\cos\alpha,$$

et l'angle CDO = DOE par la proportion

$$\frac{\sin D}{\sin \alpha} = \frac{v}{v'} ;$$

d'où

$$\sin D = \frac{v}{v'}\sin \alpha.$$

Si la vitesse du navire est le tiers de celle du vent, ce qui a lieu sensiblement pour les bons voiliers, si de plus $\alpha = 50^\circ$, les formules précédentes donnent

$$v'^2 = V^2 \left(1 - \frac{v}{V} + \frac{v^2}{V^2} \right) = V^2 \left(1 - \frac{1}{5} + \frac{1}{9} \right) = \frac{7}{9} V^2 ;$$

d'où

$$v' = 0{,}882.V,$$

et par suite

$$\sin D = \frac{1}{0{,}882} \times \frac{v}{V} \times \sin \alpha = \frac{\sin \alpha}{2{,}646} = \frac{1}{5{,}292}.$$

On trouve $\log \sin D = 9{,}27658$ et, en cherchant dans une table de sinus,

$$D = 10^\circ 53'.$$

Dans la figure précédente, le navire présentait le flanc gauche au vent ; si on dispose (*fig.* 176) la voile M'N' de manière qu'il présente le flanc droit en courant une route également inclinée par rapport au vent, les girouettes prendraient la direction symétrique O'E', et l'on serait tenté de croire que la direction du vent a varié de 22°, puisque les girouettes ont tourné de 11° $\times$ 2.

C'est là un moyen pratique pour trouver, à la mer, la direction réelle du vent : après avoir couru une certaine route pendant que les voiles sont amurées d'un côté, on les amure tout à coup de l'autre en leur donnant précisément la même obliquité par rapport à la quille et recevant le vent avec la même incidence. On observe les girouettes et on prend la bissectrice de l'angle dont elles ont tourné.

169. Problème II. — *Un corps A (fig. 177) est animé d'une vitesse V suivant la direction AB : un tube PQ se meut parallèlement à lui-même, avec une vitesse v, en conservant la même inclinaison sur la ligne CD perpendiculaire à AB. Quelle doit être cette inclinaison α pour que le mobile A suive l'axe du tuyau ?*

Solution. — Soit B la position du mobile lorsqu'il arrive à l'ouverture du tube PQ ; pendant qu'il parcourra l'espace BQ, l'autre extrémité du tube doit venir en Q′. Il résulte de là que les côtés de l'angle droit du triangle rectangle BQ′Q sont proportionnels à V et à v, et l'on aura

$$\tang \alpha = \frac{BQ'}{QQ'} = \frac{V}{v}.$$

L'angle β de l'axe PQ avec la direction AB sera donné par la relation

$$\tang \beta = \frac{v}{V}.$$

REMARQUE. — La question précédente se rattache immédiatement au phénomène connu sous le nom d'*aberration de la lumière*.

Soit AB la direction des rayons lumineux venant d'une étoile et PQ le tube de lunette. Si PQ est fixe et dirigé exactement suivant AB, les rayons traverseront l'objectif et iront concourir, après cette réfraction, au point de croisée des fils de l'oculaire. Mais en réalité la lunette se meut avec la terre, et pendant que la lumière parcourt le tuyau, le réticule se déplace ; l'image de l'étoile ne sera donc plus au milieu du champ, et,

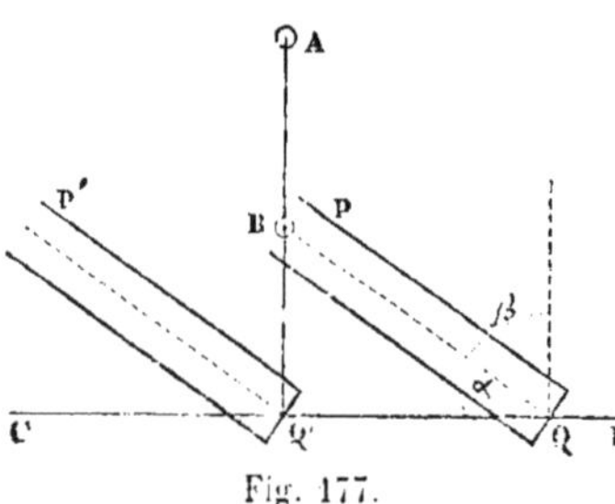
Fig. 177.

pour l'y amener, il faudra incliner légèrement la lunette. Cette déviation ou aberration est facile à calculer, car la vitesse v de la terre dans son mouvement de translation est de $29^{km},550$, et celle V de la lumière est estimée par M. Foucault à 298 000 kilomètres ; on aura donc

$$\tang \beta = \frac{29,55}{298\,000}, \quad \text{d'où } \beta = 20''.$$

Tel est le petit angle compris entre la direction vraie de l'étoile et sa direction apparente.

CHAPITRE IV

ÉTUDE DES FORCES CONSTANTES

§ 1er. — DES FORCES ET DE LEUR MODE D'ACTION.

170. Loi de l'inertie. — *Un corps ne peut modifier de lui-même son état de repos ou de mouvement.*

On admet sans peine la première partie de cet énoncé ; il est clair qu'un corps en repos demeure toujours en repos, à moins qu'une cause étrangère n'intervienne.

La seconde partie exige quelques développements : *un corps en mouvement sur une ligne droite persiste toujours dans ce mouvement rectiligne et conserve toujours la même vitesse, à moins qu'il ne soit troublé par une cause étrangère.* Pour s'en convaincre il suffit de faire les remarques suivantes.

Si une pierre lancée sur un terrain horizontal finit par s'arrêter, c'est que les inégalités du sol et de la pierre détruisent le mouvement initial ; si une roue mise en mouvement autour de son axe arrive bientôt au repos, c'est qu'elle frotte contre l'essieu ; si une bombe lancée suivant une ligne droite inclinée à 45° au-dessus de l'horizon décrit une parabole, c'est que l'action de la pesanteur modifie la direction primitive du mouvement.

On voit que les diminutions progressives de vitesse, les changements de direction dans les mouvements observés à la surface de la terre, sont presque toujours dus aux frottements, à la pesanteur et à la résistance des milieux tels que l'air et l'eau.

171. Il n'y a pas de forces instantanées. — Les forces produisent des effets variés ; tantôt elles changent la forme des corps en les tirant ou les comprimant, tantôt elles leur impriment un mouvement, ou bien elles accélèrent ou retardent la vitesse qu'ils possédaient d'abord ; mais, quel que soit leur mode d'action, voici une remarque importante qui s'applique à tous les cas.

Lorsqu'une force exerce une pression sur un corps, le corps plie, fléchit, et ses ressorts moléculaires réagissent en sens contraire avec un effort précisément égal à la pression exercée ; mais l'action d'une force sur un corps solide ne se transmet que de proche en proche, du point d'application à l'intérieur des corps. Cette transmission ressemble à celle que l'on observe à l'instant du départ d'un convoi de chemin de fer : le wagon voisin de la locomotive s'ébranle d'abord, le second et les suivants se mettent ensuite en mouvement, et l'on apprécie très-bien l'intervalle de temps qui sépare deux ébranlements consécutifs. De même, c'est par une série de flexions des ressorts moléculaires que l'action d'une force se transmet à un corps, et cette transmission exige un temps fini ; *il n'y a pas de force instantanée,* et si quelques phénomènes s'accomplissent dans un temps inappréciable, cela tient uniquement à l'imperfection de nos moyens d'observation.

La vitesse acquise par une balle de fusil, au sortir du canon, lui est communiquée par la détente progressive des gaz de la poudre, et M. Pouillet a déterminé l'intervalle de temps très-petit, mais fini, qui sépare l'instant où le chien d'un fusil s'abat sur la capsule de celui où la balle sort du fusil.

Une flèche reste en contact avec la corde de l'arc qui se détend pendant une durée appréciable, et c'est la série des impulsions successives qu'elle reçoit ainsi qui lui donne une grande vitesse finale.

Si l'on tire à balle et à très-petite distance, dans une porte de bois blanc mince et très-mobile, la balle fait un trou et la porte ne tourne pas ; si l'on tire à grande distance, la balle déchire le bois, produit des éclats et détermine un mouvement de rotation autour des gonds. La différence entre ces deux résultats s'explique facilement : dans le premier cas, le disque circulaire de bois a été enlevé en un temps trop court pour que le mouvement ait pu se communiquer au reste de la porte ; dans le second, au contraire, la balle, arrivant avec une petite vitesse, traverse la porte dans un temps beaucoup plus long.

§ 2. — DU MOUVEMENT D'UN POINT MATÉRIEL SOUMIS A L'ACTION D'UNE FORCE.

172. Ce qu'on entend par point matériel. — Lorsqu'on étudie le mouvement d'un corps, on fait souvent abstraction de ses dimensions et *on l'assimile à un point dans lequel toute la matière du corps serait condensée ;* ainsi, quand on parle de l'ellipse que décrit la terre autour du soleil en un an, on regarde notre planète comme réduite à son centre.

173. Principe d'expérience. — *L'effet produit par une force sur un point matériel est le même, que le corps soit en mouvement ou qu'il soit en repos.*

174. Proposition. — *Une force constante en grandeur et en direction, agissant sur un point matériel partant du repos, lui imprime un mouvement rectiligne uniformément accéléré.*

En effet, soit W la vitesse acquise par le point matériel au bout d'une seconde ; il la conserverait indéfiniment, en vertu du principe d'inertie, si la force cessait d'agir à la fin de la première unité de temps. Mais, pendant la seconde unité de temps, la force lui communique une nouvelle vitesse égale encore à W et qui s'ajoute à la première. La vitesse du point matériel sera donc, à l'époque 2", égale à 2W ; de même, à l'époque 3", la vitesse sera 3W, et à l'époque t

$$V_t = W.t ;$$

le mouvement sera donc uniformément accéléré, et son accélération sera W.

CONSÉQUENCE. — Si le corps possède une vitesse initiale V_0 et qu'une force constante ayant même direction agisse sur lui, on aura

$$V_t = V_0 + W.t$$

si la force est de même sens que la vitesse initiale, et

$$V_t = V_0 - W \cdot t$$

si elle agit en sens contraire ; le mouvement est alors uniformément retardé.

Réciproque. — *Si un point matériel se meut d'un mouvement rectiligne uniformément varié, on peut affirmer qu'il est soumis à une force d'intensité constante.*

La direction de cette force est celle du mouvement ; son sens est le même si le mouvement est uniformément accéléré ; il est contraire si le mouvement est uniformément retardé.

En effet : 1° le corps est soumis à une force, puisque le mouvement est varié ; 2° l'intensité de cette force est constante, puisqu'elle augmente ou diminue la vitesse de quantités égales dans des temps égaux, si petits qu'ils soient ; 3° cette force a la même direction que le mouvement, sans quoi la vitesse du mobile n'aurait pas toujours cette même direction.

Conséquence. — La pesanteur est une force constante, car le mouvement qu'elle imprime à un corps qui tombe librement dans le vide est uniformément accéléré.

**§ 5. — Proportionnalité des forces aux accélérations qu'elles produisent.
Masse des corps.**

175. Principe d'expérience. — *Lorsque plusieurs forces agissent simultanément sur un même point matériel, chacune d'elles produit le même effet que si elle agissait seule.*

176. Proposition. — *Deux ou plusieurs forces constantes en grandeur et en direction, appliquées successivement au même corps partant du repos ou animé d'une vitesse initiale de même direction que ces forces, sont entre elles comme les accélérations qu'elles produisent.*

Soient F et F' deux forces appliquées successivement à un corps ; soit de plus f l'unité de force, et

$$F = nf, \qquad F' = n'f ;$$

nous aurons

$$(1 \qquad\qquad \frac{F}{F'} = \frac{n}{n'}.$$

Il faut démontrer qu'en appelant W et W' les accélérations qu'elles donneront au corps, on aura

$$\frac{W}{W'} = \frac{F}{F'}.$$

En effet, soit j l'accélération produite par la force f sur le corps; une force $2f$ lui donnerait, d'après le principe précédent, une accélération $2j$; une force $3f$, une accélération $3j$; une force nf, une accélération nj; donc

$$W = nj, \quad W' = n'j;$$

par suite,

$$\frac{W'}{W} = \frac{n}{n'}$$

et, à cause de l'égalité (1),

$$\frac{W}{W'} = \frac{F}{F'}.$$

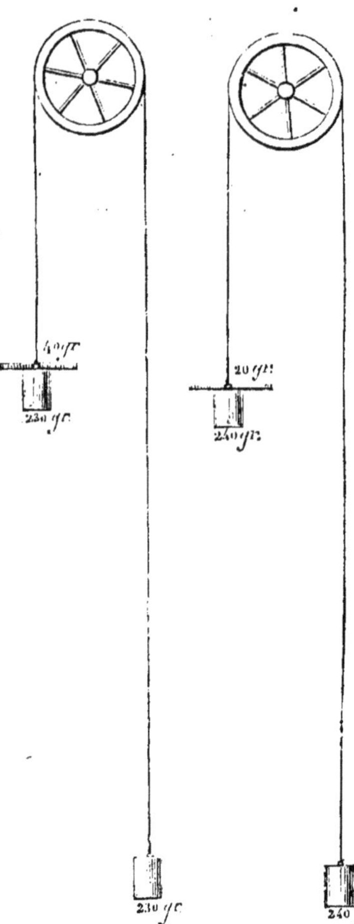

On vérifie ce théorème à l'aide de la machine d'Atwood, de la manière suivante : on fait une première expérience (*fig.* 178) en prenant

$$P = P' = 240^{gr}, \quad \text{et} \quad p = 20^{gr};$$

puis une seconde (*fig.* 179) en prenant

$$P = P' = 230^{gr}, \quad \text{et} \quad p = 40^{gr}.$$

Dans chacun des cas, l'ensemble des corps qui tombent pèse 500^{gr}; on peut donc dire que, dans ces deux expériences, le même corps est mis en mouvement d'abord par une force F de 20^{gr}, puis par une force F' de 40^{gr}.

Or,

$$\frac{F}{F'} = \frac{20}{40} = \frac{1}{2};$$

l'on doit donc avoir

$$\frac{W}{W'} = \frac{1}{2}.$$

C'est ce que l'expérience confirme; on trouve que la vitesse acquise, au bout d'une seconde de chute, est deux fois plus grande dans le second cas que dans le premier.

177. Définition de la masse d'un corps. — Soient F, F′, F″.....
plusieurs forces satisfaisant aux conditions de l'énoncé précédent, W, W′,
W″..... les accélérations qu'elles produisent. Nous venons de voir que

$$(1) \qquad \frac{F}{W} = \frac{F'}{W'} = \frac{F''}{W''} \cdots \cdots$$

c'est-à-dire que *le quotient du nombre qui représente chaque force par
celui qui représente l'accélération correspondante est constant pour le
même corps* : ce nombre constant est appelé la *masse* du corps.

On peut dire aussi que la masse M d'un corps est *le quotient de son
poids P par le nombre* g = 9,809. En effet, le poids du corps est égal à
la force qui le sollicite vers le centre de la terre, et g est l'accélération
qu'il prendrait s'il obéissait librement à cette force. On aura donc, d'après
le théorème précédent,

$$(2) \qquad \frac{F}{W} = \frac{P}{g} = M.$$

On tire de cette égalité

$$(3) \qquad W = g \times \frac{F}{P};$$

par conséquent, *pour connaître l'accélération qu'une force donnée im-
primera à un corps de poids donné au bout d'une seconde, il faut multiplier l'accélération* g = 9,809 *par le rapport de la force, exprimée en
kilogrammes, au poids du corps.*

178. Proposition II. — *Deux forces constantes qui agissent sur
deux corps de masses différentes sont entre elles comme les produits de
ces masses par les accélérations correspondantes.*

En effet, d'après la définition de la masse,

$$F = M \times W, \qquad F' = M' \times W',$$

d'où

$$\frac{F}{F'} = \frac{M \cdot W}{M' \cdot W'}.$$

Remarque. — Si les deux corps n'avaient pas de vitesses initiales,
W et W′ seraient les vitesses V et V′ acquises au bout d'une seconde, et
l'on aurait

$$\frac{F}{F'} = \frac{M \cdot V}{M' \cdot V'}.$$

Comme on appelle *quantité de mouvement d'un corps le produit de la
masse par sa vitesse*, on peut dire que *deux forces constantes appliquées
à deux corps partant du repos sont entre elles dans le même rapport
que les quantités de mouvement qu'elles produisent.*

179. Proposition III. — *Les accélérations produites par la même force qui agit successivement sur deux masses différentes sont en raison inverse de ces masses.*

En effet,

$$\frac{F}{W} = M, \qquad \frac{F}{W'} = M';$$

d'où

$$F = M . W = M' . W'$$

et, par suite,

$$\frac{W}{W'} = \frac{M'}{M}.$$

C'est sur ce théorème que l'on s'appuie pour vérifier les lois de la chute des corps avec la machine d'Atwood : si le poids additionnel de masse m tombait seul, son accélération serait g ; on l'associe aux deux poids de masse M ; par suite, il met en mouvement la masse $2M + m$ et lui communique en tombant une accélération

$$W = g \, \frac{m}{2M + m} = g \, \frac{1}{2\frac{M}{m} + 1}.$$

En augmentant M par rapport à m, on rendra la vitesse de chute du système aussi faible que l'on voudra, sans que la loi du mouvement soit altérée, et l'on pourra facilement mesurer les espaces parcourus pendant 1, 2, 3..... secondes.

§ 4. — APPLICATIONS.

180. Problème I. — *Quel est le poids du corps dont la masse est égale à l'unité ?*

SOLUTION. — Ici l'on doit avoir

$$\frac{P}{g} = 1,$$

d'où l'on tire

$$P = 9809 \text{ grammes}.$$

181. Problème II. — *Quelle accélération une force de 6000 kilogrammes communiquerait-elle à un boulet de 24 pesant 12 kilogrammes, en agissant sur lui pendant $0^s,1$?*

SOLUTION. — Si la force agissait pendant une seconde sur le boulet, elle lui communiquerait une vitesse

$$W = 9^m{,}809 \times \frac{6000}{12} = 9^m{,}809 \times 500 = 4904^m{,}5 \, ;$$

mais elle n'agit que pendant $0^s,1$, la vitesse demandée est dix fois plus petite, c'est-à-dire $490^m,45$.

182. Problème III. — *Quel est le poids d'un corps qui, soumis à l'action d'une force constante* F, *acquiert en un temps* t *une vitesse donnée* V *?*

Solution. — L'accélération du mobile sera $\dfrac{V}{t} = W$, et de la formule (5) du n° 177 on tire

$$P = F \times \frac{g}{W},$$

et, en substituant à W sa valeur,

$$P = F \, \frac{g \cdot t}{V}.$$

183. Problème IV. — *Quelle force faut-il appliquer à un corps de poids donné* P *pendant un temps donné* t *pour lui faire acquérir une vitesse donnée* V *?*

Solution. — Si la force constante eût agi pendant 1^s, l'accélération du corps serait $\dfrac{V}{t}$, et, comme de l'équation (3) du n° 177 on tire

$$F = \frac{P}{g} W,$$

nous avons ici

$$F = \frac{P}{g} \cdot \frac{V}{t}.$$

Exemple numérique. — L'ancienne balle ronde des fusils d'infanterie pesait 27 grammes, avait $16^{mm},7$ de diamètre, et possédait au sortir du fusil une vitesse initiale de 425^m par seconde. On suppose que la balle ait parcouru le canon en $0^s,001$. Quel est, en atmosphères, l'effort moyen des gaz de la poudre?

Nous avons

$$F = \frac{27^{gr}}{9,809} \times \frac{425}{0,001} = \frac{27^{gr} \times 425000}{9,809} = 1170000^{gr}.$$

Cette pression est répartie sur la surface d'un cercle de 16^{mm} de diamètre, ou sur une surface de $2^{cm.q},191$; donc chaque centimètre carré supporte une pression égale à

$$\frac{1170^{kg}}{2,191} = 534^{kg};$$

et, comme chaque atmosphère représente une pression de $1^{kg},033$ par centimètre carré, on voit que l'effort moyen est d'environ 500 atmosphères.

184. Remarque. — Il résulte de la formule $F = \dfrac{P}{g} \cdot \dfrac{V}{t}$ que F devient d'autant plus grand que *t* est plus petit, et qu'*une vitesse finie ne pourrait être communiquée à un corps dans un temps rigoureusement nul que par un effort infini.*

Quand un corps dur animé d'une grande vitesse rencontre un obstacle inébranlable, tel qu'un mur en pierre de taille, sa quantité de mouvement est détruite en un temps très-court ; la réaction du mur pourrait donc, dans ce temps très-court, donner au corps dont il s'agit une quantité de mouvement égale et contraire à celle qu'il possédait d'abord ; cette réaction doit, par conséquent, être très-grande, et, comme elle est égale à l'action, on voit que *le choc des corps durs doit donner lieu à des efforts très-considérables* et produire des déplacements moléculaires qu'on produirait difficilement à l'aide d'une simple pression. C'est pour cela que l'on a cru qu'il existait des forces d'une nature spéciale, appelées *forces de percussion*, qui transmettaient le mouvement aux corps d'une manière instantanée. On voit, par les explications précédentes, que cette distinction est inexacte.

Si le corps animé d'une grande vitesse était très-élastique ; si, de plus, l'obstacle était très-flexible, comme une masse de caoutchouc, la quantité de mouvement serait détruite dans un temps beaucoup plus long ; les efforts d'action et de réaction seraient donc beaucoup plus petits, et l'on comprend par là pourquoi, dans un choc, l'interposition de corps mous et compressibles diminue beaucoup l'intensité des efforts et leurs conséquences.

Les locomotives et les wagons portent à leurs extrémités deux *tampons de choc* rembourrés en chanvre, feutre ou caoutchouc.

PROBLÈMES A RÉSOUDRE.

1. Un corps qui descend sur un plan incliné parcourt $2^m,743$ dans la première seconde de sa chute ; quelle est l'inclinaison du plan ?

2. Un plan incliné fait avec l'horizon un angle de $25°30'$. Un corps glisse du sommet jusqu'au bas de ce plan et acquiert ainsi, lorsqu'il arrive au pied, une vitesse de 157 mètres par seconde. Trouver la longueur du plan.

3. Un plan incliné fait un angle de $30°$ avec l'horizon ; à son sommet est fixée une poulie sur laquelle passe un cordon, et aux extrémités du cordon sont attachés deux poids égaux ; l'un de ces poids repose sur le plan incliné, et l'autre descend verticalement. Le premier poids, en remontant le plan incliné sous l'action du second, parcourt $13^m,716$ en $2^s,5$; déterminer l'intensité de la pesanteur.

4. Deux corps partent du point le plus haut d'un plan incliné, le premier en glissant le long du plan, le second en suivant la verticale. Sa-

chant que le premier met trois fois plus de temps que le second pour atteindre la base, calculer l'inclinaison du plan.

5. Diviser la longueur d'un plan incliné en 5 parties telles qu'un corps, en descendant le long de ce plan, mette le même temps à parcourir chacune d'elles.

6. Un plan incliné d'un angle α sur l'horizon a une longueur l; à son sommet est fixée une poulie à l'aide de laquelle un poids P, descendant verticalement, fait remonter un poids Q le long du plan. A quel instant et en quel point le poids P doit-il cesser son action pour que Q puisse atteindre juste le sommet du plan incliné?

7. Un corps est projeté avec la vitesse v sur un plan incliné et à partir du sommet de ce plan. Après n secondes, un second corps est projeté avec la vitesse v' sur ce plan et à partir du pied. Déterminer le lieu de la rencontre.

8. On donne la base d'un plan incliné; déterminer sa hauteur de telle manière qu'un corps, en glissant le long de ce plan, mette le moins de temps possible pour descendre.

9. Deux plans inclinés AC, BC rencontrent le plan horizontal au point C; on donne les inclinaisons de ces plans et la longueur de BC. Quelle doit être la longueur AC du second plan pour qu'une bille non élastique, descendant sur AC et remontant sur le second plan en vertu de la vitesse acquise, puisse atteindre le sommet B de BC?

10. On a une série de droites inclinées CA, CB, CD,... partant d'un même point C et aboutissant à un même plan horizontal; des points matériels pesants partent ensemble du point C et glissent sur ces droites. Montrer que ces points matériels auront tous acquis des vitesses égales quand ils seront parvenus à ce plan horizontal.

11. Toutes les cordes CA, CB, CD... inscrites dans le même cercle et aboutissant à une même extrémité C d'un diamètre vertical, sont décrites dans le même temps par des corps pesants qui partent ensemble du point C.

12. Deux boulets qui pèsent respectivement 9^{kg} et 2^{kg} sont réunis par un cordon de 5 mètres. Le poids de 9^{kg} repose sur un plan de marbre horizontal, et roule sur ce plan dès que le poids de 2^{kg} commence à descendre suivant la verticale. Trouver la vitesse acquise par ce dernier lorsqu'il est tombé de 4 mètres et la durée du mouvement.

13. Deux poids égaux P sont suspendus à un cordon qui passe sur une poulie fixe; quel poids faut-il ajouter à l'un d'eux pour que les trois corps puissent parcourir 50^m en 8 secondes?

14. Un poids de 9^{kg} est divisé de telle sorte qu'en attachant les deux parties aux extrémités d'un cordon qui passe sur une poulie fixe, l'ensemble parcoure 4 mètres en 15 secondes. Calculer les poids attachés aux extrémités du cordon.

15. Aux extrémités d'un cordon qui passe sur une poulie fixe sont at-

tachés deux poids de 7^{kg} et de 5^{kg}. En abandonnant le poids de 7^{kg}, on lui communique une vitesse de $1^m,50$ par seconde. Quel chemin parcourra-t-il en 8^s, et quelle sera sa vitesse acquise au bout de ce temps?

16. Deux poids, P et Q, sont réunis par un cordon qui passe sur une poulie fixe, et P est plus grand que Q ; après que P est tombé de la hauteur h, on lui enlève le poids p, de telle sorte que $P - p$ soit moindre que Q. On propose d'étudier le mouvement qui va suivre.

17. Deux poids, P et Q, sont réunis par un cordon qui passe sur une poulie fixe, et P est moindre que Q. On laisse tomber P librement d'une hauteur h, et, seulement alors, il commence à soulever le poids Q. Calculer la plus grande hauteur à laquelle Q puisse être élevé et la durée de l'ascension.

18. Des points A et A′ situés sur la même droite horizontale, on lance au même instant deux billes pesantes M et M′ suivant les droites AT, AT′, dirigées dans le même plan vertical. Au bout de quel temps t la distance d des points M et M′ sera-t-elle un *minimum?* Quelle est la condition nécessaire pour que les deux mobiles viennent à se rencontrer? En quel point C aurait lieu cette rencontre?

On connaît la distance a des deux points de départ, les vitesses initiales v et v', les angles de projection TAA′ ou θ, et TA′A ou θ'. On néglige la résistance de l'air.

19. On donne un point A et une droite indéfinie BC situés dans un même plan vertical. Quelle est la droite qu'un corps pesant doit suivre pour arriver du point A à la droite BC dans le temps le plus court possible? — On trouve que la ligne demandée est la bissectrice de l'angle que la verticale forme avec la perpendiculaire abaissée du point A sur BC; le temps employé par le mobile pour décrire cette ligne est plus court que le temps qu'il mettrait à parcourir toute autre droite menée du point A à BC; mais ce temps n'est pas un *minimum absolu.* C'est une courbe appelée cycloïde qui est la courbe de plus vite descente.

CHAPITRE V

DU TRAVAIL D'UNE FORCE ET PRINCIPE DES FORCES VIVES.

§ 1er. — TRAVAIL D'UNE FORCE CONSTANTE, D'UNE FORCE VARIABLE.

185. Définition du travail mécanique. — Les forces sont employées dans les arts à vaincre des résistances, et l'on dit qu'*il y a travail toutes les fois qu'une force surmonte une résistance qui se renouvelle à chaque instant, tandis que son point d'application se déplace.* Dans une machine à raboter, par exemple, l'outil détruit à chaque instant la cohésion des molécules de fer ou de bois; il y a résistance vaincue et chemin parcouru par le point d'application de cette résistance. Quand on élève un fardeau d'un mouvement uniforme, la force motrice est, à une époque quelconque, égale et opposée au poids du fardeau.

Dans les arts, un travail de manœuvre (celui dans lequel l'intelligence du moteur n'a rien à faire) *se paye toujours proportionnellement au produit de la résistance, vaincue par le chemin qu'a décrit son point d'application.* Ainsi, on admet comme évident qu'il faut deux fois plus de travail pour élever à 1 mètre 200 kilogrammes que pour en élever 100, pour élever 100 kilogrammes à 2 mètres que pour les élever à 1 mètre.

On prend pour unité de travail celui qui consiste à élever 1^{kg} à 1^m de hauteur; cette unité s'appelle kilogrammètre, on la représente par 1$^{kg \cdot m}$. Afin d'avoir des nombres plus petits quand on évalue le travail des machines qui est, en général, continu, on se sert d'une autre unité. On appelle *cheval-vapeur* un travail de 75$^{kg \cdot m}$ par seconde. Cette expression n'a pas de rapport direct avec le travail réellement développé par les chevaux attelés à un manége, lequel ne s'élève guère qu'à 40 ou 50$^{kg \cdot m}$ par seconde.

Lorsqu'il n'y a pas de résistance vaincue ou de chemin décrit par le point d'application de la résistance, il n'y a pas de travail; c'est ce qui arrive lorsqu'une machine fonctionne sans que l'outil rencontre d'obstacle, ou bien lorsque cet outil, rencontrant une résistance trop forte, ne peut se déplacer malgré l'action des forces motrices.

186. Définition du travail d'une force constante. — *Le travail d'une force est le produit du nombre qui mesure l'intensité de cette force par le chemin qu'elle fait parcourir, dans sa direction propre, au point auquel elle est appliquée.*

187. Travail d'une force constante appliquée à un point matériel qui se déplace dans la direction de la force. — Soit F l'intensité de la force exprimée en kilogrammes, et e le chemin parcouru exprimé en mètres; le travail sera

$$1^{\text{kg.m}} \times F.e,$$

on le désigne par la notation $\mathfrak{C}$ F.

188. Définition de la force vive. — *On appelle force vive d'un corps en mouvement le produit de sa masse par le carré de sa vitesse :* $m\,V^2$ représente donc la force vive d'un corps de masse m animé de la vitesse V.

Il existe entre le nombre qu'on désigne par la force vive et celui qui représente le travail une relation remarquable.

189. Théorème des forces vives. — *Lorsqu'un point matériel est sollicité par une force F constante en grandeur et en direction, l'accroissement de sa force vive, pendant un intervalle de temps quelconque, est égal au double du travail de la force F pendant ce temps.*

DÉMONSTRATION. — En effet, nous avons trouvé (n° 150),

$$V^2_t - V_0^2 = 2We;$$

multipliant par m les deux membres de cette égalité,

$$m\,V^2_t - m\,V_0^2 = 2m\,We,$$

or

$$m = \frac{F}{W};$$

donc

$$m\,V^2_t - m\,V_0^2 = 2F.e.$$

Dans le cas d'un corps de poids P qui tombe avec une vitesse initiale d'une hauteur h, $F = P$, $e = h$, l'on aura donc :

$$m\,V^2_t - m\,V_0^2 = 2P.h,$$

et, si le corps, partant du repos, tombait librement,

$$m\,V^2 = 2P\,h.$$

REMARQUE I. — Si l'on place au-dessous du poids P, tombant de la hauteur h, un obstacle qui détruise sa vitesse acquise, la force vive se transformera en travail. C'est ainsi que l'on enfonce des pieux ou *pilots* dans le sol : on élève une masse de bois ou de fonte A (*fig.* 180) au-dessus de la tête du pilot, puis on l'abandonne à elle-même; ce choc produit le même effet que si l'on chargeait la tête du pilot d'un poids très-considérable.

Le bloc de fonte A s'appelle *mouton*; la poulie B, sur laquelle passe la corde attachée au mouton, est portée par une charpente en bois CC, qui permet d'élever A dans la verticale du pieu D. L'ensemble de la machine représentée *fig.* 180 s'appelle *sonnette.* On l'emploie dans les travaux hydrauliques; au lieu de faire reposer la maçonnerie sur un sol perméable à l'eau, on appuie les fondations sur la tête de pilots enfoncés dans le sol.

APPLICATION. — Soit un mouton de 400 kilogrammes qui tombe de

Fig. 180.

5 mètres; la force vive acquise dans cette chute est représentée par le nombre

$$2 \times 400 \times 5 = 2400$$

et si le pilot, enterré presque complétement, ne s'enfonce que d'un millimètre à chaque coup, la résistance du sol R est donnée par l'équation

$$2.R.0,001 = 2400,$$

d'où

$$R = \frac{2400}{2 \times 0,001} = 1200 \times 1000 = 1\,200\,000^{kg}.$$

Si l'on plaçait sur la tête du pieu un pareil poids de maçonnerie, le sol céderait, et le pilot s'enfoncerait peu à peu d'une petite quantité; mais, en lui faisant supporter seulement la centième partie de cette charge, 12000^{kg}, on peut être assuré de la stabilité de la construction.

Remarque II. — Le tir des projectiles nous offre encore un exemple de la transformation du travail en force vive et de la force vive en travail. Tant que le boulet de poids P est dans la pièce, il éprouve une pression de la part des gaz de la poudre : en désignant par F l'effort moyen exercé par ces gaz sur la surface d'un grand cercle du boulet, et par l la longueur de l'âme de la pièce, le travail de la poudre sera

$$F \times l$$

et la vitesse initiale V sera liée aux quantités ci-dessus par la relation

$$2\,F.l = \frac{P}{g} \times V^2.$$

Lorsque le boulet pénétrera dans la maçonnerie, cette force vive $\frac{P}{g}.V^2$ se transformera en travail, et si l'on désigne par R la résistance moyenne, par c l'enfoncement produit, on aura

$$\frac{P}{g}.V^2 = 2\,R.c,$$

en négligeant les vibrations communiquées aux parties voisines et à l'air.

190. Travail d'une force constante appliquée tangentiellement à la circonférence d'une roue. — Dans un grand nombre de machines, la force motrice est tangente à une circonférence, et son point d'application se déplace sur cette courbe. Ainsi, dans les manéges (*fig.* 181), un cheval est attelé à une pièce de bois fixée à un arbre vertical; en suivant une piste circulaire, il fait prendre à cet arbre un mouvement de rotation. Dans les cabestans, ce sont les hommes qui poussent les leviers en décrivant une circonférence.

On obtient le *travail du moteur pour chaque tour en multipliant la longueur de la circonférence par l'intensité de la force;* il est représenté par

$$2\pi.R.F.$$

En effet, si l'on décompose la circonférence en arcs AB, BC, CD... très-petits et sensiblement rectilignes,

$$F \times AB, \qquad F \times BC, \qquad F \times CE \ldots$$

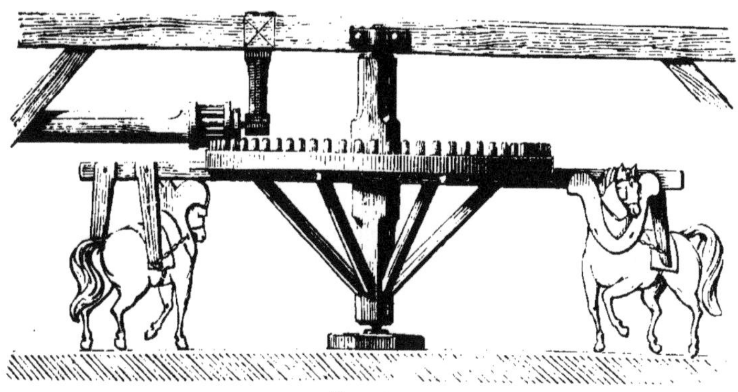

Fig. 181.

sont les travaux partiels qui répondent à ces divers éléments, et le travail correspondant à un tour sera leur somme, c'est-à-dire

$$(AB + BC + CD \ldots) \times F$$

ou

$$2\pi.R.F.$$

APPLICATION. — Un cheval attelé à un manége travaille 8 heures par jour et exerce une force de traction de 45 kilogrammes; il fait 7 tours en 5 minutes sur une piste de 4 mètres de rayon; quel est en kilogrammètres le travail effectué par jour?

Ici

$$F = 45. \qquad 2\pi.R.F = 6{,}28 \times 4 \times 45$$

le nombre de tours exécutés en 8 heures est

$$7 \times \frac{8 \times 60}{5},$$

et le travail cherché est

$$6{,}28 \times 4 \times 45 \times 7 \times \frac{8 \times 60}{5} \quad 6{,}28 \times 4 \times 45 \times 7 \times 8 \times 20 = 1266048^{kgm}.$$

191. Travail d'une force variable dont le point d'application se meut toujours dans la même direction. — DÉFINITION. — *On appelle travail élémentaire d'une force le produit de cette force, supposée constante pendant un temps très-court, par le petit chemin que décrit, pendant cet intervalle, son point d'application.*

Soient F, F', F″..... les intensités de la force variable aux époques très-rapprochées t, t', t''.....; c, c', c''..... les chemins parcourus par le point d'application pendant les intervalles $t' - t$, $t'' - t'$, $t''' - t''$..... les travaux élémentaires de ces forces, supposées constantes pendant ces temps très-courts, seront

$$F \times c, \qquad F' \times c', \qquad F'' \times c''.....;$$

et le travail total sera la limite vers laquelle tendra la somme des travaux élémentaires

$$F \times c + F' \times c' + F'' \times c'' + \ldots$$

quand $t' - t$, $t'' - t'$, $t''' - t''$...... tendront vers zéro. Le théorème suivant démontre l'existence de cette limite.

192. **Théorème.**— *Si l'on prend pour abscisses d'une courbe les chemins parcourus par le point d'application d'une force variable et pour ordonnées les intensités de cette force, le travail de cette force pendant un certain temps peut être représenté par l'aire comprise entre la courbe, l'axe des abscisses et les deux ordonnées qui répondent au commencement et à la fin de l'intervalle.*

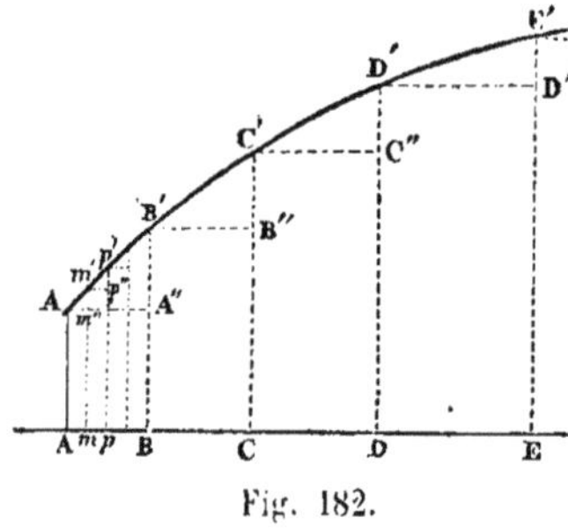

Fig. 182.

En effet, soit (*fig.* 182) :

$$AB = c, \qquad BC = c', \qquad CD = c''\ldots$$
$$AA' = F, \qquad BB' = F', \qquad CC' = F''\ldots$$
$$t' - t = t'' - t' = t''' - t'' \ldots = 1';$$

l'on aura

$$F c = ABA'A'', \qquad F'c' = BCB'B'', \qquad F''c'' = CDC'C'',$$

et l'aire de la somme des rectangles sera représentée par le même nombre que la somme des travaux élémentaires obtenus en supposant que l'intensité de la force reste constante pendant une seconde; si l'on suppose que cette intensité ne reste constante que pendant un quart de seconde, le travail total correspondant sera représenté par le même nombre que la somme des aires

$$AA'mm'' + mpm'p''\ldots,$$

et comme il est clair que la somme de ces aires a pour limite l'aire curviligne AA'B'C'D'E'E, la somme des travaux élémentaires considérés ci-dessus aura une limite représentée par l'aire

$$AA'B'C'D'E'E.$$

C'est cette limite que nous avons appelée travail total de la force F.

Remarque I. — Cette aire curviligne peut s'évaluer très-approximativement à l'aide de la formule de M. Poncelet donnée dans les *Applications de la Géométrie.*

On peut encore l'obtenir en découpant le contour AA′EE′ dessiné sur une feuille de papier bien homogène et en pesant à 1 milligramme près la surface ainsi obtenue; soit P son poids, p le poids d'un décimètre carré du même papier, l'aire de cette courbe exprimée en décimètres carrés sera

$$\frac{P}{p};$$

et si 1 décimètre représente une force de 1 kilog., et si, de plus, on a pris sur la ligne des abscisses 1 décimètre pour représenter un espace parcouru de 1^m, $\frac{P}{p}$ sera le travail cherché.

Remarque II. — Le théorème des forces vives (n° 189) subsiste dans le cas d'une force variable; *l'accroissement de la force vive est encore double du travail de la force.* En effet, en désignant par $v_0,\ v',\ v''\dots\dots$, les vitesses du point matériel aux époques très-rapprochées $t,\ t',\ t''\dots$, et v la vitesse finale :

$$mv'^2 - mv_0^2 = 2\,\mathrm{F}e,$$
$$mv''^2 - mv'^2 = 2\,\mathrm{F}'e',$$
$$mv'''^2 - mv''^2 = 2\,\mathrm{F}''e'',$$

$$\cdot\ \cdot\ \cdot\ \cdot\ \cdot\ \cdot\ \cdot\ \cdot$$
$$\cdot\ \cdot\ \cdot\ \cdot\ \cdot\ \cdot\ \cdot\ \cdot$$

Si l'on ajoute ces égalités, on obtient, en négligeant les termes qui se détruisent :

$$mv^2 - mv_0^2 = 2\,(\mathrm{F}e + \mathrm{F}'e' + \mathrm{F}''e'' + \dots) = 2\,\Sigma\mathrm{F}.$$

193. Application. — Un cylindre vertical de $0^m,70$ de diamètre (*fig.* 183) renferme un piston mobile et sous ce piston de l'air à 5 atmosphères qui occupe une hauteur AB de $0^m,40$. Le piston monte et le gaz se détend en augmentant de volume. On demande le travail transmis au piston par l'air comprimé lorsque cet air occupera dans le cylindre une hauteur AC égale à 1^m.

Solution. — La surface du piston en mètres carrés est

$$S = \pi \times \overline{0,35}^2;$$

la pression exercée sur ce piston par de l'air à 5 atmosphères serait

$$P = 10\,000 \times 1^k,033 \times 5 \times S.$$

Fig. 183.

Mais la pression diminue à mesure que le volume augmente; si nous divisons la hauteur BC en 6 parties égales à $0^m,1$ et si nous substituons à la détente progressive une détente brusque chaque fois que le piston aura parcouru $0^m,1$ les pressions seront :

$$P, \qquad\qquad \frac{40}{70} \times P,$$

$$\frac{40}{50} \times P, \qquad\qquad \frac{40}{80} \times P,$$

$$\frac{40}{60} \times P, \qquad\qquad \frac{40}{90} \times P,$$

et les travaux élémentaires correspondants

$$P \times 0,1, \quad \frac{40}{50} P \times 0,1 \ldots \ldots \frac{40}{90} P \times 0,1.$$

Comme nous supposons que, pendant chaque fraction de la course, la pression est toujours égale à la pression initiale, nous obtiendrons pour limite supérieure du travail cherché

$$P \times 0,1 \left\{ \frac{40}{40} + \frac{40}{50} + \ldots \ldots \frac{40}{90} \right\},$$

ou

$$(1 \qquad P \times 0,40 \left\{ \frac{1}{4} + \frac{1}{5} + \ldots \ldots \frac{1}{9} \right\},$$

ou

$$P \times 0,40 \times 0,996.$$

Si nous avions supposé que pendant chaque décimètre la pression reste toujours égale à la pression finale, nous aurions obtenu, pour limite inférieure du travail total,

$$P \times 0,40 \times \left\{ \frac{1}{5} + \frac{1}{6} + \ldots \ldots \frac{1}{9} + \frac{1}{10} \right\},$$

ou

$$P \times 0,40 \times 0,846;$$

en prenant la moyenne, nous aurons très-approximativement

$$\mathfrak{C} = P \times 0,40 \times 0,921,$$

ou

$$\mathfrak{C} = \pi \cdot \overline{55}^2 \times 1,033 \times 5 \times 0,40 \times 0,921 = 7,523^{kg \cdot m}.$$

REMARQUE I. — La formule de quadrature de M. Poncelet donne un résultat presque semblable.

En effet, il faut doubler la somme des ordonnées impaires, ajouter au produit le quart de la somme des ordonnées limites et en retrancher le quart de la somme de celles qui les avoisinent immédiatement :

$$y_1 = \frac{1}{5} = 0{,}20 \qquad\qquad y_0 = \frac{1}{4} = 0{,}25$$

$$y_3 = \frac{1}{7} = 0{,}145 \qquad\qquad y^6 = \frac{1}{10} = 0{,}1$$

$$y_3 = \frac{1}{9} = 0{,}111 \qquad\qquad S_2 = \overline{0{,}55}$$

$$S_1 = \overline{0{,}454}$$

$$2\,S_1 = 0{,}908 \qquad\qquad y_1 = 0{,}20$$

$$y_3 = 0{,}111$$

$$S_3 = \overline{0{,}311}$$

$$S_2 - S_3 = 0{,}059$$

$$\tfrac{1}{4}(S_2 - S_3) = 0{,}01$$

$$\mathfrak{C} = P \times 0{,}40 \times (0{,}908 + 0{,}01) = P \times 0{,}40 \times 0{,}918$$

Remarque II. — Si, au lieu de diviser la hauteur BC en décimètres, on l'avait divisée en centimètres, on eût trouvé pour la somme des travaux partiels :

$$P \times 0{,}01 \times \left(\frac{40}{40} + \frac{40}{41} + \frac{40}{42} + \cdots \frac{40}{99} \right),$$

ou

$$(2) \qquad P \times 0{,}40 \quad \left\{ \frac{1}{40} + \frac{1}{41} + \cdots\cdots \frac{1}{99} \right\},$$

si on avait divisé en millimètres, on eût trouvé

$$P \times 0{,}001 \times \left\{ \frac{400}{400} + \frac{400}{401} + \frac{400}{402} + \cdots \frac{400}{999} \right\},$$

ou

$$(3) \quad P \times 0{,}40 \times \left\{ \frac{1}{400} + \frac{1}{401} + \cdots\cdots \frac{1}{999} \right\},$$

et c'est la limite vers laquelle tendent ces résultats (1), (2), (3) qui est le travail du gaz pendant la détente.

On démontre que la limite vers laquelle tend la parenthèse est

$$2{,}3026 \times \log \frac{100}{40},$$

ce qui donne, dans ce cas particulier,

$$2{,}3026 \times 0{,}398 = 0{,}916.$$

En général : soit v le volume du gaz avant la détente, et V le volume du gaz après la détente, on a pour le travail d'un gaz à n atmosphères pendant qu'il se détend :

$$\mathfrak{C} = 10\,000^{km} \ v \times 1{,}033 \times n \times v \times 2{,}3026 \times \log \frac{V}{v},$$

ou

$$\mathfrak{C} = 25,786^{\text{kg·m}} \times n \times v \times \log \frac{V}{v}.$$

Cette formule est utile dans le calcul du travail des machines à vapeur.

194. Travail d'une force dont le point d'application ne se meut pas dans la même direction que la force. — Lorsqu'un point matériel A (*fig.* 184) est sollicité par plusieurs forces, la direction de son déplacement AA′ diffère de la direction de chacune d'elles. Soit F l'une des forces que nous considérons spécialement; décomposons le chemin AA′ en deux autres, l'un A*a*, suivant AB, l'autre A*b*, suivant la direction perpendiculaire. La force F ne tend pas à produire le déplacement A*b* qui est dû aux autres forces dont nous n'avons pas à nous occuper, son travail est simplement égal à A*a* × F, ou AA′.cos α.F. De là cette définition :

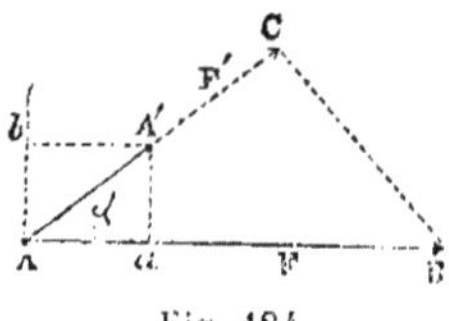

Fig. 184.

Le travail d'une force dont le point d'application ne se meut pas dans la même direction que la force est égal à son intensité multipliée par la projection du chemin parcouru sur la direction de cette force.

Remarque I. — Dans la figure précédente, la projection A*a* du déplacement tombe sur la direction AB; on considère le travail de la force comme positif. Dans la figure 185, A*a* tombe sur le prolongement de AB, le travail de la force est considéré comme négatif, et dans les calculs, on fait précéder du signe le nombre qui représente ce travail. Nous verrons plus loin que cette convention de signe a l'avantage de remplacer plusieurs énoncés par un seul.

Fig. 185.

Remarque II. — Si l'on désigne par F′ la projection de la force F sur la direction AA′ (*fig.* 184), on aura :

$$AC = AB \cos . \alpha,$$

et par conséquent,

$$F' = F \cos . \alpha.$$

Si, dans le produit F.cos α × AA′, qui représente le travail de la force F, on remplace F cos α par sa valeur F′, on obtient, pour l'expression de ce travail,

$$F' \times AA';$$

on peut donc dire ·

Le travail d'une force dont le point d'application ne se déplace pas dans sa direction propre est égal au produit du chemin parcouru par la projection de la force sur la direction de ce chemin.

Application. — Un corps de poids P (*fig.* 186) tombe en suivant une courbe ABCD ; quel est le travail de la pesanteur pendant sa chute ?

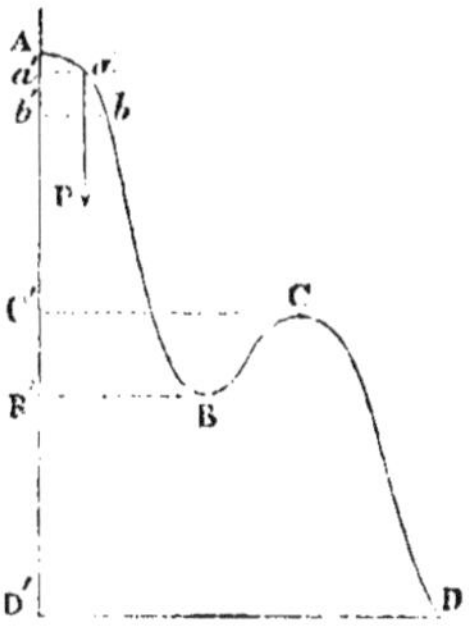

Projetons la courbe ABCD sur la verticale du point A ; lorsque le mobile décrit un arc très-petit *ab* de sa trajectoire, le travail élémentaire correspondant est P $\times$ *a'b'* ; ajoutant tous ces travaux élémentaires, on voit que de A en B le travail de la pesanteur est

$$P \times AB' ;$$

de B en C ce travail négatif est représenté par,

$$- P \times B'C' ;$$

enfin, de C en D, il est positif et égal à

$$P \times C'D'.$$

Le travail total est donc

$$P (AB' - B'C' + C'D') = P \times AD'.$$

Il ne dépend donc que de la distance verticale des deux points extrêmes A et D de la courbe.

Remarque. — La vitesse de chute correspondant à hauteur AD' est donnée par la formule

$$v^2 = 2g \times AD' ;$$

par suite, en multipliant les deux membres par la masse *m* du point matériel pesant,

$$mv^2 = 2\frac{P}{g} \cdot g \cdot AD' = 2P \cdot AD' = 2P \cdot \mathfrak{T}P.$$

Ici encore l'accroissement de force vive pendant le mouvement e double du travail de la force motrice.

§ 2. — Principe des vitesses virtuelles et théorème général des forces vives.

195. Définitions. — 1° On appelle *déplacement virtuel* d'un point tout déplacement très-petit de ce point compatible avec les conditions auxquelles il est assujetti d'après l'énoncé. — Ainsi, lorsqu'un point est entièrement libre, son déplacement virtuel est un déplacement très-petit quelconque ; s'il est assujetti à rester sur une surface, il ne peut avoir de déplacement virtuel que dans le plan tangent à cette surface.

2° La *vitesse virtuelle* d'un point est la limite du rapport obtenu en divisant le déplacement virtuel par le temps employé, lorsque ce temps décroît indéfiniment.

12.

5° On appelle *travail virtuel* ou *moment virtuel* d'une force appliquée en un point M, le produit de la force par la projection du déplacement virtuel de M sur la direction de la force ; ce produit est regardé comme positif ou négatif, suivant que la projection du déplacement virtuel tombe dans le sens de la force ou bien en sens contraire.

On peut dire aussi que le travail virtuel d'une force est égal au produit du déplacement virtuel par la projection de la force sur la direction de ce déplacement.

La différence entre le *travail virtuel* et le *travail élémentaire* consiste en ce que, dans le travail élémentaire, le chemin parcouru provient de la vitesse déterminée que possède le point M, tandis que le travail virtuel dépend, au contraire, d'un déplacement quelconque qui peut n'avoir pas lieu en réalité. On peut dire que, si pour le déplacement virtuel on prenait le déplacement réel, au lieu du travail virtuel on aurait le travail élémentaire.

196. **Proposition I.** — *Lorsque plusieurs forces sont appliquées à un point matériel, le travail virtuel de la résultante est égal à la somme des travaux virtuels des composantes.*

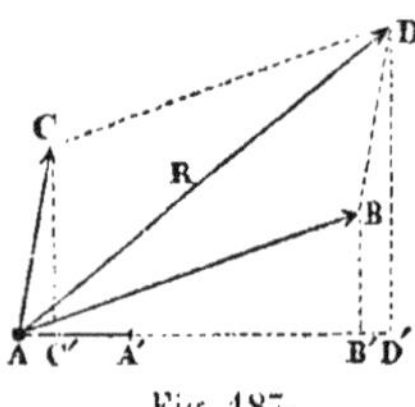

Fig. 187.

DÉMONSTRATION. — 1° *Cas de deux forces.* — Soient P et Q (*fig.* 187) deux forces appliquées en A, R leur résultante, et AA′ le déplacement du point matériel. Projetons P, Q, R sur AA′, nous aurons

$$AD' = AB' + B'D'$$

et, comme B′D′ = AC′,

$$AD' = AB' + AC'.$$

Multipliant par AA′ les deux membres

$$AA' \times AD' = AA' \times AB' + AA' \times AC',$$

ou

$$\mathfrak{C}R = \mathfrak{C}P + \mathfrak{C}Q.$$

Dans la figure 188, on a

$$AD' = AB' - B'D' = AB' - AC'$$

et, par suite,

$$AA' \times AD' = AA' \times AB' - AA' \times AC';$$

mais

$$AA' \times AC' = - \mathfrak{C}P;$$

on aura donc encore

$$\mathfrak{C}R = \mathfrak{C}P + \mathfrak{C}Q,$$

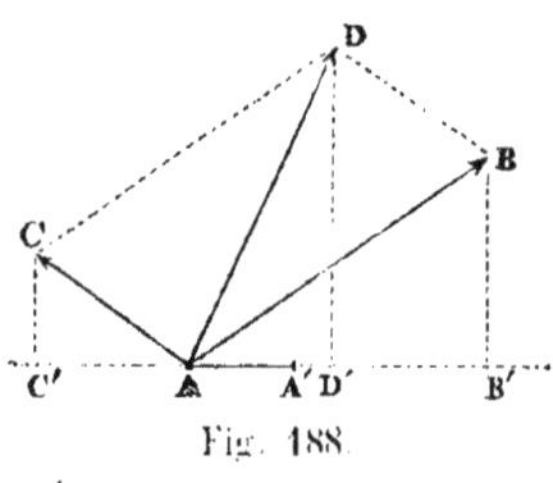

Fig. 188.

et une seule formule convient pour les deux cas.

2° *Cas de plusieurs forces.* — Soient P, Q, S, T..... ces forces, R_1 la résultante de P et de Q, R_2 la résultante de R_1 et de S, R_3 celle de R_2 et de T....., enfin R la résultante définitive; nous aurons

$$\mathcal{C}R_1 = \mathcal{C}P + \mathcal{C}Q,$$
$$\mathcal{C}R_2 = \mathcal{C}R_1 + \mathcal{C}S = \mathcal{C}P + \mathcal{C}Q + \mathcal{C}S,$$
$$\mathcal{C}R_3 = \mathcal{C}R_2 + \mathcal{C}T = \mathcal{C}P + \mathcal{C}Q + \mathcal{C}S + \mathcal{C}T.$$

. . . .

et, en substituant de proche en proche,

$$\mathcal{C}R = \mathcal{C}P + \mathcal{C}Q + \mathcal{C}S + \mathcal{C}T + \ldots$$

197. Proposition II. — *En transportant le point d'application d'une force en un point de sa direction, on ne change pas le travail virtuel de cette force.*

Démonstration. — Supposons (*fig.* 189) que la droite AB, qui joint les points d'application de la force F, passe de la position AB à la position voisine A'B'; les projections des deux déplacements AA' et BB' sur la direction de F sont

Aa et Bb,

et il faut démontrer que les vitesses virtuelles sont égales. En effet, pour ame-

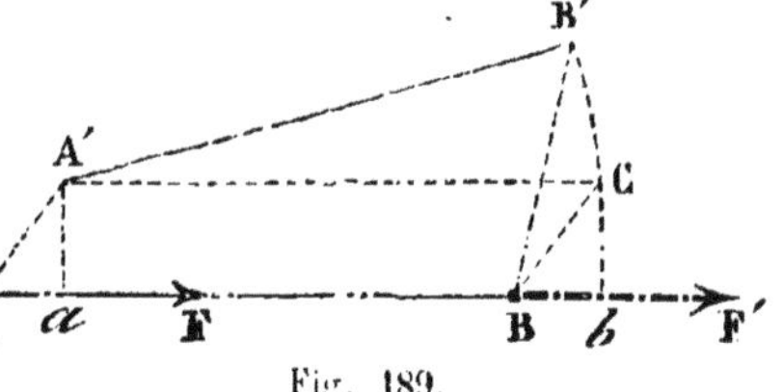

Fig. 189.

ner la droite AB à sa position infiniment voisine A'B', on peut l'amener d'abord dans la position A'C parallèle à AB, puis la faire tourner autour du point A d'un angle très-petit B'A'C; ceci revient à dire que la projection sur AB de l'élément BB' est égale à la somme des projections des éléments BC et CB'. Or la projection de BC est égale à celle de AA', et la projection de CB' est négligeable par rapport à la précédente, puisque l'élément circulaire CB' se confond avec la perpendiculaire à A'C menée au point C. Donc, lorsqu'on passe à la limite, l'on peut dire que les vitesses virtuelles des points A et B sont égales, et que le travail virtuel de la force F reste le même, qu'elle soit appliquée en A ou bien transportée au point B.

198. Proposition III. — *Pour que deux forces R_1 et R_2 appliquées en des points O et M d'un corps solide se fassent équilibre, il faut et il suffit que la somme de leurs travaux virtuels soit égale à zéro.*

Démonstration. — La condition est d'abord nécessaire; en effet, s'il y a équilibre, les forces R_1 et R_2 sont égales et directement opposées; par conséquent leurs travaux virtuels sont égaux et de signes contraires, et la somme est égale à zéro.

Cette condition suffit; en effet, faisons tourner le corps autour du point O d'application de la première force; le travail de la force R_1 appliquée au point fixe O sera nul, et, comme la somme des travaux des deux forces est égale à zéro, par hypothèse, le travail de R_2 est nul aussi, mais les déplacements virtuels du point M ne peuvent avoir lieu que sur la sphère dont O est le centre ; donc la force R_2 est dirigée normalement à cette surface et passe par le point O. On démontrerait de même que la force R_1 passe par le point M ; les deux forces R_1 et R_2 agissent donc suivant la même ligne.

De plus, ces forces sont égales et opposées ; en effet, déplaçons le corps suivant la droite OM ; la somme des travaux correspondants est égale à zéro, par hypothèse ; donc les forces R_1 et R_2 sont égales et de sens contraires.

Ainsi, on peut dire indistinctement que deux forces sont égales et de sens contraires, ou bien que la somme de leurs travaux virtuels est nulle ; c'est exactement la même chose.

Ces propositions permettent d'énoncer très-simplement les conditions d'équilibre d'un système de forces appliquées à un point matériel ou bien à un corps solide.

199. **Proposition IV.** — (Principe des vitesses virtuelles.) — *Pour que plusieurs forces se fassent équilibre sur un corps solide libre, il faut et il suffit que la somme des travaux virtuels de ces forces soit égale à zéro.*

Démonstration. — Il résulte des propositions 1 et 2 que la série des opérations à l'aide desquelles on réduit les forces appliquées P, P′, P″..... à deux résultantes partielles R_1 et R_2 (nos 84 et 85) n'altère pas la somme des travaux des forces P, P′, P″..... Mais, pour l'équilibre, il faut et il suffit que la somme des travaux virtuels de R_1 et de R_2 soit égale à zéro ; donc la condition nécessaire et suffisante pour que les forces proposées se fassent équilibre, c'est que la somme de leurs travaux virtuels soit nulle.

Remarque. — Si le corps était assujetti à tourner autour d'un point fixe ou d'un axe fixe, le même énoncé conviendrait encore. — Nous avons vu, en effet, qu'un pareil corps peut être assimilé à un corps entièrement libre si l'on ajoute aux forces appliquées les réactions du point fixe ou de l'axe fixe. Comme les travaux de ces réactions sont nuls, il faut que la somme des travaux des forces appliquées au corps soit égale à zéro.

200. **Proposition V.** — (Principe général des forces vives.) — *Lorsqu'un corps solide est en mouvement, la somme des travaux des forces, en un temps donné, est égale à la moitié de la variation que subit dans le même temps la somme des forces vives.*

Démonstration. — Nous avons vu (page 200) que la variation de force vive d'un point matériel, pendant un intervalle de temps quelconque, est égale au double du travail des forces qui le sollicitent pendant ce temps ; l'on a donc pour chacun des points du système

$$mV_t{}^2 - mV_0{}^2 = 2 \sum \mathfrak{C} F.$$

et, si l'on ajoute membre à membre toutes les équations analogues relatives aux divers points du corps, l'on a

$$\sum m V_t^2 - \sum m V_0^2 = 2 \sum \bar{c} \cdot F ;$$

le signe $\sum$, dans le premier membre, s'étend à tous les points du corps et dans le second membre à toutes les forces qui le sollicitent.

On voit que si le mouvement du corps est uniforme, c'est-à-dire si les forces appliquées se font équilibre, la différence des forces vives à deux instants quelconques est nulle, et il en est de même de la somme des travaux des forces appliquées.

Remarque. — Si l'on considère, au lieu d'un corps solide, un système de points matériels soumis à des forces et se mouvant d'une manière quelconque dans l'espace, il faut faire entrer dans l'équation précédente les travaux des forces intérieures, c'est-à-dire des actions que ces points matériels exercent les uns sur les autres. — Ces forces s'appellent forces intérieures ou moléculaires; l'on peut donc énoncer, dans le cas le plus général, le principe des forces vives de la manière suivante :

La variation de la somme des forces vives de tous les points d'un système matériel quelconque pendant un certain temps équivaut au double de la somme de travaux de toutes les forces, tant extérieures que moléculaires, pendant le même intervalle de temps.

CHAPITRE VI

PRINCIPE DE LA TRANSMISSION DU TRAVAIL DANS LES MACHINES.

201. Nous avons étudié (page 119 et suivantes) les machines au point de vue statique ; nous les considérerons maintenant au point de vue du travail qu'elles effectuent.

On appelle machine tout système matériel renfermant un ou plusieurs points fixes, destiné à transmettre le travail des forces. Ainsi, la machine nommée roue hydraulique, en tournant autour d'un axe fixe, transmet dans l'intérieur de l'usine la force motrice du cours d'eau.

Il est rare que le mouvement donné par le moteur à la première pièce d'une machine soit convenable pour le travail qu'il s'agit d'effectuer ; il faut, par exemple, dans une filature, employer le mouvement de la roue hydraulique à faire mouvoir les cardes, à faire tourner les bobines de plusieurs ateliers. L'un des principaux objets de la mécanique est donc de transmettre et de transformer des mouvements donnés en d'autres mieux appropriés au but qu'on se propose. Cette partie, que l'on nomme la *transformation* ou la *transmission* des mouvements, joue le rôle principal dans les horloges et les machines à tisser.

D'autres fois, dans les machines qui élèvent l'eau, dans les machines à forer, à raboter, on se préoccupe surtout de transmettre avec le moins de perte possible le travail du moteur; le mécanisme qui sert à la transformation des mouvements ne joue plus qu'un rôle secondaire.

Nous n'avons pas à décrire et à étudier ici les organes employés pour la transformation des mouvements divers. Nous nous bornerons aux principes sur la transmission du travail, qui sont la clef de la théorie des machines. Ces propositions ont une grande importance, et, si elles étaient mieux connues, beaucoup d'inventeurs de machines merveilleuses emploieraient mieux leurs ressources et leur sagacité.

202. Définitions. — Parmi les forces qui agissent sur une machine on distingue : 1° les *forces motrices*, qui tendent à augmenter la vitesse de leur point d'application; elles sont dirigées dans le sens du mouvement ou bien font un angle aigu avec la direction de ce mouvement ; 2° les *forces résistantes*, qui tendent à diminuer la vitesse de leur point d'application ; elles sont directement opposées au mouvement ou bien font un angle obtus avec sa direction.

Ainsi (*fig.* 190), lorsqu'une force Q fait monter un corps le long d'un plan incliné, elle agit comme force motrice, tandis que la pesanteur est la *résistance*; le frottement qui se développe au contact des deux surfaces doit compter aussi comme force résistante.

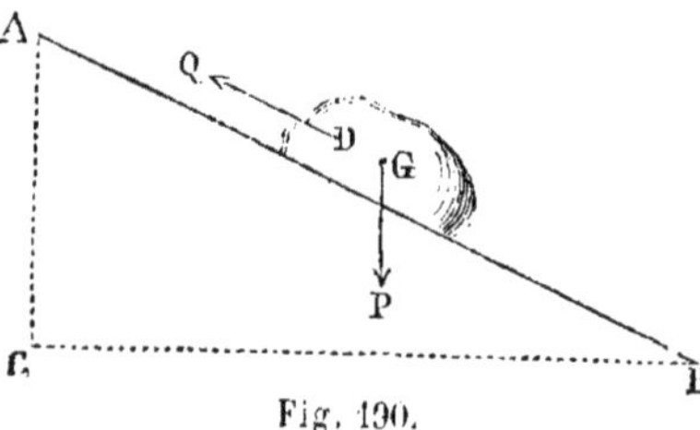

Fig. 190.

On voit, par cet exemple, que les forces résistantes sont de deux sortes : 1° les *résistances utiles*, celles qu'on a pour but de vaincre ; 2° les *résistances passives*, telles que le frottement, la résistance de l'air ou de l'eau, la roideur des cordes.

Le travail de la force motrice ou la somme des travaux des forces motrices est appelé *travail moteur ;* dans le calcul, on le regarde comme positif.

Le travail de la résistance ou la somme des travaux des résistances est désigné sous le nom de *travail résistant ;* dans le calcul, on le regarde comme négatif. Le travail résistant se compose du travail utile et du travail des résistances passives.

203. Principe de la transmission du travail. — *Lorsque le mouvement d'une machine est uniforme, le travail moteur total, effectué pendant un certain temps, est égal au travail résistant total correspondant au même intervalle de temps.*

Cet énoncé est une conséquence du principe des forces vives (n° 200). Si le mouvement de la machine était périodique, l'égalité entre le travail moteur et le travail résistant subsisterait non plus pour une durée quelconque, mais pour la durée entière d'une période ou d'un nombre entier de périodes.

Soit $\mathfrak{T}_m$ le travail total des forces motrices, $\mathfrak{T}_r$ le travail résistant, $\mathfrak{T}_u$ le travail utile, et $\mathfrak{T}_f$ le travail des résistances passives ; on a

$$\mathfrak{T}_m = \mathfrak{T}_r = \mathfrak{T}_u + \mathfrak{T}_f.$$

Ainsi $\mathfrak{T}_u$ est toujours inférieur à $\mathfrak{T}_m$; c'est-à-dire qu'une machine rend moins de travail utile qu'on ne lui applique de travail moteur, car le travail des résistances passives n'est jamais nul.

204. Définition. — *On appelle rendement d'une machine le rapport du travail utile au travail moteur.* Le rendement dépasse rarement 0,80 ; il est presque toujours bien inférieur à cette limite.

205. Ce qu'on gagne en force, on le perd en vitesse. — Malgré cette perte de travail qu'entraînent les machines les plus parfaites, elles n'en sont pas moins utiles, parfois même indispensables.

Considérons une machine qui n'utiliserait que les $\frac{2}{3}$ du travail moteur, l'on aura

$$\tfrac{2}{3}\mathfrak{T}_m = \mathfrak{T}_u = Q.c,$$

Q étant la résistante et c le chemin décrit par son point d'application. Comme l'on peut faire varier à volonté l'un des deux facteurs Q et c, il s'ensuit qu'avec une semblable machine l'on pourra surmonter une résistance considérable en faisant décrire à son point d'application un chemin très-petit, ou bien inversement faire parcourir au point d'application d'une résistance très-faible, un chemin très-long.

Prenons pour exemple un levier AB (*fig.* 191) mobile autour d'un point fixe C, et dont les extrémités A et B décrivent autour de ce point fixe C les arcs AA', BB'. Au point A, tangentiellement à l'arc AA', est appliquée une force P de 50ᵏᵍ, tandis qu'en B tangentiellement à l'arc BB' s'exerce une

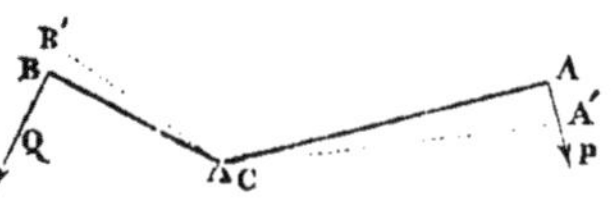

Fig. 191.

résistance. Si l'arc AA' = 1ᵐ, le travail moteur pendant le temps que la barre met à passer de AB en A'B' sera de 50ᵏᵍᵐ ; admettons que le tiers de ce travail soit absorbé par le frottement autour du point C, il ne restera plus que 20$^{kg \cdot m}$ de travail utile disponible à l'extrémité B, on pourra les employer à soulever

$$2000^k \quad \text{à } 0^m,01, \quad \text{si } \frac{AC}{BC} = 100,$$

$$200 \quad \text{à } 0^m,1, \quad \text{si } \frac{AC}{BC} = 10,$$

$$20 \quad \text{à } 1^m, \quad \text{si } \frac{AC}{BC} = 1,$$

$$2 \quad \text{à } 10^m, \quad \text{si } \frac{AC}{BC} = \frac{1}{10}.$$

C'est ainsi qu'il faut entendre ce principe de mécanique : *Ce qu'on gagne en force on le perd en vitesse, quand on fait usage de machines;* les machines ne créent pas de la force, elles ne font que transformer l'effet des forces motrices.

206. Le problème du mouvement perpétuel est impossible. — Il s'agit, en effet, de trouver une machine qui, une fois mise en mouvement, fonctionne toujours en produisant une certaine quantité de travail utile supérieure au travail moteur nécessaire pour la mise en train ; en d'autres termes, il faut trouver un appareil qui soit lui-même un moteur et qui puisse se passer de la puissance motrice de l'homme, d'une chute d'eau, du vent ou de la vapeur.

Il est évident, d'après ce qui précède, qu'un semblable problème est impossible à résoudre, puisqu'une machine n'augmente pas la quantité de travail effectuée par le moteur ; loin de là, elle la diminue, car les résistances passives que son mouvement développe en absorbent une partie très-notable.

Ainsi l'on ne peut créer de toutes pièces de la force motrice, et l'on doit se contenter d'utiliser le mieux possible le travail des moteurs en évitant les chocs, les changements brusques de vitesse, et en cherchant à diminuer les pertes de travail dues aux résistances passives.

207. Les chocs sont une cause de perte de travail ; on doit les éviter dans les machines. — En effet, remarquons d'abord que si l'on tend un ressort doué d'une élasticité parfaite, ce ressort restitue, en reprenant sa forme primitive, tout le travail moteur employé d'abord ; mais s'il ne revient pas à son état primitif, une portion du travail moteur n'est pas restituée et sert à opérer la déformation du ressort.

D'autre part, les chocs ou secousses développent des pressions considérables et produisent, par suite, des déformations permanentes ; il faut donc les éviter, et employer pour les pièces des machines des corps en même temps roides et élastiques. — C'est, du reste, ce que l'on fait toujours : la plupart des outils sont en acier trempé ; ils ont une forme et des dimensions telles qu'ils s'émoussent et fléchissent très-peu sous l'action des résistances à vaincre. Non-seulement des outils en fer doux, en cuivre, en plomb, travailleraient fort mal et exigeraient de fréquentes réparations, mais ils consommeraient, en pure perte, beaucoup de travail mécanique.

208. Les changements brusques de vitesse sont une cause de pertes de travail: il faut les éviter dans les machines. — En effet, ces changements brusques de vitesse donnent lieu, comme les chocs, à des efforts considérables. Lorsque le châssis d'une scie à mouvement alternatif s'arrête brusquement à la fin de sa course pour se mouvoir en sens contraire, on perd chaque fois tout le travail nécessaire pour lui imprimer sa vitesse normale; à ce point de vue la scie circulaire présente beaucoup d'avantages. C'est pour des raisons analogues que, dans les machines, le mouvement est communiqué aux outils à l'aide de roues qui tournent uniformément autour d'axes fixes; à cause de la petite étendue des ateliers, les mouvements rectilignes et d'une grande amplitude sont impossibles.

209. Dans une machine, les pièces animées d'un mouvement de rotation doivent être bien centrées. — En effet, dans ce cas, lorsqu'une partie de la pièce monte, une masse précisément égale descend et la somme des travaux de la pesanteur est égale à zéro. — La vitesse de la machine ne peut donc varier, à chaque tour, sous l'action de cette force.

210. Emploi des volants pour régulariser le mouvement des machines. — Suivant que le travail moteur est plus grand ou plus petit que le travail résistant, la vitesse de la machine croît ou décroît; c'est une conséquence de l'équation des forces vives

$$\Sigma m v^2 - \Sigma m v_0^2 = 2\left(\mathcal{C}_m - \mathcal{C}_r\right),$$

dans laquelle $\Sigma m v^2$ représente la somme des forces vives des divers points en mouvement.

Considérons, par exemple, la roue hydraulique d'un moulin et les meules qu'elle fait mouvoir : si plusieurs meules marchent à vide, la vitesse de la machine croîtra rapidement, le travail moteur excédant se transformera en force vive. Si, au contraire, en baissant la vanne on arrête l'action de la chute d'eau sur la roue motrice, les meules continueront à tourner et pourront produire encore un travail utile, tout en surmontant les résistances passives; mais ce mouvement ne durera qu'un certain temps, au bout duquel la vitesse décroissante de la machine sera réduite à zéro. Dans ce cas, c'est la force vive qui se transforme en travail.

Ainsi l'on peut dire que *les masses en mouvement sont des réservoirs de travail.*

BURAT, MÉC. 13

Il résulte de là que si l'on centre sur l'arbre tournant d'une machine une roue en fonte d'un grand diamètre, ou *volant* (*fig.* 192), on resserrera les limites entre lesquelles peut varier la vitesse de la machine. En effet, on augmente ainsi la masse en mouvement et sa distance moyenne à l'axe de rotation : par suite, à une même différence dans le travail moteur ou le travail résistant correspondra une moindre variation de vitesse angulaire lorsque la machine portera un volant.

Fig. 192.

Certaines parties d'une machine jouent quelquefois le rôle de volants; telles sont les meules des moulins à farine et des aiguiseries.

Les plus simples calculs relatifs aux volants et qui servent à déterminer leurs rayons ou leurs poids dans des circonstances données, supposent des notions qui ne sont pas comprises dans le programme.

CHAPITRE VII

CHOC DES CORPS

241. Choc des corps mous. — Nous supposerons d'abord que l'un des corps est immobile.

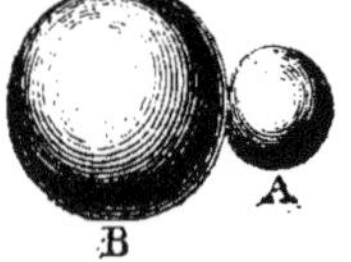

Soit A un corps mou, c'est-à-dire dépourvu d'élasticité. Si ce corps animé d'une vitesse V (*fig.* 193) vient à en rencontrer un autre B au repos, les deux corps réagissent d'abord l'un sur l'autre, puis se meuvent ensemble avec une vitesse commune.

Fig 193.

Étudions ce qui se passe pendant la compression : au premier instant du contact, les molécules de B cèdent à l'impulsion qu'elles ont reçue et se rapprochent du centre; il en est de même des molécules de A qui rencontrent un obstacle, et chacun des corps s'aplatit.

Soit F la valeur commune des forces d'action et de réaction qui se développent pendant ce premier instant, v et v' les vitesses perdues et gagnées pendant le temps très-petit t par les corps A et B de masses m et m', nous aurons

$$F = m\,\frac{v}{t} = m'\,\frac{v'}{t},$$

et par suite :

$$mv = m'v'.$$

Ainsi, pendant que les corps se compriment, il y a à chaque instant égalité entre les quantités de mouvement gagnées et perdues par les deux corps; *donc, à la fin du choc, la somme des quantités de mouvement est la même qu'avant le choc.*

Comme nous supposons que les corps sont dénués d'élasticité et analogues à deux boules d'argile humide, après l'instant de la plus grande compression ils ne réagiront plus l'un sur l'autre et se déplaceront avec une vitesse commune U qu'il s'agit de déterminer.

212. Proposition I. — *Si un corps mou au repos est choqué par un autre corps mou, la vitesse de leur ensemble après le choc est égale à la quantité de mouvement que possédait, avant le choc, le premier corps, divisée par la somme des masses des deux corps.*

En effet, d'après ce qui précède, la quantité de mouvement après le choc $(m + m')\,U$, doit être égale à la somme des quantités de mouvement avant le choc, somme qui se réduit ici à $m\,V$; on aura donc

$$U = \frac{m}{m + m'}\,V.$$

213. Proposition II. — *Si les deux corps sont en mouvement, la vitesse après le choc s'obtient en divisant par la somme des masses la somme algébrique des quantités de mouvement primitives.*

Soient V et V′ les vitesses des deux corps A et B; nous les supposerons de même sens. Pendant la compression, les vitesses des deux corps diminuent à chaque instant de quantités différentes v et v'; mais l'on a toujours

$$F = m\,.\,\frac{v}{t} = m'\,\frac{v'}{t},$$

et par suite, les quantités de mouvement perdues dans chaque instant très-petit sont égales. Cette égalité subsiste entre les quantités de mouvement totales perdues pendant toute la durée de cette compression; l'on aura donc, en désignant par U la vitesse commune,

$$mV + m'V' = \overline{m + m'}\,U,$$

d'où

$$U = \frac{mV + m'V'}{m + m'}.$$

Si les vitesses des deux corps étaient de sens contraires, il faudrait dans la formule précédente changer le signe de l'une des vitesses. La formule précédente est donc générale si l'on considère son numérateur comme une somme algébrique. .

214. De la perte de force vive dans le choc des corps mous. — Théorème de Carnot. — *Dans le choc de deux corps non élastiques, la force vive perdue à la fois par les deux corps est égale à la somme des forces vives qui correspondent aux vitesses perdues ou gagnées par chacun d'eux séparément.*

Démonstration. — 1° *L'un des corps est fixe.* La force vive après le choc est

$$(m + m')\, U^2 = \frac{m^2 V^2}{m + m'};$$

la force vive perdue sera donc

$$m V^2 - \frac{m^2 V^2}{m + m'} = \frac{m'}{m + m'} \times m V^2.$$

Il faut démontrer qu'on peut mettre cette expression sous la forme

$$m\,(V - U)^2 + m' U^2;$$

en effet,

$$V - U = V\, \frac{m'}{m + m'}, \qquad .$$

et par suite,

$$m\,(V - U)^2 + m' U^2 = V^2\, \frac{m m'^2 + m' m^2}{(m + m')^2} = \frac{m'}{m + m'} \times m V^2.$$

2° *Les deux corps sont animés de vitesses de même sens;* alors la perte de force vive après le choc est

$$m V^2 + m' V'^2 - (m + m')\, U^2,$$

ou

$$m V^2 + m' V'^2 - \frac{(m V + m' V')^2}{m + m'},$$

ou

$$\frac{m m' \times (V - V')^2}{m + m'}.$$

Il faut démontrer que cette expression peut se mettre sous la forme

$$m\,.(V - U)^2 + m'\,.(U - V')^2,$$

en effet,

$$V - U = \frac{m'\,(V - V')}{m + m'},$$

$$U - V' = \frac{m\,(V - V')}{m + m'};$$

et par suite,

$$m (V - U)^2 + m' (U - V')^2 = \left(\frac{V - V'}{m + m'}\right)^2 (mm'^2 + m'm^2) = \frac{mm'(V - V')^2}{m + m'},$$

ce qu'il fallait démontrer.

REMARQUE. — Si la vitesse du corps B ne change pas sensiblement après le choc, à cause de sa grande quantité de mouvement ou pour toute autre cause, la perte de force vive se réduira, à peu près, à

$$m (V - V')^2.$$

Ce cas se présente dans les roues hydrauliques à palettes planes qui reçoivent l'eau en dessous. Lorsque la roue a sa vitesse de régime, les quantités de mouvement qui lui sont communiquées par le choc sont consommées immédiatement par le travail intérieur de l'usine; on ne doit considérer que la variation de vitesse de l'eau avant et après son choc contre les palettes.

215. Choc des corps élastiques. — Si les deux corps A et B sont parfaitement élastiques, le choc ne se terminera plus à l'instant du maximum de compression; les corps, à partir de cet instant, reviendront exactement à leur forme primitive au lieu de rester aplatis l'un contre l'autre en marchant de compagnie. Pendant toute la durée de cette dernière période, la force de réaction, F, reprendra les mêmes valeurs que dans la première, puisque les molécules auront les mêmes positions relatives; par suite, les vitesses qui seront alors imprimées ou détruites, seront précisément égales à celles qui l'ont été pendant la compression.

Considérons le cas général où les deux corps A et B sont animés des vitesses V et V'; comme U désigne la vitesse commune à l'instant de la plus grande compression, $V - U$ est la vitesse perdue jusque-là par le corps A, et $U - V'$ est celle que le corps B a gagnée. Il résulte de ce qui précède que le corps A perdra encore, dans le débandement des ressorts de B, la vitesse $V - U$ et que sa vitesse finale W sera

$$W = V - 2(V - U) = 2U - V = \frac{2\,mV + m'V'}{m + m'} - V,$$

$$(1) \qquad W = \frac{mV + 2m'V' - m'V}{m + m'},$$

tandis que la vitesse finale W' de B sera

$$W' = V' + 2(U - V') = 2U - V' = \frac{2\,mV + m'V'}{m + m'} - V',$$

$$(2) \qquad W' = \frac{2mV + m'V' - mV'}{m + m'}.$$

CONSÉQUENCE I. — Si les deux corps ont même masse, ces deux formules se réduisent à

$$W = \frac{2\,m\,V'}{2\,m} = V',$$

$$W' = \frac{2\,m\,V}{2\,m} = V.$$

CONSÉQUENCE II. — Si l'on a, de plus,

$$V' = 0,$$

alors,

$$W = 0, \qquad W' = V;$$

c'est ce que l'on vérifie souvent au jeu de billard : quand une bille vient à en choquer une autre directement, elle s'arrête dans la même place qu'occupait cette autre, tandis que celle-ci chemine avec toute la vitesse de la première.

218. VÉRIFICATIONS EXPÉRIMENTALES. — On peut aussi vérifier ce dernier résultat avec l'appareil suivant, représenté (*fig.* 194). Il consiste en deux billes d'ivoire identiques librement suspendues par des fils de soie d'égale longueur. On laisse B immobile, on écarte A de la verticale, et on l'abandonne à elle-même ; comme les fils ont une assez grande longueur, le choc a lieu à très-peu près suivant la ligne des centres, et l'on observe immédiatement après le choc, que A reste immobile, tandis que B remonte à la hauteur de laquelle A était partie.

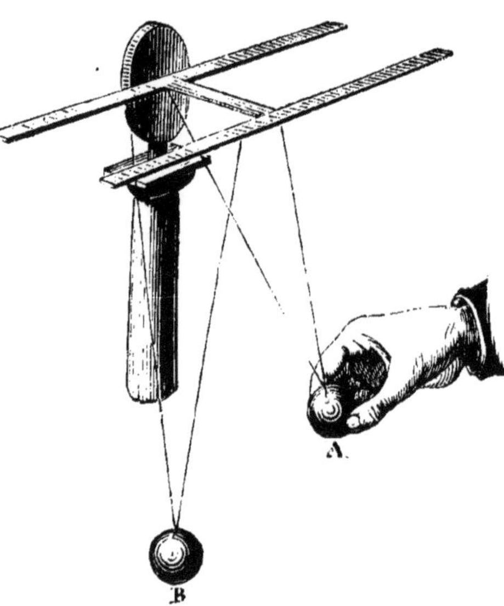

Fig. 194.

— Pour vérifier les formules générales (1) et (2), ainsi que leurs conséquences, il suffit de juxtaposer, en les suspendant d'une manière analogue (*fig.* 195), sept ou huit billes d'ivoire égales entre elles ; on peut faire varier alors les vitesses et les masses des corps élastiques qui se rencontrent, et obtenir plusieurs vérifications frappantes : le choc

direct d'une bille extrême ne met en mouvement que la plus éloignée,
tandis que toutes les billes intermédiaires restent en repos, après avoir
reçu et transmis intégralement l'effet du choc; en écartant deux billes,
les billes opposées s'éloignent des autres, et ainsi de suite.

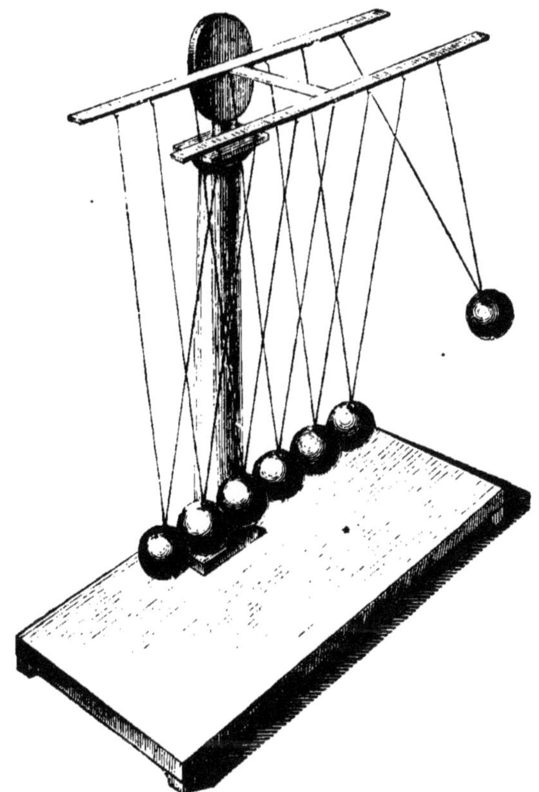

Fig. 195.

**217. De la conservation de la force vive dans le choc
des corps élastiques.** — On peut prévoir que, dans le choc des
corps parfaitement élastiques, la force vive perdue pendant la compression
doit être égale à celle qui est restituée pendant le débandement des ressorts moléculaires ; donc, la somme des forces vives, après le choc, est
égale à la somme des forces vives initiales. C'est ce que l'on peut voir
d'ailleurs par un calcul direct :

En effet,

$$m.W^2 + m'.W'^2 = m(2U - V)^2 + m'(2U - V')^2;$$

en développant le second membre, on trouve

$$m\,V^2 + m'\,V'^2 + 4U^2(m + m' - 4U(m.V + m'V')$$

et, par suite, la différence des forces vives au commencement et à la fin du choc devient, en substituant à U sa valeur,

$$m\,W^2 + m'\,W'^2 = (m\,V^2 + m'\,V'^2) + 4\frac{(m\,V + m'\,V')^2}{m + m'} - 4\frac{(m\,V + m'\,V')^2}{m + m'};$$

ainsi,

$$m\,W^2 + m'\,W'^2 = m\,V^2 + m'\,V'^2.$$

Remarque. — Si les corps ne sont pas doués d'une élasticité parfaite, ils ne reviennent pas exactement à leur état primitif après l'instant de la plus grande compression; la somme des forces vives doit alors être altérée du double de la quantité de travail nécessaire pour produire le changement de forme ou de constitution.

Or, c'est là ce qui arrive toujours dans la pratique, parce que les organes des machines ne peuvent être considérés comme parfaitement élastiques; et de plus, lorsqu'ils viennent à se choquer, ils conservent après leur séparation des mouvements vibratoires qui absorbent encore une nouvelle fraction de la force vive initiale. C'est à cause de cette consommation inutile du travail moteur et de l'altération des pièces, que les chocs doivent être évités avec le plus grand soin dans les machines.

CHAPITRE VIII

DU FROTTEMENT ET DE LA MANIÈRE DE DIMINUER LES RÉSISTANCES PASSIVES DANS LES MACHINES.

218. Définition. — Lorsqu'un corps glisse sur un autre, il se développe en leurs différents points de contact des résistances dirigées tangentiellement aux surfaces et en sens contraire du chemin décrit. La somme de ces résistances porte le nom de *frottement*. Elles proviennent de ce que les parties saillantes de l'un des corps se logent dans les parties creuses de l'autre, et l'on peut comparer les actions réciproques de ces aspérités à celles des crins de deux brosses que l'on presserait et promènerait l'une sur l'autre.

Il ne faut pas confondre le frottement et *l'adhérence* : l'adhérence est la résistance que deux corps opposent à leur séparation lorsqu'ils sont enduits de corps gras; l'adhérence est proportionnelle à l'étendue des surfaces en contact et ne dépend pas de la pression exercée; nous verrons que c'est le contraire pour le frottement.

On distingue deux sortes de frottement, celui de *glissement* et celui de *roulement*. Il y a glissement lorsque l'un des deux corps présente constamment les mêmes points à l'action du second, et il y a roulement lorsque les points différents de l'un des corps viennent s'appliquer successivement sur les points différents de l'autre. Dans le dernier cas, les distances des nouveaux points de contact aux anciens sont les mêmes sur les deux corps.

219. Frottement de glissement. — Lorsqu'un corps pesant repose sur une surface plane et horizontale, la force nécessaire pour le faire glisser est la mesure du *frottement au départ*; pour entretenir son mouvement avec la même vitesse, il faut appliquer à chaque instant au corps une certaine force de traction qui est la mesure du *frottement pendant le mouvement*. Nous étudierons successivement ces deux sortes de résistances.

220. Frottement au départ. — Les lois suivantes furent indiquées par Amontons, en (1699), et vérifiées depuis par Coulomb (1781), et par M. Morin (1832).

1re loi. — *Le frottement au départ est proportionnel à la pression.*

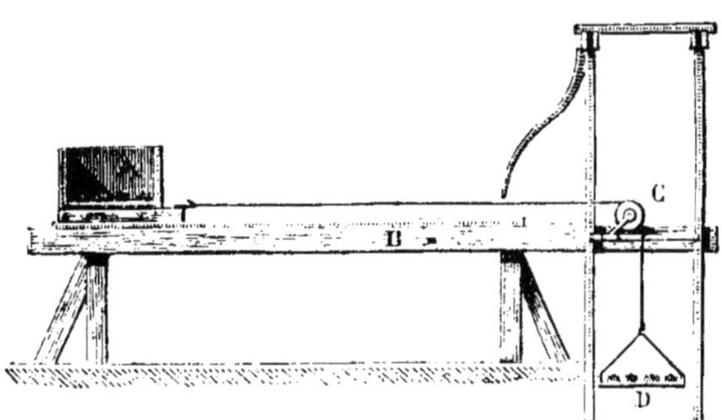

Fig. 196.

Coulomb s'est servi de l'appareil représenté (*fig.* 196). A est une caisse pouvant glisser sur deux madriers horizontaux B placés à côté l'un de l'autre; sur le fond de cette caisse et extérieurement, on peut fixer les corps de nature diverse dont on veut étudier le frottement; une corde attachée à la caisse passe sur une poulie C, et porte à l'extrémité un plateau D dans lequel on peut mettre des poids.

On charge successivement la caisse A, dont le poids est p, de poids P, P′, P″, et l'on détermine chaque fois les poids Q, Q′, Q″, qu'il faut placer dans le plateau D pour que la caisse se mette en mouvement. Soit q le poids du plateau; l'expérience indique que

$$\frac{p + P}{q + Q} = \frac{p + P'}{q + Q'} = \frac{p + P''}{q + Q''} = \ldots.$$

Ce rapport constant porte le nom de *coefficient de frottement*, et on le désigne par f dans les calculs.

Ainsi *on appelle coefficient de frottement le rapport, constant pour le même corps, du frottement à la pression.* — Il varie d'un corps à l'autre; nous indiquons plus loin les coefficients de frottement pour les divers corps.

Problème. — *Déterminer à l'aide d'un plan incliné le coefficient de frottement d'un corps au départ.*

Il suffit d'augmenter peu à peu l'inclinaison du plan incliné jusqu'à ce que le corps commence à glisser. Soit alors α l'angle du plan incliné avec l'horizon; le poids P du corps peut être décomposé en deux forces, l'une, $P.\cos\alpha$, perpendiculaire au plan, l'autre, $P\sin\alpha$, parallèle à sa direction; c'est cette force égale et directement opposée au frottement au départ qui lui sert de mesure. Il résulte de là que le coefficient de frottement est donné par la formule

$$f = \frac{P.\sin\alpha}{P.\cos\alpha} = \tan\alpha.$$

Cette détermination peut se faire sans calcul, si l'on a un plan incliné de 1^m de base, mobile autour d'une charnière et dont la hauteur porte une échelle divisée en centimètres et millimètres; soit h le nombre de millimètres que renferme la hauteur du plan lorsque le corps commence à glisser, l'on aura immédiatement

$$f = \frac{h}{1000}.$$

2° loi. — *Le frottement au départ est indépendant de l'étendue des surfaces en contact.*

Il suffit pour le vérifier de fixer à la caisse A successivement des plateaux dont les surfaces soient $1^{dm.q}$, $2^{dm.q}$, $5^{dm.q}$, si la nature de la surface frottante reste la même ainsi que la pression, on trouve la même valeur pour le frottement au départ.

On pouvait prévoir ce résultat de l'expérience en remarquant que si S et S' sont les surfaces en décimètres carrés,

$$\frac{p+P}{S}, \qquad \frac{p+P}{S'},$$

représentent les charges par décimètre carré; le frottement est donc, pour l'unité de surface,

$$f\frac{(p+P)}{S}, \qquad f\frac{(p+P)}{S'},$$

et pour les surfaces entières

$$S \times \frac{f(p + P)}{S}, \qquad S' \times \frac{f(p + P)}{S'},$$

ou

$$f(p + P).$$

Remarque I. — Le frottement diminue avec les aspérités, à chaque degré de poli correspond un coefficient de frottement un peu différent. Lorsque les surfaces sont usées ou *rodées* l'une sur l'autre avec interposition de matières grasses, elles atteignent le maximum de *poli* qu'elles puissent recevoir. C'est ce qui arrive dans les anciennes machines ; aussi l'on remarque que la résistance est alors bien moindre qu'au moment de leur installation.

Remarque II. — Lorsqu'on interpose de l'huile, du suif ou de la graisse entre les surfaces, on diminue l'engrènement réciproque des aspérités. (Voir le tableau placé plus loin.)

Il faut renouveler souvent ces enduits, de telle sorte qu'ils soient toujours presque fluides et que l'adhérence soit très-faible ; la cire ou la poix comme enduit serait plus nuisible qu'utile.

On peut remarquer aussi que l'introduction d'eau pure entre les surfaces spongieuses augmente le frottement ; ainsi,

	Sec.	Mouillé d'eau.
Chêne sur chêne.	$f = 0,54$	$f = 0,71$
Courroie sur bois.	0,65	0,87

Remarque III. — Lorsqu'on pose l'un sur l'autre deux corps dont l'un au moins est compressible, le frottement n'atteint toute son intensité qu'au bout de quelque temps. Pour les métaux, ce temps est à peine appréciable, tandis qu'il est de quelques minutes pour le bois frottant à sec sur bois, et qu'il est de plusieurs heures pour les bois frottant sur des métaux sans enduit.

Lorsque les surfaces sont enduites de substances grasses, des effets analogues se présentent, car, suivant la durée de la compression, ces substances sont expulsées plus ou moins complétement.

Application. — Un corps de poids P repose sur un plan horizontal ; on lui applique une force Q inclinée d'un angle z ; quel doit être cet angle pour que la force Q soit la plus petite possible ?

La force Q peut se décomposer en deux autres : l'une horizontale, $Q \cos z$, l'autre verticale, $Q \sin z$. La pression exercée par le corps sera

$$P - Q \sin z,$$

et le frottement

$$f(P - Q \sin \alpha).$$

Au moment du départ l'on aura

$$Q \cos \alpha = f\,(P - Q \sin \alpha),$$

Fig. 197.

d'où

$$Q = \frac{f P}{\cos \alpha + f \sin \alpha}.$$

Si l'on calcule le maximum du dénominateur par la méthode indiquée en algèbre, on trouve que ce maximum a lieu pour

$$tg\,\alpha = f.$$

Si

$$f = 0{,}55, \qquad \log tg\,\alpha = 9{,}51851, \qquad \alpha = 18°;$$

c'est sensiblement l'inclinaison des traits d'un cheval attelé à un traîneau (*fig.* 197).

221. Frottement pendant le mouvement. — Le moyen qu'employait Coulomb pour mesurer la vitesse manquait d'exactitude ; on peut dire qu'il a plutôt indiqué les résultats suivants qu'il ne les a démontrés.

Les procédés de M. Morin sont bien plus précis ; voici les résultats auxquels il est arrivé :

Le frottement pendant le mouvement est aussi proportionnel à la pression qui s'exerce entre les deux corps et indépendant de l'étendue des surfaces en contact.

Pour les corps durs, comme les pierres et les métaux, le coefficient de frottement au départ est le même que pendant le mouvement ; pour les corps compressibles, le premier est notablement plus grand que le second.

3° loi. — *Le frottement pendant le mouvement est indépendant de la vitesse.* On peut disposer sous les madriers qui portent le traîneau un cylindre horizontal mobile autour de son axe d'un mouvement uniforme ; c'est l'appareil chronométrique que nous avons décrit page 169. Un style, que porte le traîneau et qui passe entre les deux madriers B, trace pendant le mouvement du traîneau une courbe sur le cylindre, et la transformée de cette courbe, après le développement de la feuille de papier fixée sur le cylindre, indique la loi du mouvement. On trouve que cette courbe est une parabole et, par suite, que le traîneau, sous l'action des poids du plateau D et du frottement, possède toujours un mouvement uniformément accéléré. Il résulte de là que la différence entre la force de traction et le frottement est constante pendant tout le mouvement et, par suite, que la force de frottement est indépendante de la vitesse.

Soit W l'accélération du mouvement donnée par l'appareil à indications continues ; la masse à mouvoir est $\dfrac{p+P}{g} + \dfrac{q+Q}{g}$, et la force motrice est $q + Q - F$; nous avons donc

$$q + Q - F = \frac{p + P + q + Q}{g} \times W\,;$$

d'où

$$F = q + Q - \left(\frac{p+P}{g} + \frac{q+Q}{g}\right) W.$$

C'est ainsi que l'on peut reconnaître que les deux premières lois pour le frottement au départ sont applicables au frottement pendant le mouvement.

REMARQUE. — Un léger ébranlement des surfaces en contact produit souvent le départ du traîneau sous une force de traction qui serait insuffisante dans le cas du repos. L'intensité de cet effort est à peu près égale au frottement pendant le mouvement.

Le tableau suivant, emprunté à la mécanique de M. Delaunay, donne la moyenne des coefficients de frottement trouvés par M. Morin :

INDICATIONS DES SURFACES EN CONTACT.	COEFFICIENTS DE FROTTEMENT	
	AU DÉPART.	PENDANT LE MOUVEMENT
Bois sur bois, sans enduit. . en moyenne.	0.50	0,56
— — avec enduit de savon sec. .	0,56	0,14
— — avec enduit de suif.	0,19	0,07
Bois sur métaux, sans enduit.	0,60	0,42
— — avec enduit de suif.	0,12	0,08
Courroie sur bois, sans enduit.	0,65	0,45
— — mouillée d'eau.	0,87	0,55
Métaux sur métaux, sans enduit.	0,18	0,18
— avec enduit d'huile d'olive.	0,12	0,07

222. Résistance au roulement. — Pour étudier cette résistance, Coulomb s'est servi d'un rouleau posé sur deux madriers ; des poids

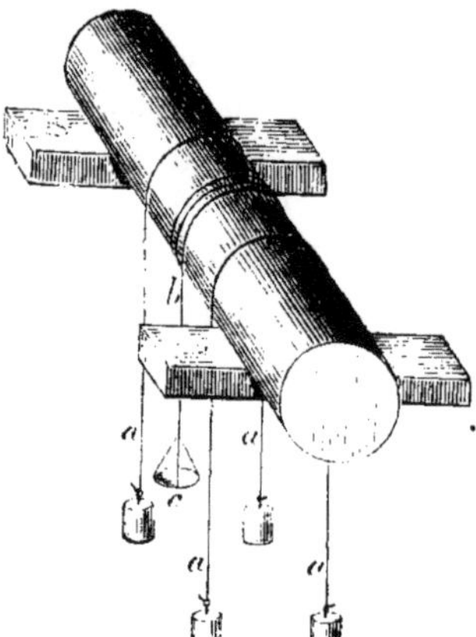

Fig. 198.

égaux a, suspendus à l'aide de ficelles, permettaient d'augmenter la charge du rouleau, et un plateau c, porté par la ficelle b enroulée sur le cylindre, renfermait les poids moteurs (*fig.* 198).

Coulomb a trouvé ainsi que *la résistance au roulement* R *est proportionnelle à la charge* P *et en raison inverse du diamètre* 2r *des rouleaux, lorsqu'on suppose la puissance appliquée toujours au centre des rouleaux*; ainsi,

$$R = \frac{P}{r} \times f, \qquad \text{ou} \qquad f = \frac{R \cdot r}{P},$$

f étant un nombre constant pour chaque espèce de corps, et que l'on appelle *coefficient de frottement de roulement*.

Ces résultats ont été confirmés par les expériences de M. Morin ; le *coefficient de roulement est toujours beaucoup moindre que celui de frottement ;* ainsi, pour des rouleaux de chêne roulant sur du peuplier, $f = 0{,}002$ environ ; il est de $0{,}005$ pour des roues en fonte et des rails en fer, et de $0{,}02$ pour des roues de voitures garnies de bandes sur un pavé bien entretenu.

Ces coefficients sont très-faibles si on les compare à ceux du frottement de première espèce. Il y a donc un grand avantage à transporter des fardeaux sur des roues, au lieu de se servir de traîneaux, et à adapter des galets aux pièces mobiles des machines qui doivent supporter de grandes pressions, ou bien aux meubles qui doivent être souvent déplacés (*fig.* 199). On

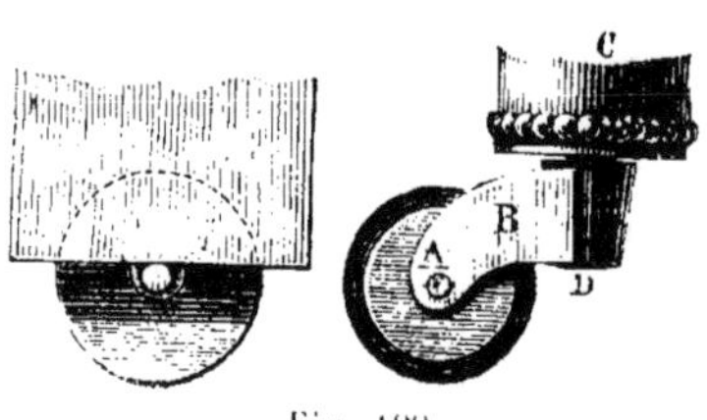

Fig. 199.

substitue ainsi au frottement de glissement un frottement de roulement ; il est bien vrai que, pendant un tour de la roulette, son axe A frotte dans sa chape ; mais ce travail du frottement est peu sensible, à cause du petit diamètre de cet axe.

L'avantage des rouleaux pour transporter des fardeaux considérables, tels que des poutres, des blocs de pierre, s'explique de la même manière. Mais, dans ce cas, la résistance au roulement est plus grande qu'avec des roues, parce que les rouleaux ont un petit diamètre ; de plus, le fardeau avance sur le sol deux fois aussi vite que les rouleaux (fig. 200), ce qui oblige de reporter souvent les rouleaux de l'arrière à l'avant de la

poutre. Cette dernière perte de travail et de temps n'a pas lieu dans le
transport par voiture,
mais elle est rempla-
cée par le travail du
frottement des es-
sieux. Nous indiquons
plus loin, sur un
exemple, comment
on peut évaluer ce
dernier travail.

Fig. 200.

**223. Du travail
consommé par le frottement.** — Soient P la pression exercée sur
ses supports par une des pièces qui frottent dans la machine et c l'espace parcouru par seconde ; on a

$$\mathcal{C}f = P \times f \times c.$$

Applications. — 1° Quel est le travail consommé pendant chaque seconde par le frottement d'une roue hydraulique sur ses tourillons? Le poids
de la roue est 12000 kilogrammes, le rayon du tourillon est $0^m,10$, et la
roue fait 5 tours par minute. Les coussinets sont en bronze et $f = 0,075$
Ici

$$c = \frac{2\pi \times 0,10}{12},$$

$$\mathcal{C}f = \frac{12000 \times 0,075 \times 3,14 \times 2 \times 0,10}{12},$$

$$\mathcal{C}f = 75 \times 3,14 \times 0,2 = 47 \text{ kilogrammètres.}$$

2° Un traineau pèse 620 kilogrammes et fait 8 kilomètres à l'heure ;
le coefficient de frottement pour une caisse en bois glissant sur la terre
battue est 0,55. Trouver le travail consommé en une seconde par le frottement.

Ici

$$c = \frac{8000}{3600} = 2^m,22.$$

$$\mathcal{C}f = 620 \times 0,55 \times 2,22 = 454.2^{kg \cdot m} = 6 \text{ chevaux vapeur.}$$

3° Une voiture à deux roues fait 8 kilomètres à l'heure ; elle pèse avec
sa charge 1810 kilogrammes ; le rayon des roues est $0^m,75$, et celui des
extrémités de l'essieu $0^m,04$. Ces extrémités de l'essieu glissent à l'intérieur des boîtes des roues, de telle sorte que ces boîtes viennent présenter
successivement tous leurs points aux points situés sur une même génératrice de l'essieu. On demande de calculer le travail dépensé par le frottement de l'essieu.

Le chemin parcouru, dans une seconde, par les roues sur le sol est $2^m,22$; celui que parcourent les points frottants est seulement

$$2^m,22 \times \frac{0,04}{0,75} = \frac{8.88}{75} = 0,12.$$

Comme le coefficient de frottement pour des métaux bien graissés est pendant le mouvement 0,07, le travail dépensé est

$$810^{kg} \times 0,07 \times 0,12 = 13^{kg \cdot m},7.$$

224. Des freins. — Le frottement est utilisé dans bien des cas pour modérer la vitesse d'une machine ou pour l'arrêter tout à fait.

1° FREIN DES VOITURES. — Il consiste dans une barre parallèle à l'essieu, munie de deux morceaux de bois tangents aux roues (*fig.* 201). Dans les

Fig. 201.

descentes, on rapproche cette barre de l'essieu à l'aide d'une vis ; le nouveau frottement qui se produit ainsi consomme une portion du travail de la pesanteur et empêche la voiture de prendre une trop grande vitesse. L'addition d'un frein à une voiture ne peut pas éviter les accidents dans les pentes trop fortes ; en serrant le frein on peut bien empêcher les roues de tourner, mais alors la voiture glissera sur le chemin comme un traîneau sur un plan incliné.

2° FREIN DES GRUES. — Lorsque l'on fait descendre un fardeau à l'aide d'une chèvre ou d'une grue, il ne faut pas abandonner le fardeau à son propre poids ; il ferait tourner les engrenages avec une vitesse croissante qui offrirait des dangers. Pour modérer cette vitesse, on entoure d'une bande de tôle un tambour fixé latéralement à l'une des roues dentées ;

cette bande est reliée par ses deux extrémités C et B au levier ABCD mobile autour du point A ; lorsqu'on soulève la poignée D (*fig.* 202), la lame est appuyée sur le tambour et détermine un frottement d'autant plus grand que la force appliquée en D est plus considérable. — Lorsque le levier est horizontal le frottement déterminé est insignifiant, parce que la lame ne serre pas le tambour.

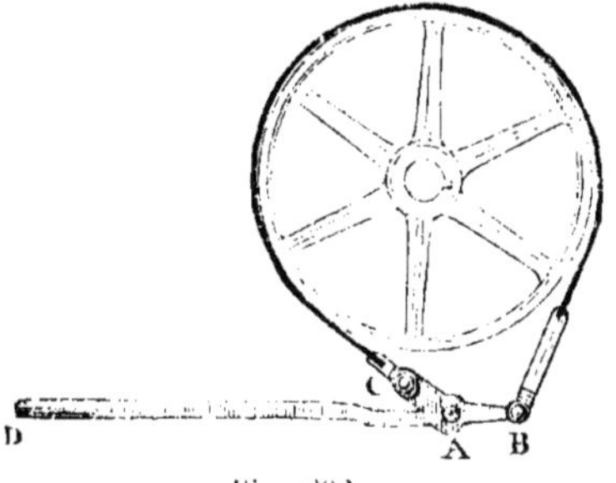

Fig. 202.

5° FREIN DE PRONY. — On a utilisé aussi le frottement pour évaluer le travail transmis par l'arbre d'une machine. Ce travail est impossible à évaluer directement sur les machines-outils que fait mouvoir cet arbre ; dans une machine à raboter, par exemple, on ignore la résistance opposée par le métal ; de plus, le jeu des pièces absorbe une portion inconnue du travail moteur.

Avec le frein de Prony, on obtient très-facilement soit le travail total d'un moteur, soit la portion de ce travail qu'absorbent les machines-outils menées par un même arbre de transmission. Cet appareil a contribué pour une large part aux progrès de la mécanique pratique, en permettant de comparer les dispositions diverses et de s'arrêter aux plus convenables.

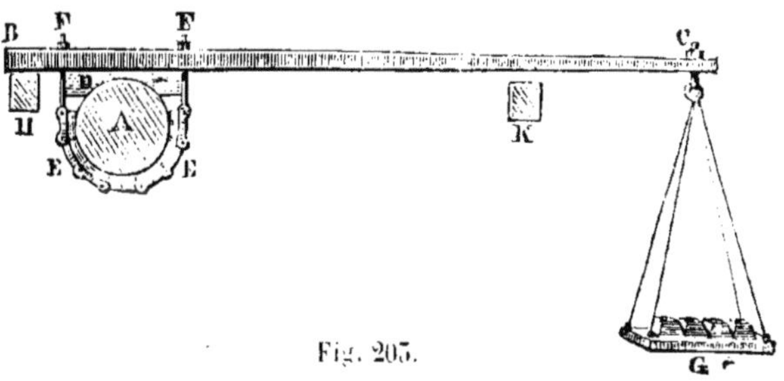

Fig. 203.

Le frein de Prony (*fig.* 203) consiste en une barre de bois BC qui porte à l'une de ses extrémités un collier EF, et à l'autre un plateau G que l'on peut charger de poids. On serre ce collier sur l'arbre A à l'aide des boulons F.

Pour évaluer le travail transmis à l'arbre, on supprime toute communication avec les machines outils ; on serre les boulons graduellement et on charge le plateau G jusqu'à ce que, *l'arbre ayant sa vitesse de régime*, le levier soit horizontal. On peut toujours atteindre cette position d'équilibre; en effet, si l'arbre tourne dans le sens contraire à celui des aiguilles d'une montre, au premier moment l'adhérence entre l'arbre et les *mâchoires du frein* tend à faire tourner le levier avec l'arbre, mais alors l'extrémité B butte contre l'arrêt H et l'arbre est obligé de frotter dans le frein; d'autre part, les poids que l'on place dans le plateau G tendent à faire tourner le levier en sens contraire; ce mouvement est limité par l'arrêt K; il est donc facile de combiner la charge du plateau et le serrage des boulons de telle sorte que le levier oscille faiblement à une très-petite distance des deux arrêts.

Alors, l'arbre ayant sa vitesse de régime, il est évident que le frottement absorbe tout le travail transmis aux machines-outils. Soit F la force de frottement, r le rayon de l'arbre et n le nombre de tours par seconde, le travail résistant est

$$F \times 2\pi . r . n.$$

Mais la résultante P des poids du levier, du plateau et des poids marqués qu'il contient, appliquée à une distance l du centre de l'axe A, fait sans cesse équilibre au frottement; on aura donc, en prenant les moments par rapport au centre de l'arbre,

d'où

$$F \times r = P \times l \; (^*),$$

$$F = \frac{P \times l}{r},$$

et le travail transmis à l'arbre par seconde est

$$1^{kg \cdot m} \times 2\pi . r . n . \frac{P \times l}{r} = 1^{kg \cdot m} \times 2\pi . n . P \times l,$$

si l'on a soin d'exprimer P en kilogrammes et l en mètres.

On voit qu'il n'y a pas besoin de connaître la pression exercée par les mâchoires du frein sur l'arbre et le frottement F qu'elle produit.

On n'a pas besoin non plus de calculer la position du centre de gravité du levier; il suffit, lorsque le frein n'est pas serré, de chercher avec un dynamomètre quelle force il faut appliquer verticalement en C pour soutenir le frein et le plateau vide; soit π cette force, p les poids marqués, on aura

$$P = \pi + p,$$

et l sera la distance du centre de l'axe A au point C.

(*) Le moment de la force de frottement est bien $F \times r$; en effet, soit $f, f', f''\dots$ les forces de frottement partielles qui s'exercent aux différents points du collier; elles sont toutes à la distance r de l'axe; la somme de leurs moments sera donc

$$(f + f' + f'' + \dots)r,$$

ou

$$F.r.$$

CHAPITRE IX

APPLICATION DU PRINCIPE DE LA TRANSMISSION DU TRAVAIL AUX MACHINES SIMPLES

Nous montrerons ici que le principe de la transmission du travail permet d'établir simplement les conditions d'équilibre des machines déjà décrites à la fin du livre Ier.

Nous étudierons de plus le coin, la vis et les engrenages.

§ Ier. — PLAN INCLINÉ ET COIN.

225. Plan incliné. — *Le plan incliné permet de transformer le mouvement qui a lieu le long du plan en un mouvement d'ascension ou de descente verticale.*

Il est facile de trouver la relation qui existe entre ces divers chemins et les éléments qui déterminent le plan incliné.

226. Proposition I. — *Quand un corps parcourt, le long d'un plan incliné, un certain chemin, il s'élève ou descend d'une quantité égale à ce chemin, multiplié par le rapport de la hauteur du plan à sa longueur.*

En effet, si le corps M (*fig. 204*) vient en M′, en menant par M′ une verticale jusqu'à la rencontre de l'horizontale menée par le point M, on voit qu'il s'élève de M′P; or, les deux triangles semblables ABC, PMM′ donnent

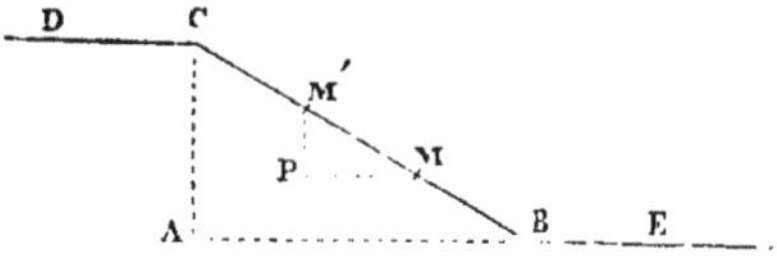

$$\frac{M'P}{MM'} = \frac{AC}{BC};$$

Fig. 204.

d'où

$$M'P = MM' \times \frac{AC}{BC}.$$

Ceci est encore vrai si MM′ est l'espace parcouru en 1ˢ; par conséquent on peut dire que *la vitesse d'ascension ou de descente verticale est égale à la vitesse de transport le long du plan multipliée par le rapport de la hauteur du plan à sa longueur.*

227. Proposition II. — *Quand un corps parcourt un certain che-

min le long d'un plan incliné, il s'avance horizontalement d'une quantité égale à ce chemin multiplié par le rapport de la base du plan à sa hauteur.

En effet, les mêmes triangles ABC, PMM′ donnent

$$\frac{MP}{AB} = \frac{MM'}{BC} \, ;$$

d'où

$$MP = MM' \times \frac{AB}{BC}.$$

228. Conditions d'équilibre d'un corps sur un plan incliné. — 1° Soit P le poids d'un corps et Q une force parallèle à la longueur du plan incliné employée à le faire monter sur ce plan d'un mouvement uniforme. Comme nous négligeons le frottement, les seules forces auxquelles le corps est soumis sont P, Q et la résistance R du plan, qui est normale à sa surface. Le travail de cette dernière force est nul, puisque sa direction est perpendiculaire au chemin parcouru ; nous n'aurons à considérer que le travail des deux autres. Désignons par e le chemin GG′ parcouru parallèlement à AB par le corps supposé réduit à son centre de gravité. Nous venons de voir que le corps s'élève verticalement d'une quantité

$$e \times \frac{h}{l},$$

h étant la hauteur du plan et l sa longueur ; le travail résistant est donc

$$P.e.\frac{h}{l},$$

et, comme il doit être égal au travail moteur $Q.e$, nous aurons

$$Q.e = P.e\frac{h}{l},$$

ou bien, en appelant z l'angle du plan avec l'horizon,

$$Q = P \times \frac{h}{l} = P \sin z.$$

Ainsi, lorsque la direction de la puissance est parallèle au plan incliné, l'intensité de la puissance est au poids du corps qu'elle fait monter uniformément comme la hauteur de ce plan est à sa longueur.

2° Considérons le cas où la direction de la puissance est horizontale ;

nous venons de voir que, pour un chemin c parcouru le long du plan incliné dont la base est b et la longueur l, le corps avance horizontalement de

$$c \times \frac{b}{l};$$

le travail moteur sera donc

$$Q . c \times \frac{b}{l},$$

et, comme le travail résistant est $P . c . \frac{h}{l}$, nous aurons

$$Q . c . \frac{b}{l} = P . c . \frac{h}{l},$$

d'où

$$Q = P . \frac{h}{b}.$$

Ainsi, *lorsque la direction de la puissance est horizontale, son intensité est au poids qu'elle fait monter horizontalement comme la hauteur du plan incliné est à sa base.*

3° Considérons le cas plus général où la force motrice Q (*fig.* 134) fait avec la longueur du plan incliné un angle quelconque β; le travail de cette force sera $c \times Q . \cos \beta$, et, comme celui du poids est $P . c . \sin \alpha$, nous aurons, en égalant ces deux travaux,

$$Q = P . \frac{\sin \alpha}{\cos \beta},$$

ce qui est la formule trouvée au n° 129.

4° Si dans ce cas nous tenons compte du frottement, il faut d'abord calculer la pression exercée sur le plan par les forces qui sollicitent le corps. Pour cela, décomposons chacune des forces P et Q' en deux forces, l'une normale au plan et l'autre dirigée suivant sa longueur; les premières composantes seront

$$P \cos \alpha, \qquad Q' \sin \beta,$$

et leur différence sera la pression exercée sur le plan.

Désignons par f le coefficient de frottement, la force de frottement sera

$$f (P . \cos \alpha - Q' . \sin \beta),$$

et son travail, pour un espace c parcouru le long du plan,

$$f . c . (P \cos \alpha - Q' \sin \beta).$$

Ce travail résistant doit être ajouté à celui de la pesanteur, et la somme doit être égale au travail moteur; nous aurons donc

$$Q'.c.\cos\beta = P.c.\sin\alpha + f.c.(P\cos\alpha - Q'\sin\beta);$$

d'où

$$Q' = \frac{\sin\alpha + f.\cos\alpha}{\cos\beta + f.\sin\beta}\cdot P,$$

et, si $\beta = 0$,

$$Q' = (\sin\alpha + f.\cos\alpha)\,P.$$

Remarque. — Pour apprécier l'inexactitude d'un calcul dans lequel on négligerait le frottement, calculons l'erreur relative que l'on commettrait dans ce cas.

Pour plus de simplicité, supposons la force de traction parallèle à la longueur du plan; alors $\beta = 0$, et

$$Q' - Q = f.\cos\alpha.P\,;$$

par suite,

$$\frac{Q' - Q}{Q'} = f\,\frac{\cos\alpha}{\sin\alpha + f\cos\alpha},$$

ou

$$f \times \frac{1}{tg\,\alpha + f}\,;$$

cette erreur relative, pour $\alpha = 45°$, est sensiblement égale au coefficient de frottement. Pour les métaux secs, $f = 0,18$, et l'on se tromperait des deux dixièmes environ de la quantité cherchée en calculant, sans tenir compte du frottement, la force nécessaire pour faire glisser une masse de métal sur un plan métallique incliné de 45°.

$$\text{Pour } \alpha = 15°, \quad tang\,\alpha = 0,27, \quad \frac{Q' - Q}{Q'} = 0,18 \times \frac{100}{45} = 0,4\,;$$

on se tromperait donc des 4 dixièmes de la quantité à calculer.

220. Du coin. — Le coin (*fig.* 205) est un corps solide ayant la forme d'un prisme triangulaire ABCDEF, à l'aide duquel on écarte les surfaces entre lesquelles on l'introduit. L'arête EF, par laquelle on introduit le coin est nommée le *tranchant* du coin; la face opposée ABCD s'appelle la *tête;* enfin les faces ABEF CDEF sont les côtés. En enfonçant un coin, on produit un écartement latéral et, par suite, on opère une transformation de mouvement.

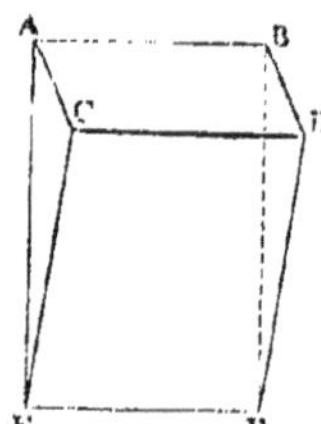
Fig. 205.

Nous considérerons d'abord le cas où ce profil du coin est un triangle rectangle, puis celui où ce profil est un triangle isocèle.

230. Proposition I. — *Lorsque le coin est un prisme triangulaire rectangle, l'écartement est égal à la course du coin multipliée par le rapport de la largeur de la tête à la hauteur du coin.*

En effet, si le coin (*fig.* 206) s'enfonce de BB′ et prend la position A′B′C′, le point primitivement pressé M vient en M′, et les triangles semblables ABC, MM′P donnent

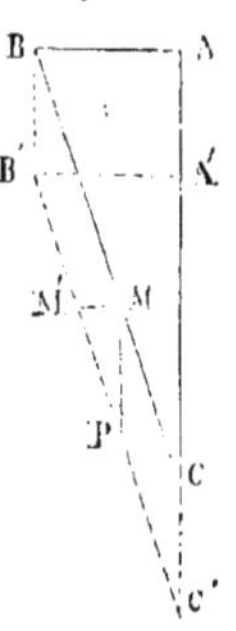

$$\frac{MM'}{MP} = \frac{AB}{AC},$$

d'où

$$MM' = MP \times \frac{AB}{AC}.$$

Fig. 206.

231. Proposition II. — *Dans le coin isocèle, l'écartement est égal à la course du coin multipliée par le rapport de la largeur de la tête à la hauteur du coin.*

En effet, si le coin BCD (*fig.* 207) s'enfonce de BB′ et prend la position B′C′D′, les points M et N de la pièce de bois primitivement en contact avec le coin viennent en M′ et en N′; l'écartement est donc 2MM′. Or, d'après ce qui précède,

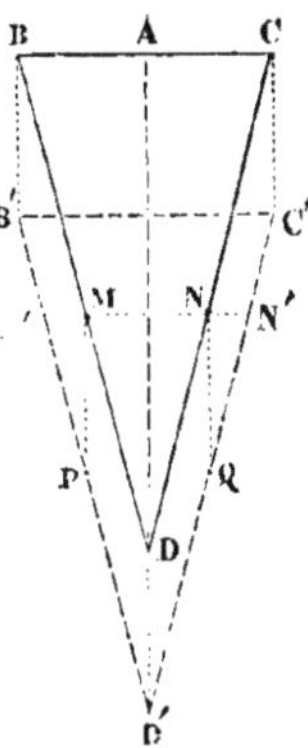

$$MM' = BB' \times \frac{AB}{AD};$$

donc

$$2MM' = BB' \times \frac{BC}{AD}.$$

232. Le coin est souvent employé pour transformer un mouvement rectiligne en un mouvement rectiligne de direction différente.

1° Mouvements rectilignes angles droits. — Soit AB (*fig.* 208) une tige qui se meut entre deux guides, et CD une autre tige, également guidée, perpendiculaire sur la première ; il s'agit de communiquer à CD le mouvement rectiligne de AB. Pour cela on termine AB par un coin rectangle EIF, sur le côté EF duquel repose l'extrémité de la tige CD. Si AB a un mouvement de va-et-vient, CD aura un mouvement vertical alternatif dont l'amplitude sera égale à la course de AB multipliée par le rapport

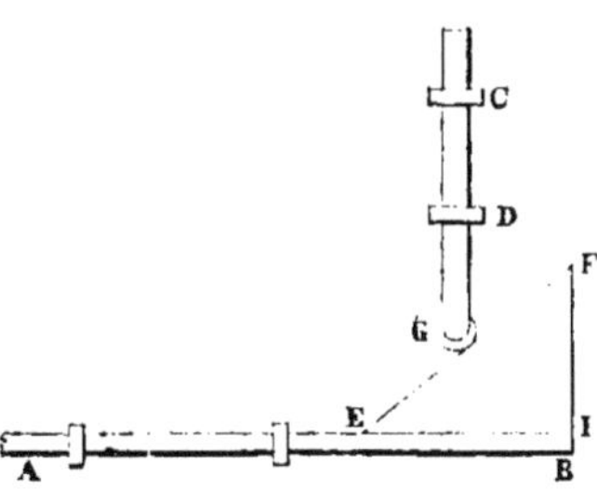

Fig. 207

Fig. 208.

$\dfrac{FI}{EI} =$ tang E. Pour faciliter le glissement, on munit l'extrémité de **CD** d'un galet G.

2° Mouvements rectilignes dans un même plan et faisant un angle quelconque. — Si AB (*fig. 209*) fait avec CD un angle quelconque α, on fixe sur AB un coin rectangle EIF dont l'hypoténuse soit perpendiculaire à CD.

Si FF′ est la course de AB, celle KK′ de CD sera

$$KK' = FF' \times \cos \alpha.$$

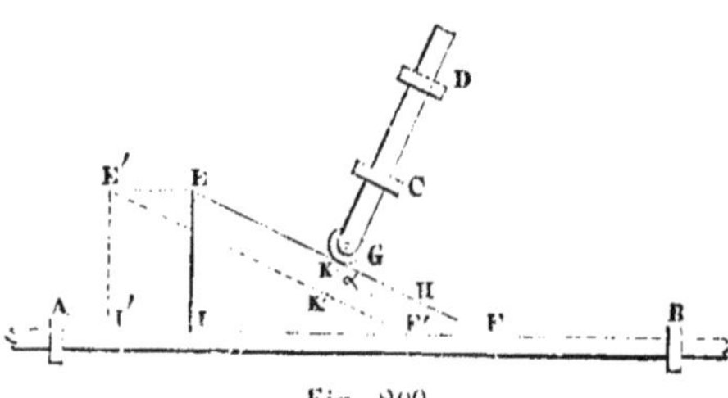

Fig. 209.

On a soin de munir l'extrémité de CD d'un galet G.

255. Proposition III. — *Dans le coin isocèle, la puissance est à la pression exercée perpendiculairement aux faces du coin comme la surface de la tête est à la surface des côtés.*

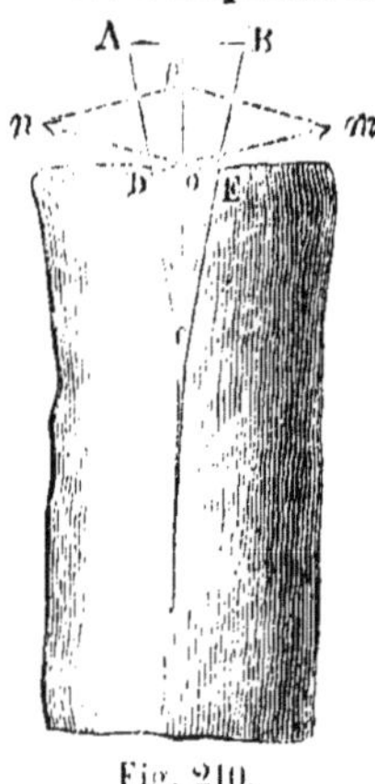

Fig. 210.

En effet, représentons (*fig. 210*) par *po* la puissance P normale à la tête AB du coin, et décomposons cette force en deux autres *pn* et *pm*, perpendiculaires aux faces, en construisant le parallélogramme *opmn*; chacune de ces composantes représente la pression Q exercée par le coin en D et en E; les deux triangles isocèles ABC, *pno* sont semblables, puisque leurs côtés sont respectivement perpendiculaires; ils donnent la proportion

$$\frac{po}{pn} = \frac{AB}{AC},$$

ou

$$\frac{P}{Q} = \frac{AB}{AC} = \frac{S.\text{ base}}{S.\text{ côté}}.$$

On peut dire encore (*fig. 207*) : Le travail de la puissance P pour un enfoncement égal à BB′ est P $\times$ BB′; celui de la résistance opposée par les parois du bois s'obtiendra en multipliant l'intensité Q de cette résistance par le double de la distance de BD à B′D′ comptée sur la perpendiculaire commune à ces faces, c'est-à-dire par MM′ $\times$ cos ADB, ou par

$$BB' \times \frac{AB}{AD} \times \cos ADB,$$

puisque nous avons vu, numéro 231, que

$$MM' = BB' \times \frac{AB}{AD}.$$

Égalant ces deux travaux nous aurons

$$P \times BB' = 2Q \times BB' \times \frac{AB}{AD} \times \cos ADB,$$

ou

$$\frac{P}{Q} = \frac{BC}{\dfrac{AD}{\cos ADB}},$$

et comme

$$AD = BD \cos ADB,$$

$$\frac{P}{Q} = \frac{BC}{BD} = \frac{S. \text{ base}}{S. \text{ côté}}.$$

§ 2. — Poulie et treuil.

234. Poulie simple ou moufflée. — Proposition I. — *Pour qu'une poulie fixe soit en équilibre ou tourne d'un mouvement uniforme autour de son axe, il faut et il suffit que la puissance soit égale à la résistance. On néglige ici les frottements et le poids de la corde.*

En effet, pour l'équilibre il faut que

$$\mathcal{C}P = \mathcal{C}Q;$$

mais les chemins parcourus par les points d'application de ces deux forces sont égaux, donc $P = Q$.

235. Proposition II. — *Pour qu'une poulie mobile, à brins parallèles, soit en équilibre ou monte d'un mouvement uniforme, il faut que la puissance soit la moitié de la résistance.*

En effet, nous avons vu que le chemin parcouru par la puissance est double de celui que parcourt le poids.

236. Proposition III. — *Pour qu'un fardeau soutenu par un palan soit en équilibre ou monte d'un mouvement uniforme, il faut que la puissance soit égale au poids du fardeau divisé par le nombre n des poulies.*

En effet, c et c' désignant les chemins parcourus par les points d'application de P et de Q, on a

$$\mathcal{C}P = P \times c,$$
$$\mathcal{C}Q = Q \times c'.$$

Or nous avons vu, n° 124, que

$$c' = \frac{c}{n}.$$

Donc,

$$\mathcal{C}Q = Q \times \frac{c}{n},$$

et par suite,

$$Pc = Q\frac{c}{n},$$

ou

$$P = \frac{Q}{n}.$$

Treuil. — Le treuil permet de transformer un mouvement circulaire en un mouvement rectiligne.

257. Proposition I. — *Dans un treuil quelconque, le rapport des chemins parcourus dans le même temps par le fardeau et par le point sur lequel on agit est égal au rapport du rayon du cylindre à la distance de ce point à l'axe de rotation.*

En effet, soit r le rayon du cylindre, R celui de la manivelle ou de la roue, ω l'arc décrit dans le mouvement de rotation par un point situé à l'unité de distance de l'axe : le chemin décrit par le point d'application de la force motrice sera $R\omega$; la longueur de corde enroulée, c'est-à-dire le chemin décrit par le fardeau, sera $r\omega$, et le rapport de ces deux chemins sera $\dfrac{R}{r}$.

258. Proposition II. — *Le rapport de la force motrice au poids à élever est égal au rapport du rayon du cylindre au rayon de la roue ou de la manivelle.*

Soient, en effet, P la force motrice et Q la résistance. Nous aurons, si le mouvement de la machine est uniforme,

$$\mathcal{C}P = \mathcal{C}Q,$$

car nous négligeons ici les frottements. En conservant les notations précédentes, nous aurons :

$$\mathcal{C}P = P \times R\omega,$$
$$\mathcal{C}Q = Q \times r\omega,$$

et par suite,

$$P \times R = Q \times r,$$

ou

$$\frac{P}{Q} = \frac{r}{R}.$$

259. Treuil différentiel. — Il résulte de ce qui précède que, pour élever avec une force donnée un poids considérable à l'aide d'un treuil, il faut que le rayon du cylindre soit très-petit par rapport à celui de la manivelle. Dans la pratique, on ne peut pas diminuer beaucoup le rayon du cylindre sans nuire à la solidité de l'appareil, et par suite l'usage de cette machine est très-limité.

Avec le treuil différentiel, au contraire (*fig.* 211), on peut faire équi-

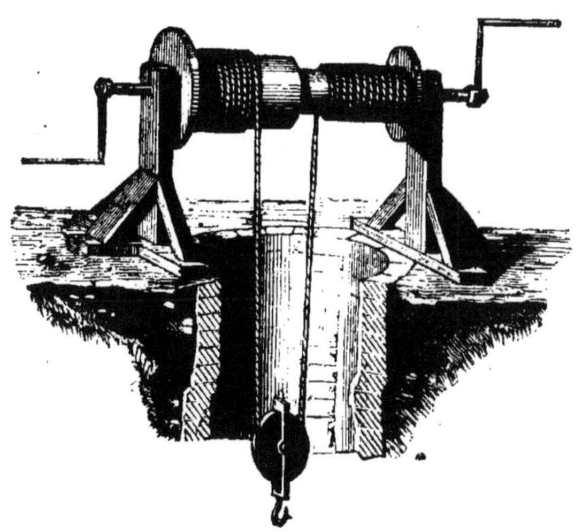

Fig. 211.

libre à une résistance très-grande avec une force très-petite. — Il se compose de deux cylindres concentriques de rayons r et r_1 $(r > r_1)$ sur lesquels s'enroulent, en sens contraires, les deux portions d'une corde fixée à ses deux extrémités. Les deux brins parallèles de cette corde soutiennent une poulie mobile à laquelle est suspendu le fardeau.

240. Proposition. — *Dans le treuil différentiel la puissance est à la résistance comme la différence des rayons des cylindres est au double du rayon de la manivelle.*

En effet, si le fardeau monte d'un mouvement uniforme,

$$\mathcal{C}P = \mathcal{C}Q,$$

or le chemin parcouru par P pour une vitesse angulaire ω est

$$R.\omega;$$

celui que décrit Q est

$$\frac{1}{2}(r - r_1)\omega,$$

car $r\omega$ est la quantité de corde enroulée, et $r_1\omega$ est celle qui se déroule; par suite, $(r - r_1)\omega$ est la quantité dont la corde s'allonge; de plus il ne faut prendre que la moitié de cette quantité pour avoir l'élévation du fardeau soutenu par une poulie mobile.

D'après cela,

$$P \times R.\omega = Q \times \frac{1}{2}(r - r_1)\omega,$$

d'où

$$\frac{P}{Q} = \frac{r - r_1}{2R}.$$

Le rapport de P à Q dépend de la différence $r - r_1$; le cylindre peut être très-solide, cette différence étant très-petite, et par suite P bien inférieur à Q.

§ 3. — Vis,

241. Vis. — La *vis* se compose d'un cylindre de bois ou de fer appelé *noyau*, sur lequel se trouvent des *filets* soit rectangulaires, soit triangulaires.

Soit (*fig.* 212) *mnpq* la projection horizontale du noyau, *a'b'c'd'* la projection verticale du rectangle générateur du filet; supposons que ce rectangle tourne en s'élevant le long du cylindre d'une quantité proportionnelle à l'arc dont il a tourné, chacun des points de son contour décrira une hélice de même pas (Voir Courbes usuelles), et le volume compris entre ces hélices et le noyau sera le volume du filet; sur la figure 212, on n'a décrit que

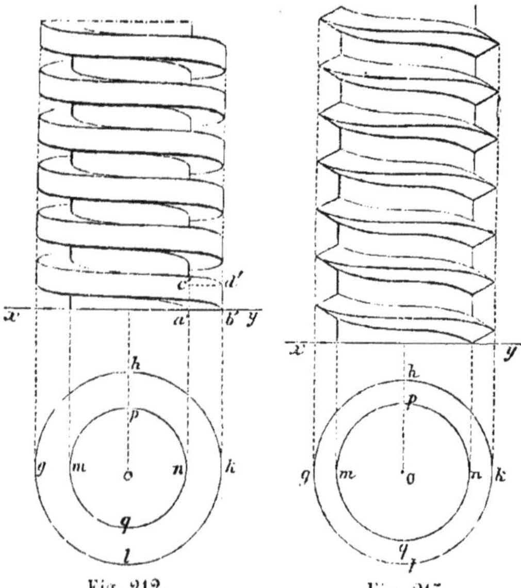

Fig. 212.   Fig. 213.

les hélices engendrées par les quatre sommets et seulement les parties visibles en projection verticale.

La figure 213 représente une vis à filets triangulaires; le filet est engendré alors par un triangle équilatéral.

L'écrou est une pièce fixe ou mobile qui présente en creux exactement la même forme que la vis présente en saillie; mais il n'a qu'un petit nombre de filets.

La vis munie de son écrou sert à transformer un mouvement de rotation en un mouvement rectiligne dans le sens de son axe. Voici les dispositions les plus usitées :

1° *L'écrou est fixe et la vis mobile.* C'est le cas de la presse représentée (*fig.* 214); A est la vis dont la tête porte en C des mortaises dans lesquelles s'enfoncent des leviers; B est l'écrou taillé dans la traverse supérieure de la presse. En faisant tourner la vis dans l'écrou, on abaisse le plateau D et l'on comprime les corps placés sur le plan E. Le plateau D, assemblé avec la tête de la vis, est guidé verticalement et ne peut tourner.

2° *L'écrou tourne autour de l'axe de la vis sans se déplacer dans le sens de l'axe; la vis est mobile.* Telles sont les anciennes manœuvres des vannes de moulins, celles de grilles qui fermaient les arches des ponts de Metz, les boulons d'assemblage des pièces de charpente.

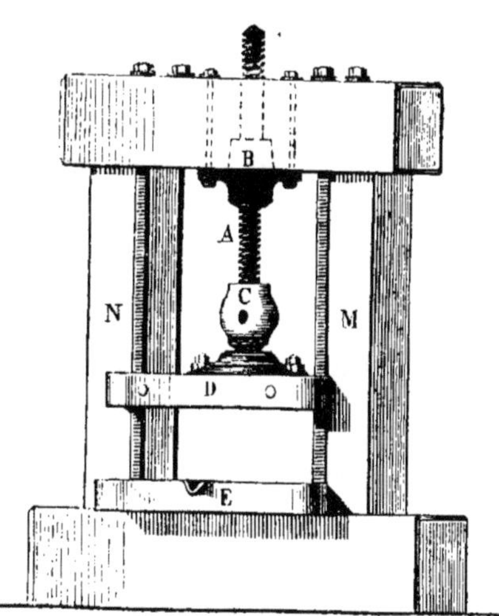

Fig. 214.

3° *L'écrou est mobile; il peut se déplacer, sans tourner, le long de la vis; la vis est fixe et ne peut que tourner sur elle-même sans avancer.* Cette disposition est employée dans la machine à diviser, dans les machines à raboter ou à aléser; l'outil est porté par l'écrou d'une vis et se déplace parallèlement à son axe.

Dans tous les cas, lorsqu'on tourne une vis ou son écrou à l'aide d'une barre ou d'une manivelle, l'extrémité de la vis ou son écrou avance à chaque tour dans le sens de l'axe d'une quantité égale au pas de l'hélice et à chaque fraction de tour de la même fraction du pas; c'est une conséquence de la définition géométrique de l'hélice, de là ce théorème :

242. Proposition I. — *Les chemins décrits, dans le même temps, par l'extrémité de la barre et par la vis ou son écrou, sont entre eux dans le même rapport que la circonférence décrite par l'extrémité de la barre et le pas de la vis.*

On voit par là de quelle utilité est la vis pour les mesures et les travaux de précision. Considérons, par exemple, une vis d'un millimètre de pas et dont la tête est munie d'un cercle divisé perpendiculaire à son axe. Il sera facile d'apprécier une rotation de $\frac{1}{10}$ de tour, et, par suite, de mesurer des épaisseurs de $\frac{1}{10}$ de millimètre; tel est le principe du *sphéromètre*. Ceci explique également pourquoi l'on peut faire subir à un appareil muni de vis calantes des déplacements très-petits et l'amener rigoureusement dans une position déterminée.

243. Proposition II.—*Dans le cas d'équilibre la puissance et la résistance sont entre elles dans le même rapport que le pas de la vis et la circonférence décrite par l'extrémité de la barre.*

En effet, ce rapport est inverse de celui des chemins parcourus et ce que l'on gagne en force, on le perd en vitesse.

On voit qu'avec une vis à filets très-serrés on peut exercer une **pression très-forte**.

<h2 align="center">§ 4. — ENGRENAGES.</h2>

244. Les engrenages servent à communiquer le mouvement de rotation d'un arbre à un autre arbre situé à une petite distance, avec cette condition que les vitesses soient dans un rapport déterminé. Nous supposerons d'abord que ces axes soient parallèles.

<h3 align="center">1° AXES PARALLÈLES.</h3>

245. Soient (*fig.* 215) deux cylindres en contact et serrés l'un contre l'autre, de telle sorte que le premier ne puisse se mouvoir sans le second; les deux mouvements ainsi obtenus seront de sens contraires, *et les nombres de tours n et n' faits dans le même temps par les deux rouleaux seront en raison inverse des rayons R et R'.* En effet, puisqu'on suppose qu'il n'y a pas de glissement, tous les arcs de la circonférence du premier cylindre viennent successivement s'appliquer sur des arcs égaux, appartenant au contour de l'autre, et l'on aura

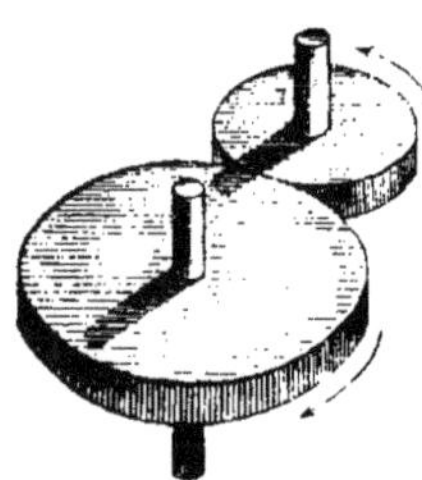

Fig. 215.

$$2\pi \mathrm{R}.n = 2\pi \mathrm{R'}.n', \quad \text{d'où} \quad \frac{n}{n'} = \frac{\mathrm{R'}}{\mathrm{R}}.$$

Ce mode de communication est quelquefois employé dans les filatures; une large roue horizontale, garnie d'une peau de buffle, se meut en contact avec un grand nombre de petits rouleaux disposés régulièrement autour d'elle, et qui transmettent le mouvement chacun à une bobine; le mouvement est ainsi communiqué d'une manière très-douce et très-uniforme; de plus, il ne produit que peu de bruit. Mais, dès que la résistance à vaincre devient considérable, les cylindres pourraient glisser l'un sur l'autre, et l'on est obligé d'armer leur contour de saillies appelées *dents*.

Les deux cylindres se transforment alors en deux *roues dentées*, dont l'ensemble forme un *engrenage*; la plus grande porte le nom de *roue* ou *rouet*, et la plus petite celui de *pignon*.

246. Tracé des cercles primitifs. — Soit d la distance des deux axes o et o', n le nombre de tours que le pignon doit faire par tour de roue. On commence par tracer deux cercles o et o' (*fig.* 216), tangents, et dont les rayons soient entre eux dans le rapport inverse des vitesses angulaires des deux roues; ces deux cercles s'appellent *cercles primitifs*; on a pour déterminer leurs rayons R et R' les deux équations

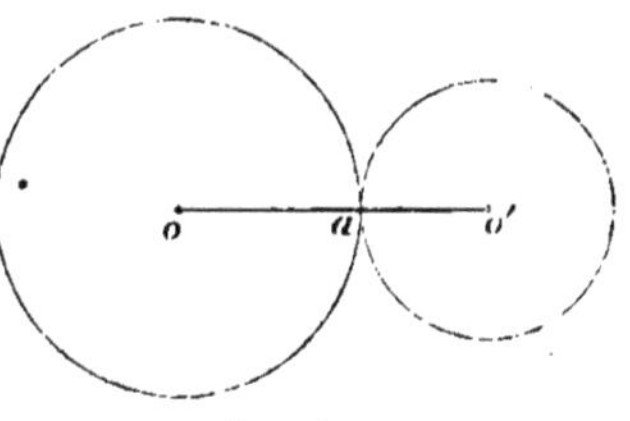

Fig. 216

$$d = R + R', \qquad R = nR',$$

d'où :

$$R = \frac{nd}{n+1}, \qquad R' = \frac{d}{n+1}.$$

Il est clair que ces deux cercles serrés l'un contre l'autre opéreraient la transmission de mouvement indiquée ci-dessus.

Ces cercles primitifs servent de base au tracé.

L'*épaisseur* des dents se mesure sur les circonférences de ces cercles, et l'intervalle d'une dent à l'autre s'appelle le *creux*.

La somme de l'épaisseur et du creux se nomme *le pas* de l'engrenage; le pas doit être le même, non-seulement d'une dent à l'autre, mais encore sur les deux roues, car lorsque le contact des deux dents succède à celui des deux dents précédentes, il faut que les cercles primitifs aient tourné d'un même arc.

247. Règle pour déterminer le nombre des dents. — L'épaisseur e que l'on doit donner aux dents se conclut des règles de la résistance des matériaux, lorsque l'on connaît le plus grand effort que doit supporter l'engrenage, on prend le creux égal à $\frac{11}{10}e$, afin qu'il y ait un peu de jeu, et le pas p est par conséquent égal à

$$p = 2,1 . e;$$

l'on aura donc, en désignant par m et m' les nombres de dents du rouet et du pignon :

$$m = \frac{2\pi R}{p}, \qquad m' = \frac{m}{n};$$

l'on prendra pour m le nombre entier inférieur à $\dfrac{2\pi R}{P}$ et divisible par n.

Ayant ainsi déterminé le pas de l'engrenage, on divisera les circonférences primitives en autant de parties égales qu'il y a de dents, en partant du point de contact a de ces cercles, et l'on marquera sur ces circonférences l'épaisseur de chaque dent.

248. Tracé des dents. — *La théorie des engrenages consiste à trouver pour les dents des formes telles que le mouvement des deux roues ait lieu de la même manière que si les deux cercles primitifs se conduisaient l'un l'autre sans glissement;* on se donne, par exemple, la forme de la dent du pignon, et l'on détermine le profil de la dent du rouet, de telle sorte que la condition précédente soit remplie.

Ce problème de géométrie ne peut être étudié d'une manière complète

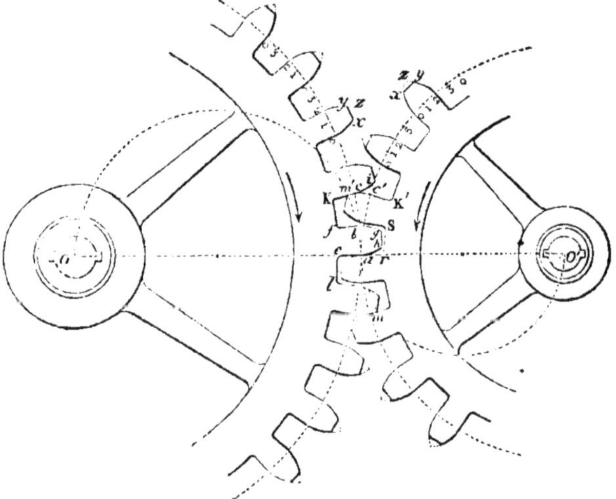

Fig. 217.

dans un cours élémentaire; nous nous bornerons à une règle pratique très-simple pour le tracé approximatif des dents dans le cas de l'engrenage le plus usuel, dit engrenage à *flancs.*

Les lignes qui terminent les dents d'engrenage se composent ordinairement de deux parties (*fig.* 217), l'une ae, bf, qui est une partie du rayon du cercle primitif et comprise dans son intérieur, c'est le *flanc* de la dent ; l'autre ah, bg, qui est courbe et extérieure à ce cercle, c'est la *face* de la dent.

On démontre que si les flancs de l'une des roues sont des portions du rayon, les faces des dents de l'autre doivent être, pour que la condition précédente soit remplie, des arcs d'une courbe appelée *épicycloïde*. Dans la pratique, on substitue souvent à ces lignes des arcs de cercle, et voici la règle donnée par M. Morin dans sa Cinématique.

Après avoir divisé les cercles primitifs en arcs égaux au pas de l'engrenage (n° 247), *on partage chacun d'eux en quatre parties, aux points* 0, 1, 2, 3 ; *les deux premières parties sont égales à la moitié de l'épaisseur de la dent, et les deux autres à la moitié du creux. On prend les points 3 et 2 pour naissance des courbes des dents, et de chacun des points 2 comme centre, avec la corde* [3, 0] *ou* [3, 2] *pour rayon, on décrit des arcs de cercle tels que* 0xz, 2yz : *on obtient ainsi les faces.*

Les extrémités x, y, z des dents seraient trop minces, on les coupe c'est ce que l'on appelle *échanfriner* les dents. Il est clair que de cette manière chaque dent du rouet conduit moins longtemps la dent du pignon avec laquelle il est en contact, mais on se borne ordinairement à avoir deux dents en prise à la fois. A cet effet, *on limite les dents en* m *et en* m′, *de telle sorte qu'une dent commence à prendre en* m′ *lorsque celle qui la précède est arrivée sur la ligne des centres, et qu'elle cesse de pousser en* m *lorsque celle qui la suit est arrivée à cette ligne.* On démontre que le point m se trouve sur la circonférence $am0′$ décrite sur le rayon du pignon comme diamètre, et que le point $m′$ est sur la circonférence $0m′a$ décrite sur le rayon du rouet.

Ayant ainsi déterminé la partie utile des dents, on limite les flancs par des arcs el, rs décrits des points 0 et 0′; on a soin de laisser un peu de jeu pour éviter les arcs-boutements. Il ne reste plus qu'à dessiner les deux couronnes qui portent les dents, les jantes de la roue qui les relient aux moyeux, et les têtes des arbres qui sont calées sur les roues.

Il est clair, sur la figure 217, que le flanc de la dent ck du rouet mène la face $m′c′$ de la dent du pignon avant la ligne des centres, et que c'est la face ci de la dent du rouet qui mène le flanc $c′k′$ de la dent du pignon après la ligne des centres. De plus, l'engrenage est réciproque, c'est-à-dire que le pignon peut au besoin conduire le rouet.

249. Roues dentées. — *Lorsque plusieurs roues dentées à axes parallèles* (fig. 218) *sont en contact, le rapport des vitesses des roues extrêmes est le même que si elles étaient immédiatement en contact.*

En effet, en désignant par ω, $\omega′$, $\omega″$ leurs vitesses angulaires, et par R, R′, R″ leurs rayons, on a, puisque les mêmes longueurs des circonférences primitives passent au point de contact,

$$R\omega = R′\omega′ = R″\omega″,$$

d'où

$$\frac{\omega}{\omega''} = \frac{R''}{R}.$$

Si l'on veut que le rapport des vitesses des roues extrêmes soit très-considérable, on calera sur les axes (*fig.* 219) des roues B, C les pignons

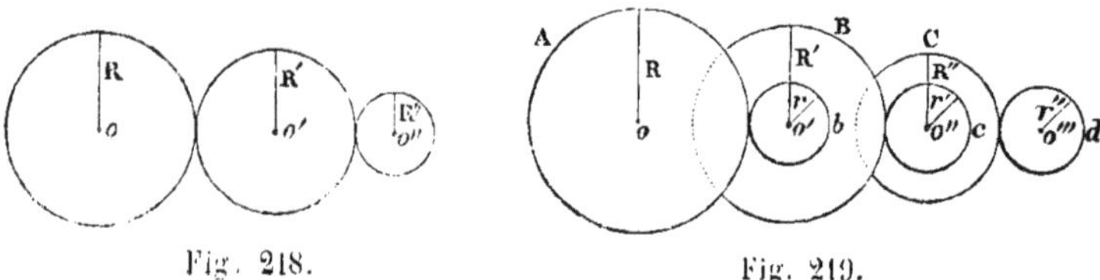

Fig. 218.   Fig. 219.

b, c ; la roue A engrène avec b et fait tourner ainsi B ; B à son tour, engrenant avec c, fait tourner C, et le mouvement de rotation se transmettra ainsi jusqu'au dernier pignon.

250. Proposition I. — *Lorsque chaque roue engrène avec le pignon de la suivante, le rapport des vitesses angulaires du dernier pignon et de la première roue est égal au produit des rayons des roues divisé par le produit des rayons des pignons.*

En effet, si R, R′, R″ désignent les rayons des roues,

$$r,\ r',\ r''\ \text{ceux des pignons,}$$
$$\omega,\ \omega',\ \omega''\ \text{les vitesses angulaires des arbres,}$$

l'on a

$$R.\omega = r.\omega',$$
$$R'.\omega' = r'.\omega'',$$
$$R''.\omega'' = r''.\omega''',$$

et, en multipliant membre à membre,

$$R.R'.R''.\omega.\omega'.\omega'' = r\,r'r''.\omega'.\omega''.\omega'''.$$

Supprimant le facteur commun $\omega'\omega''$, il vient

$$\frac{\omega'''}{\omega} = \frac{R.R'.R''}{r.r'.r''},$$

et, si

$$R = R' = R''\ \ldots\ldots$$
$$r = r' = r''\ \ldots\ldots,$$

l'on aura

$$\frac{\Omega}{\omega} = \left(\frac{R}{r}\right)^p,$$

p désignant le nombre des roues ou des pignons.

CONSÉQUENCE. — *Le rapport des nombres de tours N et n, que font dans le même temps le dernier pignon et la première roue, est égal au produit des rayons des roues divisé par le produit des rayons des pignons.*

$$\frac{N}{n} = \frac{R \cdot R' \cdot R''}{r \cdot r' \cdot r''}.$$

251. **Proposition II**. — *Lorsqu'un système de roues dentées est en équilibre sous l'action de deux forces appliquées au dernier pignon et à la première roue, la puissance est à la résistance comme le produit des rayons des pignons est au produit des rayons des roues.*

Fig. 220.

DÉMONSTRATION. — Supprimons, dans la figure précédente, la première roue A, ainsi que le dernier pignon d ; soit F une puissance appliquée tangentiellement à la roue C, et P une résistance appliquée tangentiellement au pignon b ; s'il y a équilibre, les travaux de ces deux forces sont égaux.

Soit c le chemin décrit par un point de la roue C ; le pignon c décrira l'arc

$$c \times \frac{r'}{R''},$$

et le pignon b l'arc

$$c \times \frac{r'}{R''} \times \frac{r}{R'} ;$$

l'on aura donc

$$F.c = P.c \times \frac{rr'}{R.'R''},$$

où

$$\frac{F}{P} = \frac{rr'}{R.R''}.$$

Dans la pratique on réalise cette conception théorique à l'aide d'un appareil représenté (*fig.* 220) et qui est souvent employé pour élever des fardeaux d'un poids considérable.

Il consiste en un treuil dont la roue engrène avec un pignon commandé par deux manivelles ; ces manivelles sont calées aux extrémités d'un même arbre, ce qui permet d'employer deux hommes pour élever le fardeau.

Ici l'une des roues est remplacée par la circonférence que décrit l'extrémité de la manivelle et l'un des pignons par le cylindre du treuil ; on peut donc dire que *la puissance est à la résistance comme le produit des rayons des pignons et du cylindre est au produit des rayons de la manivelle et de la roue.*

252. **Problème**. — *Étant donné le rapport des vitesses de deux axes, déterminer le nombre des axes intermédiaires et les dimensions à donner aux roues pour transmettre le mouvement d'un axe à l'autre.* Ce problème est souvent indéterminé et très-souvent aussi ne peut être résolu qu'approximativement.

1er *exemple*. — Soit $\dfrac{N}{n} = 270.$

Comme

$$270 = 2 \times 5 \times 3 \times 9 = (2 \times 9) \times (3 \times 5),$$

deux roues et deux pignons suffisent si l'on prend

$$\frac{R}{r} = 18, \qquad \frac{R'}{r'} = 15,$$

ou bien, en multipliant 18 et 15 par des fractions égales à l'unité, $\frac{8}{8}$, $\frac{12}{12}$, qui sont d'ailleurs arbitraires,

$$\frac{R}{r} = \frac{18 \times 8}{8} = \frac{144}{8},$$

$$\frac{R'}{r'} = \frac{15 \times 12}{12} = \frac{180}{12};$$

les nombres des dents des roues seront 144 et 180 ; ceux des pignons, 8 et 12.

On voit que le problème admet un grand nombre de solutions.

2° *exemple.* — Soit $\qquad \dfrac{N}{n} = 269.$

Comme 269 est un nombre premier, on ne peut suivre la marche précédente. Remplaçons 269 par 270 ; chaque fois que le pignon aura fait 270 tours, il aura fait un tour de trop : supposons que cette erreur soit négligeable.

Comme on peut écrire

$$270 = 3 \times 2 \times 3 \times 5 \times 3,$$

ou

$$270 = \frac{6 \times 10}{10} \times \frac{15 \times 10}{10} \times \frac{3 \times 10}{10},$$

on voit qu'on peut employer 3 pignons de 10 dents et 3 roues de 60, 150 et 30 dents.

3° *exemple.* — Soit $\dfrac{N}{n} = 59$; on ne peut remplacer 59 par 60, car une erreur de $\frac{1}{60}$ est trop forte ; mais on peut écrire

$$59 = \frac{59000}{1000},$$

et substituer à 59000 le nombre immédiatement inférieur 58999, qui est égal au produit

$$9 \times 41 \times 159.$$

Si l'on veut prendre 2 pignons de 10 dents et 1 de 120, comme l'on peut écrire

$$\frac{58999}{1000} = \frac{9}{10} \times \frac{41}{10} \times \frac{159}{10} = \frac{36}{10} \times \frac{123}{10} \times \frac{1459}{120},$$

les trois roues devront avoir 36, 123 et 1459 dents. L'erreur de ce train relativement à celui que l'on cherchait sera seulement d'un tour pour 1000 tours de la première roue.

Des questions analogues se présentent en horlogerie, surtout quand il s'agit d'horloges compliquées qui doivent marquer, indépendamment de l'heure, le quantième du mois, le mois et le millésime de l'année.

2° AXES QUI SE RENCONTRENT. — ROUES D'ANGLE.

253. Lorsque les axes se rencontrent, on peut encore, pour des machines légères, employer des rouleaux pressés l'un contre l'autre, et auxquels on donne la forme conique. On mène AE (*fig.* 221) dans l'angle BAC formé

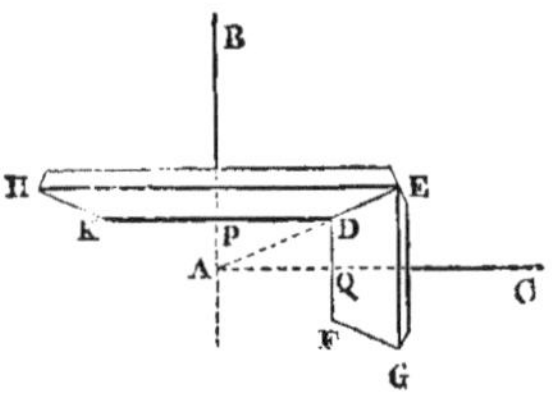

Fig. 221.

par les axes, de telle sorte que les longueurs des perpendiculaires abaissées d'un point de la ligne AE sur les axes soient en raison inverse des nombres de tours qu'ils doivent faire dans le même temps. On doit avoir $\dfrac{DP}{DQ} = \dfrac{n'}{n}$. La ligne AE ainsi déterminée, en tournant successivement autour de AB et de AC, engendre deux surfaces coniques qui jouent pour la construction de l'engrenage conique, le même rôle que les circonférences primitives dans l'engrenage cylindrique ; le cône DF, serré contre le cône DK, fera n' tours pendant que l'autre en fera n.

Au lieu de prendre les cônes entiers, on se contente d'employer deux

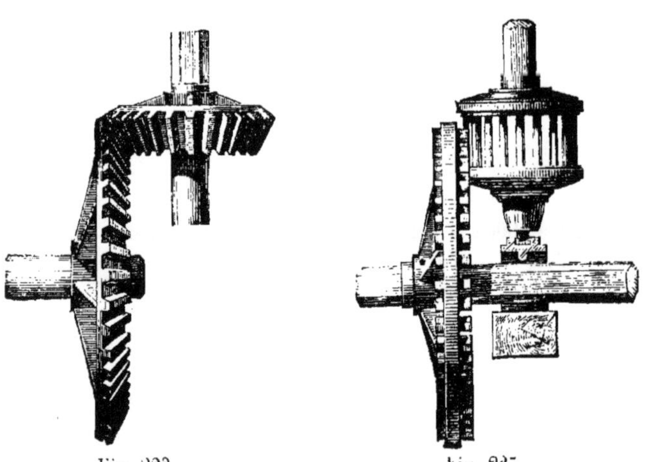

Fig. 222.   Fig. 223.

couronnes ayant la forme de troncs de cône, et quand la résistance à vaincre est considérable, on arme la surface de ces cônes (*fig.* 222) de dents d'engrenage fixées suivant les génératrices : de cette manière, le mouvement est forcément transmis d'un arbre à l'autre. C'est à l'aide des procédés de la géométrie descriptive qu'on détermine exactement la forme de ces dents; leur courbure doit être telle que le mouvement ait lieu comme si les deux cônes roulaient l'un sur l'autre.

La figure 223 représente un engrenage conique très-grossier, dit *engrenage à lanterne,* qui est employé dans beaucoup d'anciens moulins.

La petite roue est formée de deux plateaux circulaires égaux reliés par des cylindres droits appelés *fuseaux.* Cette *lanterne* est mise en mouvement par une roue dont les dents sont taillées à part et ensuite implantées sur son contour. Ces dents, nommées *alluchons,* s'exécutent en bois très-dur, tandis que les fuseaux, qui s'usent plus vite par le frottement, sont quelquefois en fonte. Ce genre d'engrenage ne s'emploie que pour des machines puissantes et quand on peut se passer d'une grande régularité dans les mouvements.

FIN.

TABLE DES MATIÈRES

Préliminaires. — Division de la mécanique. 1
Cinématique. 4
Dynamique. 2
Statique. 2

LIVRE PREMIER

STATIQUE

—

CHAPITRE PREMIER

Généralités sur les forces.
—Mesure de l'intensité des forces. 5
Représentation des forces. . . . 4
Axiomes. 5
Conséquences de ces axiomes. . . 6

CHAPITRE II

Composition des forces concourantes. — Forces agissant dans la même direction. 8
Composition de deux forces agissant dans des directions différentes. 9
Composition d'un nombre quelconque de forces appliquées au même point. 14
Exercices numériques. 19
Des projections sur un axe fixe. 21
Moments d'une force par rapport à un point. 25
Moments d'une force par rapport à un axe. 26
Solutions de Problèmes. 28

CHAPITRE III

Composition des forces parallèles. — Composition de deux forces parallèles. . . . 36
Moment de la résultante. 43
Composition d'un nombre quelconque de forces parallèles. . . . 44
Moment de la résultante. 46
Décomposition d'une force en deux autres parallèles 48, en trois autres. 49
Énoncés de problèmes. 50

CHAPITRE IV

Centres de gravité. — Définitions et principes. 51
Centre de gravité d'un corps homogène susceptible d'une définition mathématique. 53
Centre de gravité du contour d'un triangle 54, d'un arc de cercle. 55
Centre de gravité de l'aire d'un triangle, d'un trapèze, d'un quadrilatère. 56
Secteur circulaire, segment de cercle. 59
Centre de gravité d'un prisme, d'une pyramide, d'un tronc de pyramide. 62
Segment de sphère. 67
Théorèmes de Guldin. 69
Solutions de problèmes 74
Énoncés de problèmes. 78

258 TABLE DES MATIÈRES.

CHAPITRE V

Composition de forces situées dans le même plan. — Un système de forces situées dans un même plan se réduit soit à une force, soit à un couple.. 81
Théorèmes sur la projection de la résultante et sur son moment par rapport à un axe quelconque. 82
Déterminer analytiquement la résultante.. 85
De l'équilibre des forces qui agissent dans un même plan suivant des directions quelconques. . 86
Solutions de quelques problèmes. 87

CHAPITRE VI

Compositions des forces dirigées arbitrairement dans l'espace. — Réduction à trois forces. 90
— à deux forces. 91
Conditions d'équilibre.. 92
Cas d'une résultante unique. . . 94
Réduction à une force et un couple. 96
Solutions de quelques problèmes. 99

CHAPITRE VII

Condition d'équilibre d'un corps gêné par des obstacles. — Égalité de l'action et de la réaction. 104
Équilibre autour d'un point fixe. 105
— — axe fixe. . 106
— d'un corps qui s'appuie sur un plan fixe. 107
Cas particulier où le corps est sollicité seulement par son poids. Polygone de sustentation et conditions de stabilité.. 108
Théorème d'Euler sur les charges de trois points d'appui.. . . . 109
Problèmes résolus. 111
Énoncés de problèmes.. 117

CHAPITRE VIII

Machines simples.—Levier. 119
Balance ordinaire. 121
— romaine. 126

Bascule de Quintenz.. 127
Ponts à bascule. 131
Poulie fixe. — Poulie mobile. — Moufles. 133
Tour ou treuil. 137
Plan incliné. 141
Problèmes résolus 143
Énoncés de problèmes.. 148

LIVRE II

CINÉMATIQUE ET DYNAMIQUE

—

CHAPITRE PREMIER

Du temps et de sa mesure. — Pendule.. 151
Formule du pendule. 153
Application du pendule aux horloges. 154

CHAPITRE II

Du mouvement.—Définitions et généralités. 156
Mouvement uniforme. 157
— varié. 159
Définition de la vitesse dans un mouvement varié à un instant donné. 159
Mouvement périodique.. 161
— uniformément varié. 162
Loi des espaces. 165
Lois de la chute des corps. — Vérification au moyen de la machine d'Atwood ou de l'appareil de M. Morin.. 167
Questions relatives à la chute des corps qu'on laisse tomber librement ou qu'on lance avec une vitesse initiale. 171
Mouvement de rotation. 172
Énoncés de problèmes. 175

CHAPITRE III

Composition des mouvements. — Cas de deux mouvements rectilignes et uniformes 179
Composition des vitesses.. . . . 181
Cas de deux mouvements simultanés rectilignes et uniformément variés.. 184

Applications aux mouvements relatifs. 186

CHAPITRE IV

Étude des forces constantes. — Loi de l'inertie. . 188
Du mouvement d'un point soumis à l'action d'une force. 190
Proportionnalité des forces aux accélérations qu'elles produisent. — Masse. 191
Énoncés de problèmes. 196

CHAPITRE V

Du travail d'une force et principe des forces vives. — Travail d'une force constante. 199
Cas où la force est constante et le déplacement de même direction que la force. 200
Cas où la force est variable et le déplacement conserve la même direction. 203
Travail pendant la détente d'un gaz. 205
Cas où le point d'application ne se meut pas dans la même direction que la force. 208
Principe des vitesses virtuelles. . 209
— des forces vives. . . . 212

CHAPITRE VI

Principe de la transmission du travail. — Nouvelle définition des machines. . . . 213
Travail moteur, travail résistant. 214
Quand la machine est animée d'un mouvement uniforme, le travail moteur est égal au travail résistant. 215
Impossibilité du mouvement perpétuel. 216

Influence des chocs, des changements brusques de vitesse; volants. 217

CHAPITRE VII

Choc des corps. — Choc des corps mous. 218
Perte de force vive dans ce cas. 220
Choc des corps élastiques. . . . 221

CHAPITRE VIII

Frottement. — Frottement au départ. 225
— pendant le mouvement. 228
Résistance au roulement. 230
Du travail consommé par le frottement. 231
Freins des voitures et des grues. 232
Frein de Prony. — Essais du frein. 233

CHAPITRE IX

Application du principe de la transmission du travail pour déterminer les conditions d'équilibre des machines. — Plan incliné. 235
Condition d'équilibre dans le cas où l'on tient compte du frottement. 237
Coin. 238
Poulie simple ou mouflée. . . . 241
Treuil ordinaire. 242
— différentiel. 243
Vis. 244
Engrenages dans le cas d'axes parallèles. — Description. . . . 246
Tracé des dents. 248
Roues dentées. 249
Roues d'angle. 254

PARIS. — IMP. SIMON RAÇON ET COMP., RUE D'ERFURTH, 1.